Contents

The Rules 2

Easy Puzzles 3

Medium Puzzles 53

Hard Puzzles 113

The Solutions 170

Imprint 233

The Rules

A Sudoku consists of 9 x 9 fields, which are also divided into 3 x 3 blocks with 3 x 3 fields.

Each row, column and block contains all numbers from 1 to 9 exactly once.

Numbers are already given in some of the fields.

	9		8	6	5			4
	3	4		9				7
					7	1		8
6	8		5				7	
		7				3	2	
	5	3		1	4	9		6
	7	2						9
3				4	9			
		5			1	8	4	

7	9	1	8	6	5	2	3	4
8	3	4	1	9	2	5	6	7
5	2	6	4	3	7	1	9	8
6	8	9	5	2	3	4	7	1
1	4	7	9	8	6	3	2	5
2	5	3	7	1	4	9	8	6
4	7	2	3	5	8	6	1	9
3	1	8	6	4	9	7	5	2
9	6	5	2	7	1	8	4	3

The degree of difficulty of a Sudoku can depend on the number of given numbers or on the position of the given numbers.

1

1		3	4	5				2
	5	2		7		3		8
4	7		6		3	1		
7	8	6	3	4	1		9	5
	1	4	9	8	2	7		
	3	9	5		7			
8			7	1	6	9		
				9	5	4	8	1
9	2					5	6	

2

6	1	5			2		3	
	7			1				8
3	2	8	7		5	6	9	
9	3			6	4	8		
		2	9	7			4	
7	4	6	3		8	5	1	
1			2		9		8	7
	9		4		6		2	5
	5	4	1	8				3

3

		2	5		6			3
8		7		3		4	5	
	3			8	4	6		9
	9		3	1	7	5		
5	1	6		2	9	8		7
4					5	2		
	5	9	1			3		6
3	8			9		7	1	
6	2	1	7				4	8

4

		4		7	8	5	6	
	8	5	3	9		1		7
1	9				4		3	
	1	3	7	4	5			2
5	6	2	9		1	4		
4			2	3		8		
7				2		9	8	1
2	3		6			7	5	
9	4	1		5		3		

5

5	1				8	3		
7	4	8	5	9				
3		6				4		
2	6		8			7		3
8	3	9	4	7	1	5	2	6
				6	2		9	1
		5		1	4	2		7
	7				5		6	4
9	2			3	6	1	8	

6

		4	5	9	7			
2	9			6			4	8
	1		4	2	8		5	3
9		2	8	3	1		7	4
5						3	1	6
	4	3			6	2		
6	8			1	5		2	7
3					4	8	9	
		7	9		2	6		1

7

	4		5		6	9	2	1
		2	3	7	9		5	
				1		7	3	6
	5	7	1			6		4
	9			2	7		1	
1		6	4		8			
8	6	4		3			7	2
5			8	6	2	3		
3	2	9		4		8		5

8

4	9		5				6	
8		2		3		7	1	9
		1	7		2	8		
	2			5	7	6		4
3	8		1	6	4	9		2
7	6		9		8	3	5	
			6	4	3		9	7
5	4			7		1		8
9		3		1	5		2	

9

9		7	1				2	3
	6					9	5	8
	4	5	8	2				7
	1			7	3	8	4	9
	2		5	9	4	6		
		3	6		8		7	5
1	7		3	4	2		8	
6		4			1	3		
8		2		6	5	7	1	

10

5	6	3			9		1	
2		7	5	8		4		3
	4	9		2	3			
3	5		7	1	4		6	8
		4	3		2			7
9	7	1	6	5				
	2	6		3		7	8	
					1	2		9
	9	8		4	7	5		

11

	5	4	6		7		3	8
	2			1		9	7	
	7	1		9	3	4	6	2
4	1	8		3	5			
2	3		8		1			9
	9	5		4				
	8	9			2	7	5	
3				5		8	1	6
	6	7	1		4	2		

12

	8			5	2	9		
3			4		1	7		
1	5	6		9	7		4	3
5	1	8		2	3			4
6	7		5		4			1
9	4			7			2	8
	9		6	3	8		5	2
8		5	2			1	6	
		4					3	9

13

	6		7	5	2	3	1	
8	2	5			6	4		7
1			9		8	2		
					3	9		4
	4	6	5	8				1
9	7	8	1		4	6	5	3
	8	3			1	5	7	
		1	2	3	5	8		
2		4			7			9

14

	1		6			7	8	
3		2			8		9	1
9			5	3	1		4	6
4				7	6		3	5
	8	1	9				2	7
		5	1		4	9	6	
2	5	7			9	8	1	
	4	6		8	7	3		
8	9		4		5			2

15

9		4	2		7	6	1	5
	6	7		4		3		
8			9		3	7		
4				1	8		6	9
5	9	3		2	4	8		
1	8		7	9				
3	5		1			9	4	6
	2			5	6	1	8	
		1	8			2	5	7

16

		4			5			8
	6	5	9	3	2	7		1
1	7	3		4			2	
3	9	6	8	7	4		5	2
2		7	5		1	9		
	8	1				6		
				5	9	8		7
		8	3	2	6		9	5
4			1				3	

17

	9		6		5	2		
1	4		9			7	8	
2		7				3		
6			4	8		9	5	7
8	3	5	2		7		4	1
		9		6	1	8		3
5		3	1	2	9			6
7		1	3	4	8	5	9	
	2	4		5				

18

		9		7	6		1	8
7		5		8	4	6	9	
1		6			3	4		5
3		7		4	5	1	2	9
	1	2	6	9			3	4
4		8			2	5	6	
	5	4	7			2	8	3
6			2					1
	2			3	9	7	5	

19

		7	9	2	4	5		
	1		3	6	7	8	4	
3		9	8		5	2		6
5			4		8		9	
	3	1				4	6	
	2		6	9		7		5
	6	2	5	7		3	8	
7		4	2		3		5	1
8			1			9	2	

20

1	6	4		3		9	2	7
	7	3	2	9	4			
	5	9			1		8	
9	2		6			7		5
6			4	1		2	3	
			5		9	8		1
4	3				8	1	7	
5	1		3	7		6		4
7		2					5	8

21

4	8		9	6	7	2		1
7			5	3				6
		2			8	5	9	
8	3	9	4	5		7	1	
	5	6		1		4	8	
1		7	2	8		3	6	
	2	3			5			4
9			3		1		5	8
	1		6	7	4	9		3

22

6		5		8		3		2
		3	5	9	4			6
1	8							7
	7				1	6	2	3
	4	9	6	5	3		8	
	1	6	2	7		5	9	
	5	2	7	3		1		
9				1	2	4	3	
8			4	6				9

23

	6	1			2	4	3	
2	4		7	1		5		8
3	5			9			1	
9		6			5	3		2
	3		2	7		8		1
	7		8		9	6	4	5
8	1	3	4	5			2	6
5				6	1	7		3
	9	7			8			

24

					5	8		
8	2	7	1	3			9	4
4	6	5	2			3	7	1
5		2	9	4	3	6	1	8
6	4	3	8		7			2
1		9	5		2			7
7			6	9			8	
	3		7		8	1		9
	1			2	4		6	5

25

1	3		5	9				
5		6	2	1		4		9
	7				3		2	
		5	8	4	6		9	7
	2	8	9			1	4	
7		4				6	5	8
9				5	1	7	8	
2			3	6	8		1	
	4		7	2		3	6	

26

1	9		3	7	4			8
8	5	3		2	1			
7		6		5	9			
				4		6		7
2	6		1			4	3	
	3	8			5	1	2	9
9		5	4			2	7	
6	7		9	3		8	5	1
	2	1		8		9		6

27

2		1	3	6			8	9
		3	9		4	5		1
		4		5	1	6		
5	7					8		2
3				7	8		9	
	6		2	9	3	7	4	5
4	1		7		9	2		
9	2		1	8		3	6	
8		5	6	4				7

28

5		8				1		
	3	9	5	2				
2	1	6	4	3		9	5	
3			1	5	7	8	4	
	7	5		9		6		2
	9		6	4		3	7	
1			7			2		6
	2	4	3	6		7	8	1
	8	7			9		3	4

29

8	1	9		5		4		3
			9		1		6	7
4	7	6	2	8		5		
2	3	7			4		8	1
	9			7				
5		1	6	3			9	2
		4		1	9	2	5	6
1		3		2	5	9		8
	5		8		7		3	4

30

4		7	1	5	3		6	
2		1		4	9	7		8
6	9			7	8			
	1		5	9	6	3		
5	6	3				9	2	
9	7	4		2	1	5		
			8			6	3	5
1		6		3	7	8		2
	2	8	4				9	7

31

6			3		7	1		4
	4	9			6	8	2	
7	1	8	2		9			6
9		3	1	7	2			
	8	6	4				1	3
					8	2	5	
4		1		5		6	7	2
		7	9		1	3	4	
5	3	2		6		9	8	

32

2			5	3				8
	7		8		2	3	1	4
	8	9	6		1	5	7	
8		3	7		4		2	
4	2	7		1	9			5
	9	6					3	
7				5	6		9	1
	6	4		2	8			3
5	1	2		7	3	8	4	

33

		8			4	6		
1	9		3	6			2	4
2	6		8	9	7		5	3
	8	5	2		9	3		1
4		3		1				7
7		9	5			2	8	
		1	7	5		9		2
	5		4		1		6	8
3	7	6		8		4		

34

9	8			5	2	6		1
1	7		3	4		2	8	
		6				3		
		8		7	4		2	5
4	1	9				8	7	
	2			1	3	9	6	4
		4			1			2
7	9			2	8		3	
6	3		5	9	7	4	1	

35

9			2	6		4		1
	7	8	3				5	
1			8			9	3	7
2	5	1			3	8	6	
		3	1	8	6			4
	4		5		9		7	
5		4	7		2	6	9	
6	2	7		4		3		5
	8			1				2

36

9	6				4		3	5
		3	9	7		2	8	1
	8	7	3					6
1			8	6	7		5	2
		5	1	2	3		4	9
6		2		9	5	8		7
3	2			1	8	5		
5		8	7	4	2		6	
7	4	6		3		1		

37

				1	8	4	2	9
	8	7	2	3	4	6	5	
		1	6	5	9		8	
7	9	5		4				2
3	4			6	7	1		
	6	8	9			3		
5		6		9	1	2		8
		9	3	7			4	6
2	3		5				1	7

38

	8	5	3					6
7	6	4		9	8	5		1
2	3	1		4		9		7
3	5	9		7	4	6		
1	2		6					8
	4	6	1	2	5			
	7			6	1	8	2	5
	9		7		3	1		4
		8	4	5	2		9	3

39

		5	6		1	9		8
	1	9	5		8	4	3	2
4	7		3	2			1	
7	6		4		5	8	2	
	5	3		6				
		2		8		6		7
1	9	4	2	3		7		5
3	8		9				6	1
	2			1	7		9	4

40

			5	9	2	7		
6	5	2		8				1
7				4		8		
8				6	1	9	4	7
	1		4		8	3	6	5
4	3			7	5		2	
	4	1	6		7	5	8	
		8	2	5		6	1	4
		9		1		2		3

41

8		3		2	1		5	7
	6	1			5	8		9
			4				3	2
5	7		1	4		9		6
	2	9		7	6	4		3
4			8	9	2	7		
3	9	5		8		2		
6	8				7	5		4
7	1		2		9		6	

42

5	1		7	2	4	8		3
		8	9	6		4	7	
9			8	5	3		6	1
		2	3		5	9		7
3		1	2	7				8
4	5				8			6
7	6		4			1	5	
	4	9		1		6	3	
	2	5		3	9			

43

2	3		9		5	4		7
1	6			7	2	9		
		5	4	6		3		
4	5			8	1	2	3	9
3	7	9	6	2	4		8	1
8			5			6	7	
	2				7	1		5
9	8	1					4	
		7		3	9	8	2	6

44

4	6				9		5	1
9		3	5			7	6	8
		5	1	6				4
2	8		3	7	6	9		
1			9	4		8	2	7
5		7	2			4	3	
	2	8		5	7		4	9
6		9	8	3	1	5		
7		1	4		2			3

45

4				2		8	9	
3	7	8		1	5			
9		6	4		3		7	
2		4	5					8
		7			9	5	6	2
	3	9		6		7	4	1
	1			9	2	6	5	4
6				3	4	2	8	
8		2	6		7	3		9

46

	3	6		5				7
	5	8	9		1			2
4	2			8	7	5	1	
	6	7	5	2			9	4
9				1	8	6		
	1	3			6	7	2	
	9	4	3		2	8	5	
	8	5		4		3		6
	7	1		6			4	9

47

3		2		1	4	9	6	
7	8			9	3			
9		6	7	5		8	1	
1	7	8			5	4	9	6
2	9			6		7	5	
4	6			8		1	3	2
					6			1
			3	4	9	2		5
5	3	4		2	8		7	

48

3	7		5	4			8	6
4	9					5	2	
6			8		2	9		
1			6	9			7	
5	2		3				1	
	4		7		1	8	3	5
7	6		9		8	2		1
	3	1	2	5	6			4
	5	9		1	7		6	8

49

2	9	1	5					7
	8	6	3	7		5		
	7	5			2		8	9
9			7	6	1		4	3
7	2		8	4		1	9	6
					3	8	7	5
	6			2	8	9	3	
8	4		9		6			1
1			4	5			2	

50

	9	8	3				4	1
	4			8	1	3	7	
1	2		5	7				
	8	7	1	9	6	4		3
3	1		2	4	5		8	
5					7			9
		2	4		9	7	3	6
		6		5	8		2	
4	7		6	2		8	9	

51

5	9		4				3	
7	1	2			8		6	
		3		5	6	9		1
	3	4	6	7			8	5
1	7	8	3				4	9
6	5		8		1		2	3
9			7		4		1	8
	6	1			2	4		
	8			9	3	2	5	

52

3	6		4	8	1			
	1	5		2	9			3
		4				9		8
	3		9	6		1	2	4
					5		7	9
		2	3	1	7	8	6	5
	4	1	6	5	3	2		7
	2		8	7		5	9	
7		8	1	9		4		6

53

6	4		8	5		1	2	3
		1		4	7	6		9
2		8			1	7		
	1			2	8	4	6	
4	7		3				9	5
		5	9			2	3	1
7	2	3			5			
9	5		1	6	2			8
	8			9			4	

54

6	3	8			1	4	2	
	7	4	5	2	6			3
	5		8		4		7	9
3			4	5		8		6
5	1		7		3	2	9	
8		9		1	2			
1				6	5	7	4	
4	8	2	3	9			6	1
	6	5			8	9	3	

55

9	4		1	7		3		2
3		2		9	4		6	
	6	8		3	5			9
4		6	9			5	2	
8	1	7		2	3	4		
	5	9	4	6		8	1	3
		3			8	2		1
5	2			1		6	7	
6	8		7	5		9		4

56

4		3		2		1		6
	1	6	3	4	7		8	
5		7			8		9	
			4	7	2		1	3
	3		5		6	2		8
		9	1			6	5	7
1	6	4		3	9	8	2	5
	7		8		1	4		
	9	5	2				3	

57

6	7		5				1	
9	2	8		3	4			
5		1	6		2	9	8	3
	5			6				1
	6		8			3	2	9
4	3		7	1	9	5	6	
				2	7	1		6
7	9		3	8	1	4	5	2
2		4	9			8	3	

58

	3		2	5				
6		2		4		8		7
4	9	5			7	1		
	7			8		4	3	
8	5			7	2	6	9	1
		6	1		9			
1			3		8	2	4	5
		9	5			7	1	6
	2	4	7		6	3	8	9

59

5			6	2		7		3
2	4		7	3	8		9	6
	7		1		5	8	4	
	1		2	5				7
		3	4	8	9	1		
6	9					4	2	
		4				3		9
8		2			7		5	1
9	6		5	1	3	2	8	

60

1	5			6			3	7
8			3		9	2		1
2	7	3			5	9	6	
	2	7		9	6	1		3
3		5	4	1	8			
6			7		2	4	9	
				5	1	6	4	2
5	6		8	4				
9	1	4		2	3		7	8

61

1	4	8		6		5	7	2
	7	9				1	4	
5	2		7			6	8	9
			3		8	4	9	6
4			1	2		7		5
	3			5	6	2		8
7	6		8	3	2		5	
	9	2	5	1	4		6	
8		1		9		3		

62

9		1	4			2		7
4			3	7			5	
		8		2		1	4	6
		5	9	3			6	1
7		3	6	5	8	4		9
	9		2		7			
	2	6	1	9		5		
	4		7			8	1	3
	3		8	4	5		9	

63

8	1		2	5	3	6		
	3	4	9	6		1		7
		9	7	4			8	5
6	2	5	4	3	7	9		
	8		1					
	7			2	6	4		
	4	6		8		5	9	1
3		2					7	6
1	5				9	2	3	4

64

1	3		8	5		6		
9		6				4	8	
5	8	4		2			3	1
6			3		7		4	2
	7		2	4	5	9	1	
	5		9	1	6	3	7	
2			4	3		1		7
		8		9			6	
3	1	9	7		2		5	4

65

6			4				9	3
4	7	3			2	1	8	
2	8	9			6		5	7
1			6	2	9		4	
		4	3	5				2
5	2		7	8		3	1	
7	6		9			8		
	5	8		4		9	6	1
9		1			3	7	2	5

66

9		8	1	5				7
5	4			7	9	1	3	8
		6		3		4	9	
7		3			1		6	2
2		4	8	6			5	9
			5	2	7	3		1
3	8		4	9				6
6	9	1	3	8		2	7	4
		5			6		8	

67

		6		7	4			8
5		9	1	2		4		3
	4	8	6		9	2		
6				9		1	3	4
		7	8	1		5	2	6
3	2				5		9	7
9		4	2		7	3		1
	5			4		6	8	
	1	2	3	5		7		

68

7	4			2		9	5	6
8	1			6		3		2
	9	2	5			8		7
	7		6	4	3		8	
5		4	8	1	2		3	9
	3		9			1	6	
		9		5	1	6	7	
1	5		3	9		4		8
3	2		4	8	7			1

69

1			6		5	4		
	7	8	9	3	1		6	
2				4			3	9
5	2	3	1		6		7	
6	9			7		8		2
7		1	4	9			5	3
	6		7			5	9	8
	1		2		9	3	4	
	4		3	6	8	7	2	

70

6	8		5		9	2		7
	5		7		2	1	9	8
		7	3	1		4		
3		8	4		5		6	
	9			3			4	5
		2		8				1
1				9	4	7	2	3
2			1	5		6		
	3	4	6	2	7	5		9

71

	8				2			7
		5	8	6		3	1	2
1		9			3		6	4
4				7		2		
	1	7		9			3	6
	3		6	8	4			
3	6	8	9	2		5		1
5	9	4	1	3		7		8
	7		5			6	9	

72

	5					3	6	9
	4	7		3		1		8
9	3	8		2	1	7		5
5	8	9			7			6
				6	5	2		1
1	6	2	3	4	8	9		
7			4	9	6	8		3
		3	1		2			4
4	1		7	8		5		2

73

		6		5			7	
4	9	1	6	7			3	
3			9				1	2
9				6		2		
2	5	8		1	3	9	6	7
		7			8		5	4
7	3	2		4	5	1		
	8	9		2	6	7		
	1	4		3	9	5		8

74

	2	7	9				5	
1			5	7	6	9		3
3			4	8	2	6		1
		6		1		5	9	
	7	8	2	9	4	3		
2		9			3	8	4	7
7		3	1				8	5
8		2		4	7	1	6	
	6		8	2	5			4

75

				9	4		6	5
6	3				1	2		8
	7			8		9	1	3
9	8		1	4	5	3		6
2		5		6	3		7	
	6		8		7	4		
4		3	7	5	6	1		2
8		2			9			7
	1		2	3		5	9	

76

	1	6	8	3	9	4	5	
4	8		2	5	6			
	9	2	7		4	6		
6	3		1	8		9		
						8	7	5
9				4	2	3		1
8	2		6		1	5	9	3
		7	3	9			4	6
3			4		5	1		7

77

		7	1			8		9
6		2		5		3		1
8		9		2	3			
9		1	6	3		4	5	
2	6	8	4			7		
3	5		8		9	1	6	2
7	8		3		4	2		6
4			2	6	1	5	8	
1			5		7	9	3	

78

	2	5		3	9	4	8	
8		3	6	1	4	5		
		7		5		6		9
1		9	8	2			4	5
	5		4			9	6	3
7	4	6					1	8
	8	2		6	7	1		
3			9		2			6
9		4			5	3	2	7

79

8	2				9	1	6	
9	5		7				4	3
		3	8	5		2		9
		2		3			8	4
1		8		9	4	5	3	
7		4		6		9	2	1
6	7			8	3		5	
	4	9	6	2	5	7		
		5	4		1	3		

80

	8	2			3		7	6
1			7	5		2		
5	7	6			2	3	4	1
2	9			3		1		
	1	4			9	7	3	
		7	5	4			8	2
6		9	3	2	8	4		
			6	9		8	5	
4	3		1	7				9

81

8		1	2	6	9	7	4	
2	3		8	4				
6	7	4						
	4	5	9		6	1	3	8
	8	3	5	7		6		2
9	6			1	8		5	
3					5	2		
	9		4	8		3	7	1
	2		7		1	9	6	5

82

			1	4			7	
	3		2		7	9	8	6
		5	6	9	3	2		4
7			9			3	2	5
	2		4	8		1		
5	1	6				8		9
3		2	7	1	6			
1	9		8	3			5	
6	8	4		2		7	3	

83

8	2				5	3		
5		6		1	4	7		
1	4		7	2		9		
	8		1		7	6		5
	3	1		8			4	
9		5		6	2		3	
4		2	9				8	
7		8		4	3	1	6	9
		9		5	6	4		2

84

7	5			1	8			4
8			3		2	9	7	
3		6	9	7	4		5	
		4			1		8	
1			4	8	3	6		9
		2	5	6	7			3
4	9		1	2		3		
	1				6	7		5
5	6	8			9		4	2

85

	1		7		2			
7		3	5	9	8	6	1	
6		8	3	4			5	9
	6	9	4	7			8	
5		1					3	
8	3	4			5	2		7
			1	8		9	2	4
	9	7	2			3	6	8
4					6	1		5

86

	1		8			6	9	
6	3	5	1	4			8	2
		9	2		5	3		4
2	5	7	6		4	9		1
8		3			2		6	7
9		1		5	7	2		8
5	2			3			7	
		4		9	1			6
		8	7		6	4	5	

87

5	7		4	8				1
8	2	3				6		
	1	9	3	6	2	7	5	
	5	4		7	6	9		
1				2		3	8	
6			9	1		4	7	5
7	6			4	8	1		3
2	3	8		9	7			4
9			6		5		2	

88

	2		4		6			8
1	7					9	6	2
8				9		1	5	4
3			6		5	4	8	9
	5		1		7		2	
	6	2	9	3	8			7
	9	3	8	5			4	6
	4	5	2	7			3	1
7		1	3			2	9	

89

	3			7	1	5		6
9	6	2			8		7	
	1		6		3	8	2	4
5	2	3	9				4	
6			7	8	2	9		
8				5		1		
1	9	6	4		5			7
		4		2			1	9
2		7		6			3	5

90

7			6	1	9			3
	9	5		3	8	2	4	
1	3	8		5		7		
5	1	2		7			9	
		6			4		2	8
		9	2			3	7	5
8			9		7	5	1	
	4		3	2		6	8	
2		7	1	8	6			4

91

9		2	1	5	4	8		7
	8	4	3	7	9	6		
3	5		2	8			1	
6			4	3				2
		8			1		9	6
2	1			6	7	5		8
	3	9	6			7	5	
5	2	6				4		9
4		1	8			2		3

92

	7	2	5			8	6	
1		8	2	3			7	4
5	4	6			1		3	
7		9	6			1		3
8				9			2	
	2		1	5	3			8
	8				4			6
	3	1	7		5	9		
9	6		3		2	4	1	7

93

8	2	5	4	6				
3	4			5		2		9
	9	7	1	3		8		4
1	3		8	4			9	7
	5	8			6		2	
	6		2	7	1	5	3	
4	1				3	7	8	
	7			8		9	1	6
5		6	9			3	4	2

94

4		8	9	5		7	1	3
1	6	7				8	9	
9	3							6
	5		6		1	9	4	2
	7		8	2		5	3	
2		1		4	3		8	7
		9	2	6	4			
3		6	1	8			5	
7	8	2	3	9		1		4

95

	3		6		4	9		
			8	9	7	3	1	2
7			5	1			6	8
2	7		9		6	5		
1	6	5		3	8		4	
	4	3	7		1			
6		4				2	5	
	1	2		8		6	9	7
5	9	7	3		2	1	8	

96

		5	3	6	4		8	1
	6		5		9		2	
3		1		8	7			
2	5	8					7	
	7		6		8	5	9	4
4	9				1	2	3	
		9	1	7			4	2
7	1	4		3	2	9		5
	8		9	4	6	3		7

97

4	8			7	9	1		
	1		3		2	9		5
5		3	6	8			2	7
7	2		9	5	8		4	3
	4		2		6			1
8	3	6			4			
1		9		2	3	5	6	
	6		8	9		7		2
		8	1		7	3		4

98

2	6	5		9		7	8	
4			1			6		
8	3				7		2	9
	7		8	1	3		4	6
5	4	3	7	6			1	
1			2	4			9	
	2	9	4		6		5	8
6	1		5	3				4
7			9	8		2		3

99

	3		6		9	7		2
2	4				5		8	9
7		1		8				4
		3		2	8		9	5
4				6	7	1		
	6	8	3	9	1		2	
	5	2	7	1			4	3
	1				2	9	7	
6	8			3	4		5	

100

6		3	9	5	1	7		
	9	4		2		5		
	2	7	3		6	1	8	
4	5	9	1		8		7	2
7	3				4	6		5
		6	5		3		9	8
		2	4				6	3
8	6		7		9	2	4	1
		1		8	2	9		

101

8	3	9		4	7	1	2	
4	5			6	3	7		
6		7	1		9			5
1			7	9			4	2
5		2		1		3	8	7
	4		3	2	8		5	
2	1	8			4		6	
9	7	5		3	2			4
3	6		8	5				9

102

9		5		2	6		8	
2	1			3			7	
		8	5			6		4
7			4		8		1	6
5		2	9	1	7	8	4	3
4	8			6			9	
	3	9		7	2		5	
6		4	1		9	7		2
8		7	3		5	1		9

103

	9				4	6		8
5	7			9	2	3	1	
		1	3	6	7			5
		3	5	2			4	
8	2	7		4	1		3	
	4	5	6		3	1	8	
		8			9	4	6	
2	1			8		7		
6	3			1			2	9

104

4	1	3	2			5		
6	9	5		8				2
	7			4		3	1	6
		6			3	1	9	8
2	8			9	5			4
	3			1	7	6		
5			1			2	4	7
3	4	7	9	6		8	5	
1	2	8	7			9		

105

3		1		8		2	6	9
		5	6	9		4	1	
	9			1	4			8
	7	6	2		3		9	5
8	5						4	
9	2				7	1	3	6
2			1		9	3		
5	1		4					7
4		7	5	2	6		8	

106

4		7	8	6			9	1
		5	3		7		4	2
8		2	5		1		3	6
9				2	5	3		
	2	4	1	7	6	9		
		6		3			1	
7		1	2		9		8	
6	5	3			4			9
	8			1		4	7	5

107

2	8		5				4	1
			7	8	1	9	6	
9		6		2	3	7		
		3		4	2	5	1	
1	4	8	3	7	5			6
	2		8		6			7
	7	1		3				9
	5		6	9			7	4
6		4				8	2	3

108

8	7			9	4			5
			1	6	5		2	
1			7		2	9	3	4
4	9		8		7	1	6	2
7	6	8	2	1	3			
5		1		4	6			
				2	8		9	3
9	3	4	5			2	8	
		5	6			7	4	

109

6	4				9	1		
2	5	1	8	7				
	7	3	5			4		8
1			3	5		9		
	8			2	6		3	
3			4	1		7	6	2
	1	6	7			8	4	3
8		7	6	4	5		1	9
	2	9			3		5	

110

8		7		1	9	3	4	
6	2	1		7			5	
	3	4	8			7	6	
		5			1	4	8	
			5	3	4	9	2	6
2			7	6	8			3
	9		3		6	1		
5				2				4
7	1	6	9	4	5			8

111

	1	2	5	6				4
	6	5		3	1		7	9
7			9	4				
		4			8	1	2	
3	2	9						8
1	8			7	4		3	5
2		3	6		5	4	1	7
8					9	6		
6	5	7	4	1		8		2

112

2		3					9	1
7				8	9	5	2	6
	5	9		7		4	3	
5	6		7	4			1	3
8			1	2			5	
	3	4	5		6	2		
	2		6	3	4		7	
3	1			5		8	4	
	7		8		2		6	9

113

			8		9	5		
	6	9			4	7		1
1	8	4	7	5				3
7					8		6	5
3	4	1	9	6	5		2	
			2	3			1	9
	3	6			2		7	8
	2	5			1	9	3	4
9		7	4	8		6		

114

3	1	7	9		4	6		5
6	4		2			9	8	
8	2	9	5		7		3	
2	9	8	4		3	7	6	1
		1		2			4	
7	6				8	3	5	
				1	5	4	7	6
4	5		8		9	2		
	7	3	6				9	8

115

				7	4		5	1
	8		9	2	3	6		
7	2	4			1	8		
3	1		4	9			6	
4	9	2	6		5			7
6		8		3	7		1	9
	6	1		8			4	5
5		3		4		9		8
			7		2		3	

116

7	1	8	9	3	2	4		
5		4		6				
6	2		4	5	1			
	6	1					7	8
	3	7		9	5			2
2	4		8			9	1	3
	5		6	8	4	7	3	9
			3	2	9	1	8	5
3				1	7	2	6	

117

6			2	8	5	1		
	3	8	9	6				4
9			4	1		7		
5	7	9			1	3		8
4	6				8	5		2
	1	2	3			9	6	
	8			3			7	5
		4		7	2	6	9	
		1		4	6	8	2	3

118

5			2		6		9	
7		6	5		1	3	2	
	2	9	8	4		1	6	
2	6	4			8	9	3	
8	3		1		9	5		
1		5	4	2		7		6
4	8			7	5		1	
	5	1	6			2	7	3
		3	9			8		4

119

	2				5		1	9
7	1	8	6	3	9			5
4				7		6	3	8
		1		6	8	4	7	
	7			2	3	5	9	6
2	6	9		5	4	3		1
3	5		8		7			
9	8	6		4	2			7
1	4		5	9			2	

120

8			7	9			4	1
			6			2		5
4	5	1		3	8	9	6	
	7			8		1	9	2
	3		4		1			6
	2	5	9			8	3	
		3		7	2			
7		9	3	5		4		
	8	6	1	4	9	5	7	

121

4	6	9			7			1
5	1	7			2		3	
3	8		9		5			6
		3	7			8	1	5
	9	4		8		2	6	
		5	6	2	1			
		1		7		4	8	3
7			1	4	9			2
2		6	3				7	9

122

9		6	5		8			4
8	1				4	9	2	
	5		9	7		3		6
		3			5		6	
7			8	4	2	5		
	2		1	3		4	9	7
	8	5	6	1		2		
6	9	2	4		3	7		1
4	7			5			3	8

123

5	7	1	2		6	8		
3	9				1	6	5	
4		8	7		9		2	3
1	2		5	4		3		8
6		7	8	1	2		4	5
			9		3		7	
9	8			7	4	5	1	2
2	1	4	3		5			6
		6				4	3	9

124

8		1		6			9	
9	2	3		5		7		
7	5		3	8		4	2	1
6			2	1	7			
2	8	4	5	9		6		
	7	5				9	3	
	9		4	2		1	8	6
	1		6	3	8	5	7	
5			9				4	3

125

			7	5	3	4	8	
	1	7		2		6	9	
3	8		9	6	1			7
	3		2	1	4			5
		8	5	9	6	3		2
6		2	8	3	7		1	
8	6			4		7	5	9
	2	5						8
9	7	1	3			2	4	

126

3	7	1	8	2	6			4
	5	2				1		7
9	4	6		5		8		3
1	3	4		8		2	7	
			5	1			4	
2	8		7	3	4		9	
			9		1	5	8	
7			2		5		3	9
		9		4	8		1	6

127

		1			6	8		2
5	2	6		7	8		1	
8	3	4	1				6	
	6	7	2				9	8
9	8		4	6	3	2		
		3	9				5	4
			7		2	9	4	6
1		2		9				3
	4		8	3	5			7

128

7		4		1	9	3	5	
3	8	9		2	5			6
2	1		4	3				
		7	6		8		1	
1	5	3		4		6	9	8
	2		3	9	1	5	7	
9	4	6		7	2		3	
			5	6		4		
		2		8		7		1

129

3		4		1	6	9	7	5
1			7	3				8
		2	8	5	9	1		
	6	5	9			7	4	
8				6	2		5	9
4		3		7	1	2		
5		8			7		1	3
		6		4	8			2
9	4	1	3		5		6	

130

3		1	5	7				9
	4			6		3	2	5
9	6		2		4		8	
	8	4			3		6	
5	9	6		1		7		8
	3	7			9	4		2
8	5		1		6	2	7	3
			8	2		5		6
	7		3	9			1	4

131

8		6		9	2		3	1
		3	5			4	7	
	7		3	1			2	6
2		7	8	3				5
	3	8	4		6		1	2
6	5	4	2		1		9	
	6	1		8	7		5	
4		5				9		7
	9	2			5	1	8	3

132

9			6		5	1		4
3	2					6	7	
1	5		7	2		9	8	
		1			8		5	9
	3	2	9	7			4	1
4		8	1		3	2	6	
	7	5		9				
6	4		5	8	1			2
2		9	4	6	7		3	8

133

	8		6	7		1	4	
7	3	9	5					
1			2	8	3	5		9
	9		3	2		7		6
6	2			1	8		3	
	5		7	6	4	9	8	2
		4				2	5	1
2	6	3	1		7	8		4
8				9		3	6	

134

	7	4		8	6	9	1	5
	5	3	1					2
6			9					4
	9	5	2			3	4	8
		2			4	1	7	
	6	1		7	3	5	2	9
8	3	7		5		6	9	
	2			1	9	4	8	
	4		6	3				7

135

	4		7	9	8			3
	2	1	5			4		
3			1				5	6
1	9	8	3	2	5	6	7	
	7	5			6	2		9
6					9	8	1	
2	5	4		8			9	1
	6				1	7	4	
		9	2	3	4			8

136

	9		1		4	2		
6	8	7	9	3	2		1	5
			6	5		7	3	
	7		2			5		3
4	6		5	9				8
5	1	3		4	7	6		
7		8		6		9	2	
	2	6		8	1	3		4
1	5	4	3			8		7

137

4	9		2	6	7	5		1
5						3		
8	1	7		3			4	6
	5			4	1	8		
2		8	5	9			6	4
	3		8		6	7	5	
9			1		4			2
	4	1	6	5			7	8
7	2	6	3		9		1	

138

4	6	7	9			5		
9				2	1		6	
1		5	7		6	3	8	
		8		5		4	7	6
	9	2		1			3	5
		6	8	7	3			
	7	9		8			4	
	5		3		2	9	1	7
6	3		4			2	5	

139

	9	2		1		5		
8	3		4	7		6	2	1
			8		5		4	
	5		1	9		4	7	6
2	7		6		3	9	5	8
6				8	7	1		2
7	8	4	9	3		2		
		6		5	4		1	3
5	1	3	2	6		7	9	

140

	1			6				7
5	4	2		3		8		6
7	9		1	8		2	3	5
3	5			7		4	9	2
9			3			6	7	
6	8		4	2		1		
	3		6	4	5			1
			7	9	8	3	2	
4		8	2	1		5		

141

2	7		8	6	4		3	
	8	6	5	2		7		
	9	4	3	7	1		8	
	3		6	9	5			1
6		8			7	4	9	3
	1	2				5		7
7				4	2		5	
	2	5		3		1	4	9
1		3	9		8	6		

142

	3	8	9			2	4	5
	9	5		2		1	8	6
1	6		4			3	7	9
			2	5	1	4	6	
6			3	7			1	8
	7			4	8	9		2
2	1		8	9		7	5	
3	4			6				
	5	9		3	7			4

143

5	7		2	1	6	4	8	
		1		7	3			5
2	6	9		4				
3						8	7	
7	4	6			9	5	1	2
8	1	2	4	5		3	9	6
	3	4	8		2			1
			7	6	5	9		3
9	5		1			6	2	8

144

3	5	8	9		1	7	6	
	7			2		5		1
6	2		3	7			9	8
			8				1	4
	3	2	7	6	4	9	8	
9		4		1	2			6
			1	8	9		5	
		7	4	5	6		2	3
5	1	6				8	4	

145

			5	7		2		6
5	8		2	6		1	4	
	9		4	1	3		7	
	1	6		3	4		8	2
2		3	7	8			1	
	5		6	2	1		3	
9			8				6	
3		4		5	7	9		8
1	2			9		7	5	4

146

		9	3		2			8
	7	5	6				3	4
8	1		9	4			2	
6					8		7	1
		1	2		7	4	9	6
9	3				4	8	5	2
		4	8	2	3	7		
3	2			5		1	4	9
	5	6			9			

147

		4	9		5		2	7
	7		8	1	3		6	4
	6			7	2	1	8	5
2	8	1		5	9	7		
4		6	1				3	
		5	6	8	4		9	
	2	8	7				5	9
1		9		4	6	8		3
3						6	1	2

148

9		7	4		3		5	1
8	3	1			2	9		6
5	2		6			8		7
	7			5			1	3
4	9		8		7	5		
	1	5	2		4			
	4			6	8	3	2	
		6	7		5			4
1		2	3		9		7	8

149

4	5	9	3		6			2
	3	8	7	4	1			9
			5	2		8	4	
	2	6	9		4	1	7	
1	4	3		5		9		6
	7	5	1		8	2	3	
6			8					7
	8	2			3	4		
	1	7		9	2	5	6	8

150

4		8			3	9		
	2	7	6	8			3	1
3	9		5			2	7	
		9		1		5		7
1			3		5	8	6	
7	8			6	2		4	
	7	4	1	5		3		2
	6		2		4	7	9	
2	5	3	8	9		6		

151

2	3	6	5	7	9			
7	5		1	6	8		9	
9		1		2			6	
	7	9	2	3			8	5
		2				9		4
5	1			9	4	7		3
6		3	8	1		2		
8		5	3	4	2		7	6
1				5	6	4		8

152

5	9			4			2	7
6	3	8				9		1
2		7		1		3	6	5
1			5		2		8	
	6		9	7			3	2
		4	6	8	1	7		
	1				8	5	9	3
9		3	2		7	4		
	5	6			3		7	8

153

9		7				2	8	
	2		1	8		4	3	
4			3			6	5	7
3	4		8		5	9		6
	5		4	6	9	1	2	
1			2	7	3			8
2	7	4	6	3		8		
8	6	9	7	5	4		1	
5	1	3	9	2			6	

154

9	4		5	6		8	3	
	6	7	9					1
		5		1	8			7
	5	8	7			3	2	9
3	7	4	2		6			5
1	2			8			6	4
		2		3	4	9	7	8
		6			2	5		
7	8	3	1		9	2	4	

155

5		1		9	4	6	7	
9	3			8		2	5	
	2	6	7	3				8
		3	5	1		8	4	
	6	5	9	4	7			
2		4	3	6			9	
			6		1	4		
1		9	8	5		7		2
	7	8				1	3	5

156

3	1	7	2	5	8			
6		8	9		4		2	
	2	4	6	7	1	5		3
7	6	1		8			9	
2	3	5					4	7
	4	9	7			3		6
5				1	2	6	7	4
	8		5	4		9		2
			3	6	9	1	5	

157

		4		7	3		6	8
		7	9		1	5	2	
9	5		2	4	6	1		
2	1		8	5			7	
	8	5	6	3		4		9
	6	3			7	8		
8	7			2	9	6	4	
3		2			5	7		1
	4			1			9	3

158

			7			4	6	
	4	8		5	9	3		1
5	6			1	3	8	9	
	3		2			9		6
9	7			3	8	5	4	
8	2	5	9		4			
4	8		5	2			7	
6		1		9	7		3	
2	9			4	1	6	5	

159

6	1	8	7	9		5	4	
7		4			1		2	
3	5	2	8	6				
9			3		6		7	5
2			1	5		8	6	4
	4				7	9		1
	7	9	4	2	5	3		6
		3	9		8	7		
8	2	5					1	

160

	9		8	1	5	4	2	
		1	9	6	4		3	7
5	6			7		8		
	5	2	6	8				3
1			2	5			4	9
	7	9	4		1	2	8	
7	8				3		6	
2		3	5	9		7	1	8
		6					5	4

161

	9	4		6	2	5		3
3			8	1		4		
2	7		5	3			9	8
	4		2	9			7	
9	5	8		7	6			4
1			3		8			6
4		6			7	1		2
	8	9			1	3	6	
5		2				7	4	

162

		6	3					
7	8			9		3	2	1
1		9		2		7	6	4
	1	2	7			6	9	5
9		3	1	5			4	7
		4	8	6			3	2
3		7		8	4	9		
6	4		9	1	5			
2				3	7		5	8

163

					5	8	6	
	4	1	3	7			5	2
8		7	2	6	9		1	3
		8	5				3	9
3	7		4		1			
9	6	5			3	1	2	4
1	3	4			7			8
			9	1	2			
	2	9	8			6	7	

164

	9	6					1	2
4	5		3	1	8		9	7
		7	2		6	5		4
		9			7		4	6
7	4			5	2		8	
8	6	3	1	4			2	5
			9	8				
2	3	8	5		1		7	9
	1	5			4	3	6	

165

		7		9	8	4	3	
		9	2	5	4	6		
2		4		3	6			
4			9	1	3			5
1		2	6	4	5		8	7
6		3		7		9	1	
7	2	1					4	8
3	8				7	1		6
9		6	5				2	

166

3	4		5			1	8	
	9	6	8	1	2			
	8			4	9	2	7	6
	1		9		7	5		8
	7	3		2		9	6	
9		8	6	5		4	3	
			1	6		7	5	2
4	6	7						3
2		1		8	3		9	4

167

4	3	1	6	8		7		
	8		9	7	4			5
	5	9		2	3		6	
8			7	5				6
9	2	4		6	1	5		8
		7				3	1	2
1		2		4				3
		8	5			2	9	7
6		5		3	9	4		

168

1					4		9	3
	4					8	5	
	9	8	3	7	6	1	2	
	8	4		3	2	5		7
3	7	5	1	9		4	6	
2		6			5	3	8	9
		7	2	5	9	6	4	
6				1			7	8
4	2	1	8					

169

9	2			3	8	5	1	6
		5	6	7				2
	1	4	9		2		8	
	5	8			4			7
7		9	5		3	8		
3	6	1				4	9	
4	7		8	1	5		6	9
	8		3	2		1		
		2	7		6	3	5	8

170

		1		5	6		9	
	2	8	9	4			1	7
	6		1			5	3	4
3			8	7	2		4	1
	9		4	6	1			
	7		5			2	8	6
6	1			9		4		8
	4	9	3	8				5
7		5				3	2	

171

	6	8	4	1	3			
9			2	5		4		
	5	7		9	8	3		2
			5					4
	9	3	7	8		1	2	6
8	2			6	1	5	7	9
7		5		3	6		8	
3			1	4	2		5	7
6	1					9	4	

172

4			1	3	2		8	
	5				6	3		9
	6	8	7			2	4	
7		9	8	4			1	5
6			9	2			3	
1	4		5		7	8		2
9	7				8	4	5	
8	3		6	5	9			7
	1	2	3				6	

173

1	8		7				4	9
				6		3	8	2
5	2	3		4	9	6		
	6	9		8	5		7	
4	5		1		2		3	
3	7		4	9		8		
		2	6	5		7		1
		4	9	3			5	
7	9		2	1	8		6	

174

7				3	5			9
	8	2			4		3	
5		3	6	1			4	7
9	6		8			4	5	1
	2			7	1	6		
4			9	5		7	2	8
2	5			8	9			
1	4		3	6		5	8	2
	7					9	1	6

175

9	5			3	2	7		6
3	4			1	8		2	9
		6	7			1		
			3				9	1
4		9			6	8	5	3
2	3	8		5	1	6	4	
1	9		5	4		3		
7	6		8	2	9	4		
5				6			7	2

176

9		4	7		2		1	
		8	4	3		6	2	5
			5	1		7		9
7	8	1		9		4		
3		5		7	6	2		
2	6					3	8	
	3	6		2	5	1	7	
	1	2				9	6	8
4	9			8	1		3	

177

5	3	7						
6	4				8	9	1	7
8			2	7	4			
	6		4	1		5	9	3
		3			7	1		4
2			5	9		6		8
4		5	9	2			3	
	7	9	8		1		6	5
	2	6		3		8	4	

178

6	7	4	3	8	9			
5					6			4
	1	2			4			
2	6	8			5	1	7	3
		3	7	2		6	5	8
1				3		2		9
			4	9		8	6	
	3	6	1				9	7
	4	5	8		7	3	1	

179

1		4	6			8		9
3	7		1	2				4
9	5	6		7				3
	6		5	3	2	7	9	
			8			4	2	1
	8		9	1	4		5	
		3		8	5			2
7	9	2		4		6		
	4	5		9		1	3	7

180

	3	9			7		2	8
2	6		3			9	7	4
7	1	4		8	9	6		
9		2	8		6	5		
8	7		1	5				2
1		3		9	2		4	
	8		6	7	3		5	
		5	9	4		7		3
				2	8	4	6	1

181

7	8	4			6		5	
9	6	1	4			7	2	
3			9		8			
		8		4		2	7	3
1		2	7	9	5		6	4
			3			1	9	5
6	4		1	3				
2	5			6		9	1	
8		7		2	9		3	

182

1	8		4	6		2	5	
6	4	3	2	5	9			
		2			1		9	
9	6				8	3	2	7
4			6		3	8		5
		1	5	7	2	4		
	1	4		3		9		
3	7	8	9		5		4	6
2		6	7	1			3	8

183

	9		1		2	3	6	4
7				5				9
	2	6	3		8	7		1
	8	1	2		4		9	
9	4				7	6	1	3
6	5			1	3		2	
			6		5	8		
5	3	4	8	2			7	6
2		8		3	9		4	

184

	7		3	5	6		4	1
6			1		4	9	5	8
		1			2		7	
3	5		6	1		4		
4	8	2			9			
9		6		4	7	3	8	
2		8		9		5	3	
7	3		8		5		9	2
1			4				6	7

185

	6	9	1	7		8		5
	4	1		6			3	7
8					9			
9		5	6				4	3
	7	8	4	3		2	5	
1		4	5		2	6	7	
		6	2	5	8	3	1	
4		2	7	1	3		9	
5				4				2

186

		7				3		6
	2	4		1	3		9	8
			4	9	6			1
	3	8	9	4	5	6		
7		6	3			8	5	
5	1	9	8		7		2	
			5	8	2	1		4
8	5		6			9		2
4	6		1	3		7		

187

5	3	4			8	9	2	
		7	4	2			1	6
	1	2	7	9	5			3
		8	6			2	3	
3	7					8		1
	6	1			9	7		4
	4			5		1	9	
8	9	6	2	1	4			5
		5		3		6		8

188

	5	1	3		6	8	4	
3	8				4	2	7	
	4		5	2		6		
			1	4				7
	9	7	8	5	2		6	3
	1	2	7		3	9	8	
6	2			9			1	
	3	4			5	7		2
9	7	8				4	5	6

189

1	3		8			9		
6				3		5	4	2
	5	9	7		6		3	1
		4	9		5		8	
5					7	1	2	4
8	6	1		4	2	7	5	
3		7		6	8		9	
9	4		2			6		
2	8		5		1		7	

190

	3			5				8
8	9	2		6	4		5	
6	1		2	7		3		4
		3	5					2
	7		6	1		9		
2	4			8	3	1		5
	5	6		3	7	2		9
9	8		4	2			3	7
		7	1	9	5	4	8	

191

	2	6			7	5	4	9
	1			9				3
		4	2	3	6	8	1	
	3		6			9		
7	8	1		5		2		
4		9	1	7	2	3		5
6		3		8	1			2
5	9		7		4			6
	4	2	9		3	7		8

192

8	1		7		9	5	6	
	5	7	6		8	2		1
6	2	4	3	5				
1	8	2	4		3	7		
	3	5	9	7	2			8
7		6	1					
3							5	6
		1	8		4	9	2	
	7	9	5		6	4	8	3

193

	9			4		6	2	
	3	2		1	6	9	4	5
	5			2			8	1
5		7				8	3	
8			9	7	1			6
2	6	9	3		8			4
	7	4	6	9	2	5	1	
6	8	1	4		5	7		2
					7			3

194

6			1	2		5		
	3			4		2	7	8
		8	7			1		9
	5			9		4	1	
4		9	5	7	6		8	
	2	3	8	1				6
5	6		9	8		7	4	3
	8		2	5			9	1
9	7	1		6	3			5

195

	7	1	8	3				2
			2	6	9		1	3
		9	1	5		4	6	
	5		4	2	3	8	7	1
	1			9	8			
8	4	3	6	7		2		5
2			9	1		3		
5	9	7					4	6
	3	8	7	4	6	5		

196

8	2	4	3		7	5		
	1		8		5		7	6
		5	9	1	2	4		
3	9			2			8	4
		7	1	3		6		
	5	6	7		4		1	9
	3	2	4		8	9		5
7		9		5		8		
	4		6		3	1	2	

197

	4	6		8	1	5		3
7	9			2		4		8
3		1	5	7		6	2	9
9		7		5	6	3		1
8			7		2			
	6	3	4			2	8	
	7	2	3	9			5	
1	5	9		4		8		6
4	3		1			7		

198

7		2		9			4	
6	1	4	5	8				
		3		6	2	7	1	
		5			3			1
8	2		9	4		3		
3		7				6	2	9
4	5		8	1		2	7	3
		9	2		5	8	6	4
		8	6	7		1		5

199

6	7	1	4	3		2		9
	9	5		7		8	1	
8					5	6	4	
	3	4		5	6	1		8
	8		9	4		7		5
9		6		1	7		2	
3	1	7		2			8	6
2		8	7		9	5	3	
	6		3		1	4		

200

9		2	1		4	7	6	
	4				2	9		8
3	5	6	8					
7	9		6	5	3	2	8	1
2	6	1	9				5	7
			2	7		4	9	
6		5	3	2	9			4
4			7	8	5		1	3
	7	3			6			

201

			4		8			9
7	8			6	3	1	5	2
	6	9	1	2	7			3
3			2		9	6	4	5
6	9	5		8			3	
2	4	1					7	
8			3	7	2	5		
4		2		9	6		1	7
9	3		5		1	8		6

202

	1	4	9	6	8		3	7
8	9				3			
		7		4				5
	2	5				1	4	3
3	6		5	7		9	2	
4		9	1		2	5		6
	7	6		1		4	8	2
2	5	3	4	8			6	1
		8	6		7			9

203

7	5	6		1	3		4	
1	8		2	5	7		9	
3		9	8	6				
2		7		4	5	8	6	
4	9		7	8		1		2
	1		3		9	4	5	
	7					6		5
	4	2	6	9			8	3
8		3		7			1	4

204

7	6	4		9	8		1	
8	5				1	3		4
2		3		6			7	
		5	1	8			2	
9		2		7	4	5	8	1
		1	5	3		7	4	9
3	9						5	2
		8			6	4		
1	4	7			3	8	9	6

205

	3		2		9		4	1
1		2	3	6	4		8	7
			7	8		5		
5		4		1		3	9	2
8	9	6					1	
2			5		7		6	4
		1	9	4	5		7	6
6	2			3	8			
9	4		6	7	2		3	8

206

9	1	8			4	5	7	
3	4	2			8		6	1
	7	6	2	1	9		8	
7	2				5	6	3	
			3	8	7			9
1			9				4	5
	6	7	5				2	4
			4	7	3	8	5	
4	3			6		1	9	

207

1	9		8	7	3	2	6	
		4	6			8		
	7	6		2	1	5		
6	1			5	4	7		3
9	5			1			8	
	2	7	3		8			5
			5	4	9		1	
	8		2	3	6		4	7
3		9				6		2

208

		8	7	4	5	1		6
	6	5		8			3	
9		1		2				
2	8		9				5	
1			8	6			4	7
4	9	6		1			2	3
		4		5	8		1	9
	3	2			1		6	5
5			3	7	6	2	8	4

209

5	3	4		1	7		2	
7		2	9	6	4	3		
		6	5				8	
	5	8	6	3		1	7	
	7			4		9		3
3	2	9	1	7	5			6
	1	3			6			4
9	6		4		2	5		1
				9		7		8

210

5			3	8	1	7	2	
2	6	8		9	5			3
	1	3	2	4	6		9	
	7		4				6	
3	5	1	6			8		
	4	6		3	8		7	
	3	7		1		9	5	
	8			7	2	6		4
4	2	9	5			1	8	

211

6		9			1			3
4	5	2	8		9			6
		3		7			2	
		7	1			3		
9	3	6		5	2	4		1
2	8		4	6		5	9	7
1			9	4	6	7		8
7	6	4	3	8				9
			2				5	

212

5	9	2		1				
7			2		3		6	
6			4	7			8	9
8		7	9				5	1
4		5				3	9	2
	1	3	6		2	8	4	7
2	4			6	1			3
1		6	3		9	5	2	8
	5	9			8	4		

213

3		8			4	2	1	
7	2			3	5			8
		1			7	5	6	
2		4		1			3	9
5				7		6		
1		9	3	2	6	8	4	
6			8		3	9	7	4
4	9	5		6				2
	3		9			1	5	

214

3	7				6			4
5		9	1	2	4			3
	8	4		5	7		6	9
9	3			6	8		1	
4	2			9		3	8	7
		5	7			9	2	6
1				3	5	7		2
7		2	4	1	9	6		
			8				4	1

215

2						6	8	7
3		9	6	2	7	4		5
			1	8	4			
4			8		6	1	3	
8	1		9			7	5	
	9	6	3	5	1			2
6	2	5				3	9	4
		8		6	5	2	7	
1	7	4			9			8

216

	3	6			1	2		9
4		7				3	1	
		2		8	5	7		4
	5		1	2	4		3	
8	7		6		3		9	
	2	4	9	7		1	5	6
1	9		4	6	2			3
7	4				9	6		8
	6	5		3	7			

217

	2			6	9	5	4	8
9	5		3	8	2			
1		6						3
5		8	7		1		6	4
	6	7	5	9		1	8	
2	3	1		4	8	9	5	7
	4		2				3	
		2		5	4	6	7	9
8	7		9	3	6			1

218

	6	3	5	7		9		
2	4		8	3	1	7		
8	5			9	4			2
		6	9		3	8	2	
			2			5	7	4
	1		7	5	8			3
9		1		6		4	8	5
7	8	4		2		3	6	9
	3	5				2	1	7

219

7	8	2	1	3				4
	6		4	7	9	2	8	
4		3		5		7		6
		5	2	4		8	9	1
8	3							
1	2	4	6	9		3	7	5
	1		7	6		5	3	9
3		7	9		5		6	
	5	6		8	1		2	

220

2	1	7	6		5		8	
5	9			2	4			
		3	7	9			1	5
9			8	5	2		4	3
		4	9	1	6		2	
	6	2	3					
1				8		7	9	4
	3	9		7		5	6	8
7		5	4			1	3	2

221

4	5	8	9		6			
	2		3	4		7	5	
	9		1	2		8		6
8		5		1			9	2
		2	8	5	3	6		7
1	6	7	4		2	3		
		4	7	6	9	2		8
3	7			8				1
		6	5	3	1	9		4

222

4	3		5	6	7			9
		1	4			3		6
5	9				3		2	
	5	7		8	4	1	3	
	4		9		2	6	7	8
	2	8		3	1		9	
8	7		1	9			6	
2	1			4	6		8	7
3		5	2		8		4	

223

8		9	1	7		3		4
6	7		4	2		9		5
		5				1	2	
7	6				8	5		
		2		3	6	4		8
9		3	5	1	4			2
1	4			6	7			9
3	5		9		2	8	1	6
			8	5		7		3

224

8		1		3	2	9		
4	6		1	5			7	3
		9	8	7		2	4	
2	1	4			7		5	
		7			3	4	9	6
	3	6	5	8				2
1		5		9	8			7
	9			2			3	4
7	2		6		5	1	8	

225

7				5	2	8		
6	2		9	8		5	7	1
	9		4				3	
		3	1		6	7		2
	5			4	8	6		
1		7		2		4	9	8
3	4			7	9	1	2	
8				3			6	4
2	1	9	5	6				

226

	2		3	6	4	9		5
3		5	9				8	
				8	7			
5					2	7		3
9	1			5	6			4
	4	7	8	1	3	6		9
7	6		1	3		5		8
4	3	8		7	5	1		2
1		9		4			6	7

227

9	1	6		2				8
3		4	7				9	
	8					1	4	5
		2	8		3	6	1	
	4	1	9	5	6	7		
	3			7		5	8	4
	2		3		5	4		7
4	9	5	2	6			3	
7				1	8			2

228

	1				5	6		2
			8	4		1	5	
3	5	7		1			9	8
7		9		2	8	3	4	
4	2	8	5	3	9		1	
1			7	6		2		
9		2	4		3		6	
	8	3		7	1			4
6			9	8	2	5	3	7

229

	7	4				5		3
8		6	3		4		2	
1	3		5	2			8	
		7			1	2		5
4	2	1			5		6	9
3	9			6	8	7	4	
			8		2		9	4
	4		1	7	6	3		2
5				9		1		8

230

6	8	7	4		9			
	2	9	5	7				8
	5	3	8		2			1
9		6		4		3		5
8	3			9	6	2	7	
7		2	3				1	
			7		1	4	5	9
2	9			5		8	3	
		4		3	8	1	6	2

231

6	2	3	5	1	8			9
7				6			5	
		9			3	2		1
3	4	7	6		5			2
2	8		3	9		4	7	
		1			4			8
1				4		3	9	5
5		6	2		7	1		
4	3	8			9	6	2	

232

	3	9		4	7	6	2	5
7	5		2	9			8	3
6		4	8	5				
4	7				1			
3		2	5	6	4	8	7	
5	1	6		2		3		9
	8			7	5	1	6	2
1			3	8		5		
			6		9	7		

233

7	8							4
	2	5	1	7			6	9
9	4	6	5	8		7	3	1
1		3	2		6	4		
6		8	9	4			2	3
4	7			1		5		
5		9	3	2	8	6		7
		4	7	9	5	3		
2				6	1		8	

234

	3		4	1		7	9	5
	6		5				8	3
1	7	5		8		2	6	
2		8		4		6		
	4	7		9	5			1
	1	3	7		2			
7		4	6			5		9
9			2	7		8	3	6
3	8		1		9	4		2

235

3		8	5	2				1
6	7			3	1		9	5
		2	7	9	6	8	3	4
4	2	6	1	7			5	9
	1			4	2	6		
7			9	6	5			
8	3		4	5			2	
	4			8	9		1	3
9		5	2				8	7

236

		6	3	8	4			7
5			2				9	
7	3	8	1			4	2	6
4	8	3		9	5	1		
					2	6	5	
6	5		4	1	7	3		9
9		7	5				3	8
	2		7	6	3	9	4	1
	1			2	8			5

237

8				1	3	5	2	4
3	1	5	4				8	7
	2				9		6	
		7	9			8		5
	5		1	2		6	4	3
4	6		3	8	5		7	9
		9	6	7	8	1	3	2
6	7	2						
	8			9	4			

238

	8	7	2	9	6			3
	4	5	1				2	8
3		2			4	7		
	7	4			8	1		
6	9					5		2
2		1	7	6		9	8	
	5		8	7				1
		3	4		9		6	5
8	1	9		5		3	4	

239

		2		1		5	9	
	6	7	9		8			2
3	1				5	8		4
4			1	3	9		5	7
9		1	2	7	6	4		3
		3		8	4	2		
7	8		4		3	9		1
1	9	5	7	6	2	3		8
							6	5

240

			4		7	1	2	6
	7	8		6	9		4	5
6	1		5	2	3			9
	5	9		1	2	4	7	
3		6						
7			3		4	5		8
				3	1	8		
	9	2	8		5	6		7
4	8	3	9					1

241

1			8	2	5	4		
9		2						3
	7		1		3	6		
4			3			1	6	
5	6	3	9		8		7	
	8			4	7		5	9
	2	8	7			5	4	1
7		5	2		4		3	
3	4	9		6			8	2

242

6		5		7	3			4
7	4		5	6		1		
	2	3		8	1			6
5	6	4		9	8		2	7
	8	9	3			5		
	7	1			2	4	9	8
8				1	5	6	4	9
	9					2	7	
		7		2	6	8	1	3

243

5		8	9	7		4		3
1	7	2			4		6	
3			2	5	6			1
4			5	9	2		7	
	3	6	1				5	8
		5	3		8	9		4
	9		7	8		1		2
2				1		8	4	
	1	7			3	6		5

244

		7	5		8		1	2
		8	6	9		3	4	7
3	9	1		4	2	5		8
7			1	5				6
2			3				9	4
	4			2	9	7	5	
8	5	2	4	6		1		
1		4		8		6	2	3
9	3				7			

245

1					8		9	
	7	4		6		2	1	8
9		2		7		5	4	6
8		1		5	9			3
	2	3		4	6	1	7	
			3				6	5
7	3	8	2					
		5	6	8		9	3	4
	4	9	5		1	7		2

246

5					1			
6		8		2	9		3	
	3		6	8	5	1	7	
7		9		3			4	6
		1					2	
4	2			6	7	5	9	1
3	8					9		
	7	6	4	9	3	2	5	
9	4	2	5	1	8	7	6	

247

3	7			9			6	
				8	4			
2		9	3		5	7		1
			2	5				4
	6		9			5	3	8
	8	1	4		6			9
7	1	3		4		8	5	2
		4	5	7	1		9	6
6	9			2	3	1		7

248

	9	6	2			4		5
5		1	8		6		2	
7	8	2		4	3			9
8		4	1		5		7	
9	1			6	4		3	
	3	7	9	2		5		
	5				7	2	1	3
2		8		1		7		4
			4			6	9	8

249

4	1		2		7			5
		5	1	9	3		6	
2		9			6		7	8
6	2		7	1	8	5		
	4		3	6			2	1
	7	1	4	5	2			3
	9					8		4
8		7			4		1	6
	6			2	5	3	9	

250

3		6	5			9	1	2
7	1			4			8	3
2	8		9	1		4		
8	5	7	1				2	
9	3			6	5			
4				2	8	7		5
1					6			4
			4	7		6	3	9
6			2	3	9	8	5	1

251

		2				6	8	4
	7	3		8			5	
		8	4	1	9	7		3
	1		9		4		6	8
	4		6	2	3	1		
	6	5	1	7		3		9
9	2		7	4	5			
5			8				1	7
7		4	3	6		5		2

252

3		4	7	9		2		
2	5	7						8
	6				1		3	
	7	8	4				6	
			8		3	9	1	5
1	9		2	5	6			4
9	8		1	4			2	3
4	2			3	5	8	7	9
7		6		8		5		

253

5	2	6	7	3			4	8
9				5	8	6		
	1	8	9				2	
	3	9		2			7	1
6	7		4			5		
	8		1		3			9
		4		1	7	2		6
3			5	9			8	4
		2	8	6	4	7	5	3

254

6	3	1	2		7		9	8
2	4	5				3		
9	8			4	1	5		
5	2		4	1	6	7		3
1		4		3	2	6		
8			5	7	9			
	9	6						4
3			6	8			7	5
			7	9	3	2	6	1

255

6			7		4	5		1
9		3	1			6	8	7
	5			9		2	3	
1	2	8	6		5	9	4	
			2		8			6
4		7	9	1			5	
	7	6		2				8
	9		3		1	7		5
2		5	4		7	3	6	

256

7		1			9			2
5	4	2		8	6	3		1
	3	6		4		5	7	
3		4		2		1	8	9
				9		4	2	5
2		8	1	5			3	6
8		5	3	7		9		
1	7	9	4					
	2			1		8	6	

257

			9		6			7
9	8	2				1	6	5
3	7		5	1		4	9	
	4			5	1	6	7	3
		8	4	3	9	5	1	2
	1		6	2	7			9
6	2	4	7			3	8	
		7		4	8			
	9	5					2	

258

	9		2			1	8	
5		6	1	7	9	3		2
	4			6		7		5
2	1		6	4		9		
4		9		8			1	7
7		8		3		2	5	4
6	5	1	3	2	8	4		9
	7		4					
	2		7	1	5	8		3

259

	7						3	
4			5	1		6	2	9
9		5	2	8	3	4	1	
8	9	6	7	2		5		
3	2	7			4		6	
5	4		9					8
		8		6	2	3		4
2	3		4			1	5	
6	1			9		7	8	

260

2	9		7	1			3	5
5		6		8		2		
	7	3		4		6	9	8
6	1	7		3			2	9
4		2	5					
9	8		6		1	3	4	7
	2	4			9	8		3
		1	3	7			6	4
			8	5		7	1	2

261

	7		3	6	4	5		2
3	4		8		9	1		
2	6			1	5			9
6		4	5	8	7			3
9	2					8	1	
8		3			2		7	4
5			4	7			2	8
	3	1				9		
4			9	3	6	7	5	

262

5			8	6	4	1	2	
	2	8	1	7				
	7		2		9		3	4
9	4			3	5		8	1
7		6					9	5
8		3			1	4	6	
3	9	4		1	6	2	7	
2					8	5		9
	8		9	2	7	6	4	

263

1			4		2	5	3	8
				9			6	
7	4	8		5		1		2
3	9	4		8	7			
2			9		4	8	5	
	1	5	6	2	3			
9	2		7			3	8	6
			1	6			7	5
	5	7			8	9	1	4

264

	9	3	2		6	1	7	
5	1			4			9	8
7	6		9			3		2
		5	8	7		9		1
4			6			7	3	
9	2	7		3	1		4	
1				8	2	5		3
		8	7	6	3			
	4	6		9	5	2	8	

265

8	9	6		3		5	1	
		5	6	1		2		7
			4			8	3	
6			5		7			9
9	7	8			3	4		2
1		4		2	9			3
	1		2	7	6			8
2		3		5		7	6	1
4				8		9		5

266

		4		5	8		7	
5	3		6	1		9	2	
		8	2			6		4
7	5	1	4				6	3
2	8	9	3		1			
		6			7		9	2
	7				6	5	3	
9	6		8		5	4	1	7
	1			3	9	2	8	

267

5	9			7	4		8	1
		2	8		5			6
	4	3	2		1	9	5	7
4	3		6	5		7	1	
1	7		9	3		6	4	2
	2	8				5		
	5		7	1	6			9
9	8		4	2			6	
2		1		8		3		4

268

8	1	7		9			6	
			1	2				5
	2	5			4		8	9
4		1			6		3	2
5	6		4			9		
2	3	9	8	7	1	4		
6		3	2			7	4	8
7	8		6		3		9	1
		4	5	8				3

269

4		1	8			2	6	9
	8	9		7				3
6	3	2		1			5	
1				9	2	3	7	
	5			8			9	4
3			6	4	7			
	2	3	9	5		1		6
		6	7		4			5
9	4		1		3		8	2

270

9	5		3	4	1		7	6
		2	9	5	6	8		
	6				7	4		
1	3		5					
6				7	8	1	9	3
8	4			9		5	6	2
7	9		8	1	4	3		
2			6				8	7
		3		2	9		1	4

271

3	6	5		8		9		4
	2		9				3	
9	4	1		7	3			8
7		8	3				2	6
4				2	1	5		
	5	3	8	6	4	7		1
			6	9			1	2
6	7		4	1		3	5	
	8	9	2		5		4	

272

	7	4	3	2	8	1		
6	9	8	5			2		
2	1				9			4
	2	1		6		7	4	3
	3		9	4				5
	8	5			7	6	9	
		9	2		3		7	
	4	2	7	8			5	1
	5				1	3		6

273

1	8		5	9			2	
7	3	5		6		1		8
			7	1	8		4	3
8	5			3	9	4	6	
		6	2				8	9
	4	2		8	7	3		1
4	9			5	1	2	7	6
			3	2		9		
2	6	1						5

274

		1			5		2	
4	6	7		9		8	1	
	8			4	7	3		9
9		8	6					
		3	9	1	2	7	5	
	7	2	3		8	6		4
5	1			2	6		7	
	2	9	4	3	1			6
8	3		5			2	4	

275

3		2		6				
7	1	4	5	2	8		9	
9	6					1		
	8		4				1	3
			8	5	6	9	7	4
	9	6	3		7	2	5	
	4	1	2		5	7		
2				3	4		8	1
	3	5		7	9	4	6	

276

	4	1	2	5				
2	3	8		7	6	9	5	
	6	9	8		4			7
1			4		3		2	6
6	7	2	5	9			3	8
	8			2		5		1
4		3	9				7	2
9			3		8	1	6	
	5		7	1		3	4	

277

	3		5	7				
7	6		9	8	1	4	2	
8		9		4	3			
1	5		8	9				2
			2		4		6	1
9		2		3	6	7	8	5
	9	3	7			8	1	
		7		2			3	9
5	8	4		1				6

278

6	8		2	3				4
	9		5		8		7	
2	3	5		4	7	9		
3	7	6			2	1	4	
8	5	9		1		6		
4			6			3	8	9
5	1		9		4	7		6
7	4	2	3		6			1
				8			5	2

279

5		8	2		9	6		4
			7	3	5			
1	7			4			2	3
4	1				2		8	9
9		7	3	8		4	6	
		6		7		1	3	5
7	4	2	1			8		
6	8	5	4			3	9	1
	9		6	5				7

280

		8	5	7		4		
4				9	8	3	2	1
	9	6			3			8
6	3	9		8	2	7	5	4
7		5		3	6	1		
	1	2		4	5			9
5	7	4	2	1		8	6	
9	6				4		1	7
2			3			9		

281

7		5	4	8			3	2
	9	4	5	6			7	
6				7	1			9
5	4	7		2		1		
1	3		6	4	5		2	8
2		8		1	3		9	
	2	3	8		7			6
8		1	2	9			4	7
9		6					8	5

282

	3		4	8				6
2	1	4					7	
	5	6		7	9	1	3	
4	7			6	2	3	9	
6	2	9		3			1	5
	8	1			5			2
7	4	8	5	1	6	9	2	
		3		2	8	6	4	
			3	9		5		7

283

		8	4		6		5	7
	9			2				4
	1		7		5	3	2	8
	4	9	2	6	1	5		
3			8		7	2		9
8	5			3	4	1	7	
1	7			8			6	2
9		6	1			7	3	
4	2	5			3		9	

284

4		6			3		9	1
9	5	3	2	6			8	4
	8	7			5		2	
		1	9	4	2	6		
5			8	3	7			9
7	4	9			6		3	
2			5	7				3
	9	8		1		2	7	5
3						1	4	8

285

7	2	1	4		3			5
	5	9				6	2	
8	6			5		7	1	
		8	6		1	4	3	
	1	2			7	5	8	9
4	3		5	8	9			
9		6	2			3	7	8
			7	9	4			6
	7	5	8	3		9		2

286

4		7	3	2	1	6		5
3		8			6		7	
		5	9	8	7			1
6			1	9			4	
7	4			5	3		2	8
	2	9	4		8		6	3
1	3		7	6			9	2
9		2			4	7		
8		6				3	5	4

287

	8	2			7	3	1	4
4	6				3	7	9	2
9		7			2	8	5	6
		4	3	5	6		2	
1	9							3
	5		8	9		6		
		5	2	7	8			1
7	1			4	9		3	5
6			1	3		4	7	8

288

1		3	5			7	6	
	8	9	6		4		2	
4				2	3			5
	4		7		5	1		9
6	9		3	4			8	7
	5	7		1	9	6		2
7	1	2			6	4		
	6		2		7	9		3
		5		8	1			

289

1	7	9		2		8		3
2	6	5		3	7		9	
8			6				5	
9	5	7	1	6	2		4	
	3	2	7	5	8		1	
	8			4	9			
5			2	1		4	3	7
7		4	9		3	5	2	6
		6	4					1

290

		1	2	5	3	7		
5	4			1		2	6	
8	3				7			9
	1	3	8	4		9	2	
2	9		3	7			5	8
6		5					4	
3	5	9			1			2
	2		7	9	4	8	3	
4	7				2	6		1

291

	3		7		4		8	6
		9			6		2	5
		8	5	3		4	7	
1	5	6				2		8
9	4			1		5		3
2	8		9	6		7		
7		5	6	4			3	9
	6		3		7	1		
	9	2	8		1		4	

292

		7		4	5	3		
	4		6			1		2
2	3				9	5		8
4		8		7		2	1	
6	2	1	3	5				7
7	9	3	8	2		6		4
	6		1	8			9	5
8		5	4	9	3	7		6
		4			2		3	

293

		9		1	5	7	6	8
1	8		2					4
5		4	7		9	3	2	
2		5			4		1	3
		6			7	2		9
	9		8		3	6		5
	4		5	6	8	1		
6		3	9				8	2
7	1		3		2	9	5	

294

7			6	9	1	8	2	
	6	8	4				5	1
9	3		2	5			7	
	1	7	8			2		6
3			7	1	5	4		
	9			6				5
					3	1	4	8
4	8		1	7			9	2
	5	2	9		4	3	6	

295

	9	4		5			7	
2	8		9	1			3	
7					6	2		1
	1		6	2			4	
4		7	5	3				8
3	6	8	4	7	1	9	5	
6		2					8	3
		5	3		2	4	1	9
9			7	8	4	6	2	5

296

	4	1				6	9	7
6	8	7	9	3	4	5		
5	9	2			6			
1	2			4				8
		6		8	5	3	1	
9			1	7	3		6	2
		5	8	9				4
7			3	6	2	9	8	
	3		4	5		2	7	

297

2		7	4	9	8		1	6
	6		3			8		4
9				5	1	2	7	3
5		8		6		3		7
3	4	9	7				2	
7	2				4		5	1
	7		5	4				9
6		3	1		2		8	5
4		1	9	8	3		6	

298

1	4		8	6		2	3	
6			1	4				5
7		8		3	2			
	6			8	9	3		1
4	9	3					2	
	2			5	4	6	7	9
2			7		3		6	
9	1			2		7	5	3
		4	5	1	6	8	9	

299

	1	2			9		7	8
6	5		3			4		
7	8			4		6	5	9
		7	4	6		5	1	3
5	2				7	8		
3			1	8			9	2
2	3			9		1		6
9	4		5	1		2		
	7	6	8		3		4	

300

4	3	2	1				9	
6	5					8	2	
	1		9		5	6		3
					2	5	3	7
7		5	8	3	4	1	6	
9	6		7	5				
	8	1	5		9	2		
2	7		3		8	9		4
		4		6	7	3	1	8

301

	5	6		7		2	1	3
9	3				5			7
	8	7	4	1				
				8	9	3		5
1	9		6				4	
		8	5	2	4		6	
	6		3			7	2	4
		3		4	2	6	9	8
7		2	8					1

302

5	1			3	6		8	
3	9	8	1			5	4	
	6				8		2	
7	2				9		5	4
6	5	4	8	1				3
	3		2			1		7
9					3	6	1	2
	8		6		4	9		
2	7		9	5				

303

		1		5	2	6		
9	2	8			6		7	
	6	7	8	3			4	
	3		6		4			7
	5			8	1	9	2	
			9	7			8	3
4				1		5		9
1	9		4		7		3	2
6	8		5		3			4

304

	9		5	3			2	
		4	7		6	8		
	6			1		4	7	3
1	5		9	4	7	2		
8	3			5		6		
4		2	6				1	9
5		7		9	1	3		
9	2	1			8	7	5	4
			2				8	

305

5	4	3				2		
			8		9	4	1	
8		9			4	6	7	5
	3		4	2			8	
		5	1	6	7			9
6	7					5	4	1
1			3		8			2
2	9		5	1			3	7
	6	8	7	9				

306

2		5	7	6		1		
		9			8		2	3
	8	6			4	5		
7	4		1	9		2	3	
3				7	2		4	
			4	8	3		1	5
8	2			5	6		7	
6	1	3				9		
	9	7		2		4		8

307

	3	1	6		8			9
5	2		1					
	9	6		7	3	4	5	
9			4		5	3		7
1		3		9		8		
	4	8			2		9	
2	8			3		7	6	4
6			5	2				3
	7				4	1	2	5

308

	8	5	1	2				
7		6	9	4		3		
				7	5		8	2
4		2						1
	7	1		3	9			6
5	6	3	8			7		
	4		5	8		2	9	
3			4		2	1		7
	1	9		6	7	4	5	

309

	5			6	3	8		7
4					5	6	9	
		8	2	1		3		
3	2	7			6		5	
	9	1		7	8		6	4
		4	5				3	9
9			1	3		5	8	
2	7				4			6
8	1			9	2	4		

310

	2	1		5	3	7	6	
			6			3		2
		7			9		8	4
4			5	1	2			
	5	3		4		6	9	
7	1	8						
5		9	3	6	4		2	
1			8				3	
	6	4		7	1	9	5	8

311

	2		8				6	5
	8	1			3	2	7	
6		3			5	9		
	6	7	4					
	5		9	7	1			3
9		4		6			1	8
4			2	5		8		9
	7	8		4		1	5	
3	9		1		6	4	2	

312

2		5	4	3				9
7	6			2		1		
	8	9		6			7	3
8	3		9		5	6	4	2
1			7				8	
		4				3	1	
3		2	1		8	5		
	9		2		4	7		
5		1		9	6	4		

313

		7		9	1	3		5
		4	6		8	1		2
2			4	5		8	6	
3		6			7			
					2	9	1	8
9				4		6	7	3
	4	3	5					6
8	5			1		4		9
7	6	9	8	3		2		

314

7		6		9				1
	8		4	6	2		5	3
	2	5			3		9	
		1	6		7		8	2
	5	7	3					4
6	4		8	5		3		
	1	3	2	8		9		7
9				7	5	2		
		8			4	1	6	

315

8					7	1	9	
		5		3	1	4		2
	6		2	4	9		5	
	5	6		7			4	
4		3	6				8	1
2		9			5		3	
9	2			8			7	
				2	4	9		6
	1	7		5	3	8		

316

		1		5	6			8
2	5	3	1			4	7	
		4				9		
	3		7		9		6	
9			2	8				3
	7	2		3	1	8	5	
	6	8		7	4			2
1	4		8		2		3	7
5			9	1		6		

317

		3	6			9		7
5	1				4			2
		6	1	2			8	
8	3	9		1	5	7		
2		4	9	8	7		5	
1				3				
	8				9	1	7	
	4	5	3			2	6	
	7		8		2	5	9	4

318

8			4					7
6	2		1	9	7		3	5
	1	3			2	6	9	
5			8			9	6	
4		1						8
9	6			5	3		2	
	5	7		2		3		
	8		9		4	1		
2	4				5	7		6

319

	7	2	3	8				6
		4	9	6			1	
	9			5	2		3	
8	3		7		4	5		
	1	5				6		4
	2			9	6			1
		9			3			8
1	5		8			7	6	2
7		8	1	2	5	4		

320

		3			7	2		
9	7		6	2		4	1	
	2	8	1		9	5		3
7	5	2		3			8	
4				5		3		9
3	8		4	6				1
			8		4	9	6	
5		1	3					2
	6		2	9	5			7

321

7		2		3	1			
	4			7	8	2		9
	9	3		6	2			5
1		4				9	5	3
	8		3			4		6
	6		2	5		7	8	1
2	1		8	4				
	7	5				8	6	
4			6	9	7			2

322

6				8		4	1	3
		8	9		7			
2	5	4	3			9		
	2	9	6		5		3	
1	4	5				7	6	
7				2		8		
		6	4		1	2		7
		2		5	3	6	9	1
9	7				8		4	

323

8			3	1			7	5
		3			9	6		1
		2	7	6	5			
6		1		2			4	
3	5	7		8				9
		4			1	7	8	
7	4	5		9			6	2
2	3		6		4	1		
	9		2	7	3	8		

324

	2	6					1	4
5			8	1		7		9
9	7	1			3	5		
		2	9	7		8		
1	5	4		2			6	
		8	1	6		4	3	
4	8		6		2			5
					9			3
3	6		4	5		2	7	8

325

8				7	5			6
		3	9	4				5
	4	7		2		9	3	
3		9	2			1		7
	1		8				2	4
6	2				3	5	8	
1	5	2	4			6		3
	7		5			4	1	8
				9	6	7		

326

3	2		7	9		5		1
	8		4		1			6
					5	7	2	4
	1	7	9	3	2			8
9	4				8	3		
		6	1				5	
1			6	5	4		9	2
2		9	8	7			4	
	5	8				6		3

327

		2	6			7	1	
1	4	9	3	8				5
				2	5			4
	5	3		4		1	2	
			7		3	6		9
6			8	5	2			7
	3	4			1		8	6
	7		5			9	4	
8	1			6	9	3		2

328

8		1	4					2
6				9		3		
4	7		1	3	2		5	
	1			7	4			8
	5	8	9	6				4
			5			9	3	7
3	9	6	8		7		1	
5	4			1		2		3
		2			5	6	7	

329

		3	7			9	5	8
4			1	3				
	2	5	8	6				4
2	7	1					4	
	3			9		2	6	1
9	4			8		5		3
8	6				2	3	1	
	9			4	3			7
		7	6	1	8			2

330

	8	2	9		5		7	
	7	1			6		3	
3		5	7			9		4
8						4	2	1
		9	2			3	6	
6		3	4	8	1	5		7
	9		5	7		6		
	1	4	6		3	8		
5				2	8			9

331

5		2		6		1	3	
6			1	2	8		7	
	4				9	8		
					4	5	1	3
8		3		7		2		4
9				3	1	6	8	7
1	2		7	4				6
3		5	9					
	9	7	5	1	6		2	

332

	9			2			4	1
		7		3		8		9
5	1		8			7	3	
		3	9				2	4
	8			6	5	3		7
7	4			1		5	6	
9			1	8	4			6
8	7		2		6	9		
1	6	2	7					5

333

3		2			7	8		
	5			8		1		
1	8	9	2	3			6	4
		7					4	9
	2		4	5	9	6		
4				1	6		3	8
5				4	2		1	7
	7			9	3			
	6		8		1	3	5	2

334

2		6		9	8			7
	4		1		7			
		1			3	6	8	
9		2		5			4	
1	8		6	2		5	3	9
4	5	3	7			1		2
5					6	8		1
3			4			2	9	6
	7	9	8			3		

335

		7		9	1			3
			3	4			6	2
		8		6	2	7	1	9
8	5				6	9	3	4
3	4	9	1		5			
2						1	8	
1		3	2		9	6	4	7
	6				3			
5		4		7	8		2	

336

	2		1		8			3
8	9		7				5	
	4	1		3	5	2		
	8	2	9	4	1	7		6
3		4			6		9	
		7	5			1		
	5			6	2	9	4	
4			8			5	6	2
	7	6						8

337

	2		6		3	7	8	
9	3	8					5	6
4	7				5			9
5	8		4			2	6	1
3					7	4		
	4	9	2	1			7	
		1		2	6	8		5
		4	9	7			3	
2	6		8				1	

338

	9					5	8	6
3		6	7	4			9	1
		1			5	4		
	4	5	2	1		3		
7			8		6			2
6	8		9	3				
1			5	6	2	8		4
2				7	3	1		9
	3	4			9		2	7

339

	1	3		6	4			7
	9	5		8		2		
2	7		3		9			
		6			7	1	5	
9			4	3			6	8
	2		6	1			4	
	6		1	2	8	4		3
			9				8	5
3		7	5			9		1

340

4	1	7		6			2	
	8	2				1	9	
6	5	9					3	4
	2	5			7			3
			4	8	5	9	1	
1	9	4	2			8		7
			6	4				9
9		8		7	3	2	6	
	3		1				7	5

341

			7		6	9	8	1
8	6			4	9			
5			3				2	
	5			6		1	4	
3	9		1			8		2
1	8	6			2	7		3
9	4				7			
	1		9	2		3		5
	3	7	5		8	6	9	

342

					7			3
			6	4		9	1	8
	5	9	8			6	2	
6	2	4	1	7			5	
	8	1	9		3	4		
	3			2				1
8		7	3	6			9	5
2	4	3			9		7	
5				1		8		4

343

7	6			8	2	9		
3			9		5		2	
4			1	6		8		5
	5		4		8		6	9
	3	2		7			1	
8					9	3		7
	9		7			6	8	3
5	8		6		4	1	7	
		1		2	3			4

344

	3	9		7			2	8
4			2		1			
7		6	4	8				5
	8			1		6		2
	4	7	9	3	6			
	1	5	8	2			3	9
5			7	4				3
		2			9	1		
3				5		8	7	6

345

2				3	6		7	
3	9		7			4		1
	8	4		1	5	6		
	3			5	4			2
		7	3			8	1	
4	6	1			2		9	
9	5	8	2		7		3	
		2	6	8		5		9
				9	1			7

346

2	8					1		9
	4	1		7	9			8
7		9				3	6	4
	9	4		8				
1		7	5		3			
8		6	7	1	4		5	2
				6		8	3	
3		5			1	2		7
			2		5	6	4	1

347

			2	6	5			7
	8	9	7				3	2
5			3		9	1		
	6	3		2	1	9		
1				9	6	4		
	5	4	8		7		2	
		7		5		3	6	
4	3				8		1	9
2	9	6		4			8	5

348

	4	8			7	1		2
			4	3	5		7	
3					2			9
	8	7	3		1	4		5
9			6	2	4		8	
6	1		5			9		3
		5	2		9	6		7
4	6	1						
		9	1	8		3		4

349

	7		8	4	9			1
5		3	7					2
		1	2		3			6
	8	6					5	7
	1			8		2	9	
9	3	5	1			4	6	
4		9	3		6	7	8	5
	6			9	7	3	2	
			4	2	8			

350

6			7	4	5		9	
		5		8	2		1	
	7				3		2	6
		4		7	6			9
		2	1			4	5	
8	3	9	2					1
9	1			6	8	3	4	
5		3			1		6	7
2	4			9			8	5

351

7		6		8			4	1
3			4		6	7		5
	1	2					8	9
	2	1		3	5			4
5		3	9		2		6	
6	4			7		5		
	8		3		4	2	9	7
9			5		7	8		3
				9	1			6

352

		7	1		8	9	3	
2	8	5	6				7	
3		9		7				
7		8		1	3		5	4
	2	6		9	4	1	8	
	3			5			2	
1			5		2	8	9	
	6	4		8	7			2
			9			3	4	7

353

9	3		5		6			2
7	2	6		9		4	5	1
8		5		4			3	
6	4		3			1		8
		2	1				4	7
	7			8	4	9		
4	5			7		2		3
			9	2	5	8		
		1			8		7	6

354

	3	1	8	6		9	7	2
5	7		1					
2		6				5	3	
		5		4		8		3
			6	8	7	4	9	
6				9		1	2	
	6	2	3					4
3		4	7	1			8	
	1	7	9	2	4		5	

355

	9	7		3		5		8
			7	9	6	2		
1	3				5		4	
4			5		1	3		
		1	2			7		6
	2	8	3				5	4
6	1		9	8		4		3
8		2	4			6		9
		3		1	7		2	

356

	8	4		7	9		3	
			6	1		8		4
2	7			3			5	
	2	3				1		9
5	4	6	3				2	
			8		4	5		
1		9	2		5			7
7	5			4		6	1	2
				8	7	3	9	

357

	6	5	8	2	1			
3	8			9		1	2	
		7	3	5			9	
8			1	3	2		7	4
4			9		5		6	1
				6	8	2	3	
6		2					8	7
1	3	9	7		6	4		
	5			4		9		

358

6			1		2	8	3	
3		5		4	8			9
			6		9		1	4
8	2		3			9	6	5
	7	4	2					
	3		5	8	1	7		
4		7	9		3	2		
2	9				5	4		1
	5	8			7			6

359

	1	9	5				6	8
	3	4			2	9		
2			7		6		4	
3	4	6	9			7	1	
1			2		4		8	6
	5		1		7	4		9
9				2	5		7	
		8	6			3		5
	7	3		8			2	1

360

3			9		2	1		
	6	2	8					4
	1			5			7	
		5		2		9		
1				7	4			3
2	7	8	1				6	
8	4	9		6	3	5	2	
	5				1	7	4	8
			4		5	6	3	9

361

		8	6				2	
1					5	9		7
			3	7	1		6	4
9	8	5						6
	2		1	6	9	3		8
	3			4		7	9	2
		3		2			4	5
	6	4	8		3			
7	9	2			6	1		

362

2					7	8		
5			2	9			6	3
	3	1	5			9		
9	2			6			8	1
	7	6			3		4	
4		8			1	2	3	
	8			1	9			2
6	9	4	7	8				5
7			3	5	4	6		

363

	4				6			
7			1		2		9	
3		6		8			5	1
		9	7	5		4		
	1		2		4	8	3	
		2	9		8		7	6
	2	4	3			1		8
1	8	5	6		9	3		7
6		3		4			2	5

364

1				7		4		3
	3	9			2		8	
		8		5			6	2
	6		3		4			
	5	7	9		1	8	2	
9		4	5	2			3	1
		2	4	1	8		9	5
8		3		9		7		
4					6			

365

		8	9	3	2			
3	6			8		5		1
4	7	9	1					
	2				3	1		4
5	9			7		8	6	3
7				4	6		5	
2						4	3	6
		1	6		4		8	
		7		5	8	9		2

366

	4	6		9		1		8
		1		3			2	
7	9			8	4			5
	1	7	8		5			3
2		5	7				6	4
9			2	4	3			1
	8			2	1	5	4	
	7		9		6		8	
5		3				9		6

367

	1	5	9				2	6
	6		3		1	8	7	
				7	2			9
	2	4	7			9		
	8	1			5		6	3
3		6	8		9	5		
		2	5			4	8	1
4	9	7		6				5
				2	3			

368

3	9	1		4	5			8
		8	7	6				
					1		9	5
5	2		8			4		7
	6		1	9			2	3
	4	3			2	8	6	
7		6	4	1		9		
9	8	2	6	5				1
4		5			7	3		

369

3	4		7			1	2	
5		1			2			
8	7					4	9	6
1	5		8	9		7	4	
6		9	3	7		8		1
		4	2		5			3
2		7	9	3		5	8	
			4	6	8			
	1		5				3	9

370

				8	4		9	
	3		7	9	5		1	6
4		5		2	1		7	
	1	2	4					7
		6	9		2	1		5
7	4					6		8
9		7	1	5		3		4
8	6							
1				3	7	2	6	

371

1				3			4	
8			9	5			2	1
7	6	2	4				5	
2	3				6	7		8
5					3	2	9	
9	7	1	8					6
6	5			1	9	4		
		8	2			3	7	
		9	7	4		1		5

372

	2			9	6	5		4
8					4	6	1	
9			5				7	
5		2	1					3
	9	4	6		7	8		
7	8	1		2		4		
			7	3	2	9		5
	5			8	1		6	
4	7	3	9				8	2

373

		2	9	4	5	7		1
3		1		6				
	9			3		8	6	
7	5	4			9		2	
				1				6
		6	2		4	9	5	
	8				6	5	1	7
6		9	8		1	3	4	2
4			3	2	7			9

374

	9			6	3	1		8
		3	7	5			4	2
7	1	2	4		8			
2	3		5	7	6			
		4			2		5	9
	6	8		1		7		3
9	4		8	3			1	
					9	8	6	
	5	1		2	7	3		

375

8	6			9	7			
1			4	8	2	7	9	
	9		5			3		2
7		5	1		9	4	6	
			8		3	1		
2	1			6	4			5
9		6				8	5	
	2	4		7		6	1	3
3					5	2	7	

376

	3		5		2	9		
9		6	8	7		5	2	1
7		2					3	4
4		5		8	6			
			9	1	4			8
		9		3			6	7
5		8		9		7		2
2	1		6	5		3	8	
		7	4			6	1	

377

	7	8	6			1		
		9				5	7	4
	1	2	4		9			3
		3		4	2		5	8
6	2				1			
8		7			3		9	
	3	1	9	5		4		2
2	5			8				6
9		6	1			7	3	

378

	9		2			3	8	
8	4				1		6	7
3			5		6	1	4	
5	2			9		7		8
	3			4			9	2
		6	8	2	7			
	8	7	4			5	3	
1	5		7	6		9		
4			3		2			1

379

8			7		3	6		
	1		5	8			7	9
7				4	6		2	
	2	6						8
		9		5	1		4	6
4	5			9		1	3	2
		8	4			9	1	
	6	3		2	9		8	7
	4		8	3	7			5

380

2	3	1	6			8	4	
		8			9	2		5
5		4	1			7	6	
8	4		7	3		1		
	7			9	6	3		
6	2	3						
		6	8		3	4		1
4		7			1	5		2
			5	7			9	8

381

	8		4			3		1
5					2		7	9
3		9		8	1			6
	4	8		1	5			3
7	9	6	3				2	5
				2	6	7		
				5	3	4		
	5	1		9		6		8
	2		1	6	4		9	

382

6		9	1					
	7	5	2					3
	3	1	4	5	8			
5					4	6	7	2
1		3	9				8	
	2			8	5			9
	8					3	2	
4	1	7		3		9		5
			7	9	6	8	4	

383

	4			3	2		7	8
			7	1		9		
					9	1	2	6
6		8		2			4	
9	1		3	5				
	3	5	4		6	8	9	
	8	3	1			6		2
4	2		5			7		
5		6		8	7			3

384

	2	3		6		9	7	1
6				5			4	
7	8	4		9		2		
	4	5	1			3	8	
			4		9	5		7
1			2			6	9	
	1	7			3	4		6
	3		5	1	8			
2		9			7			8

385

5		9	2	6				8
7	1		3	8				
		3			1		4	2
3		6	1				7	9
9					2	5		4
4			5			6	8	3
		8					9	1
		5	4	9	3			
2		4			6	3	5	7

386

4	2		6	9		7		
5				7	2		8	4
	6	7		4	1			
		6	2		8	9	5	
		9		5			1	3
7		3			4	2		8
	1				7	3	9	2
9			1	6				5
8	3	4	5					6

387

5			8	2		9		6
7			6		3		4	
		8		9	4	5		
		6		4	7		1	3
	2		5		8	7	6	
3		9						
4	8	2		1		6		7
	3			7	9		2	8
	1		2		6		5	4

388

1	5						2	
		4	3	8	5	9		7
		7		1		6		
	6		7		9	3	5	
2		5	6			4		8
	3	1		5	4			9
		9	2		6		8	3
8	7		1	9				6
3				4		7		2

389

3	5	9				7	4	
					8	6	2	
6	8		7	5		1		
9			1			2		4
	3			9	2	5		
	1	7	3	4				9
			8		6		7	
1	2	8	4		3		5	
4	7	6	5	1		3	8	

390

					4		9	
	7	4	5	2		8		6
3	6	1	7			2		
2		6		4		3	5	8
1					9		7	
	5	7	8	3			2	
	3	9			1	5		
5		8		6	2	4		7
	4		3	8			6	1

391

4			1	6		7		9
	9	3	5				2	
8		7				5	3	
		5	4	9		1	7	
6			8		5	3		
	8			3	2	4		
3	2				1			7
7		6	9		4		5	
5		9		7	8	2	1	6

392

				6		2	7	5
6		9		8		4		
	2	3			1	9		
9	8				7		4	3
	1		8	2		6		
4		7	5		3		1	
8	3	6		4				9
5			2	7	8			
	7	4	9			1	5	

393

7		1			4			
			3	7			8	1
9	4				5		6	2
		5	4	3			1	8
	7	2		9		6		
	3		2	1	6	5		9
2			9				4	3
	6		8		2	1		7
4		8		5		9		

394

7				9			3	
		5	1			4	8	
	4		5	6	7			2
3						1		
1	8	6	2	3	5		9	4
	7	9	4		8			5
		8			9	2	7	1
9	6	1		4		8		
	2		3			6		

395

		7	5				3	8
1				6	4	9	7	2
	9		8	2			1	
4		9	2		5			6
	6			4		3		
5	8		1	7				9
	2	4			3	8	6	5
6	7			8				
	3	1			9	4	2	

396

4	8			5				
			6		3	7	9	
	7			9		1		
2				1	5			
		1	2	8	4		6	3
5		4	7	6			8	
		3		2		9	1	
6	5	2	9				3	4
9		7	4		8		5	2

397

			2	9		3		
2		3			7		1	5
6				3	4			
8	6	5	3				4	7
	7	2		4	6		9	
		9		2	5		8	1
3			1		8	9	5	4
7	8		9					6
	5	1		6			7	2

398

	8	4	9		1	5		2
		7			8			3
5	3		4	2		6	1	
9			1		5	3		7
4	2			7		8		
			2	8		1	6	
1	7	6				4		5
		2	5		3		9	
		5	7	6	4		8	

399

		6		8	9	5		4
		7	6	5		3		2
			2	4	3		9	
3		5	1			8		6
1	2	8			4			
	7		3	9			2	5
4		9	8				7	1
	8				6	9		3
5	1			7	2	4		

400

3				5	1		8	
		8	2	4				5
		1		3	6	9	7	2
	4	7		9	3	2		
		6	1			5		8
9				2		3		
	6			8				
5	2	4	9		7		1	
7		9			5	4		6

401

2			9				4	3
		1		6	5		7	
3			4			1	8	5
		2	8	4		7	9	6
6	8				7			
	9		1			3	2	
4	5	6		2				1
9				3		4		7
1	3	7	6	8		9	5	

402

		2		8	9		3	7
8		5	3		4	1		
			7	1	2			
6		8				4	9	3
5	9	7					6	
4	1			2		5		8
3	6		8	5		9	4	2
7	5				1			6
2				4	3		1	

403

3	9			5	2		6	
	2	4		7				
	6			4		3	1	
8			5				2	7
9				6	1	8		
		1	7		3		9	5
4	7		6				3	8
		2	9			4	5	
	1			2	8	9		6

404

6						7		9
9			5				4	
	8	3	9		4	6		
	6		3	9			1	5
		8	2	4	1		7	
7	1	9	6	8				
4			8	1		5	2	
	7	2			6	3		
5		1		3	2	4		8

405

6		9					2	
	8			5		7	4	
5			7		1	9		3
	3		2		6		7	9
	4			9	5	1		2
	1		3		4		6	5
4	9			2		6		8
2		7		8	9		1	
	5	8	6	4	3			

406

		4	1	6	7			5
	8			9	2	6	3	
						2	4	1
7		5				4	2	
	3		7	8		9		
	4	6		5	9	1		
9		3		2	5	7		
2		7	3	4	6		8	
	5	8			1		6	

407

	5		2				6	1
3				8			7	9
	6	7				4		
2		6	3		5			8
1		3	9		7			
9	7			6	8	2		
		4	1	5		3		
		1		4	6	9	2	7
6		8		3	9		4	

408

3		2	4	5				6
6		8	1	2	9	4		
	9			3			7	1
8	6		9		3	5	4	
	4	9			2	1	8	
			5				6	7
7	3	1			8			
2			6	7			1	9
	5			4			2	

409

2				7	9		1	3
	4				8	7		6
		6	1			8	5	9
5			7		6			
		3		9		2	7	5
	1			8	3	9		4
	8	5	2	3	7		4	1
	2	1				3	8	
6					4	5	9	

410

5			1		8		6	
2								4
	9	6			3	7	2	
1		2		7			9	
	8	3	6		5		4	
9	4				1		8	
6		8	7		9			5
	1		4	5		2		
		7	3		2	9	1	6

411

1			5			2		6
9	4			7			3	5
	3	6		4	2	1		9
					5	9		2
7		3		8	6			
8	9				4	7	6	
4		8	1	2		3		7
	7			5	8			1
	5	1	3			4	9	

412

			3	8	9	4		
4	1	3	5	2				
				6		7		5
	9	4	7		8		1	
2				3	6			
5				4	1	9	6	7
		2			3		9	6
	5	6		1		3		8
	8	7		9		1	4	2

413

	5	9	8		3		4	
					7			8
1	3			4	5		7	
9	7	3	4	1			6	5
8				6	9		2	
4	2	6				3		
			7	5	4		8	6
	4		2	8		1	9	
6		2	9				5	7

414

7		3	5			1	8	2
	9		6					4
5	2		1			7		9
3				6	5			1
	5	6			7		2	8
		7	8	9	4		3	
1					6		4	3
9		5		3	8			6
		8	4	2			9	

415

	8		7	6	4	3		
	7	4			5	6	2	
		9	3			1		
	6			7		8		9
			5	4			6	3
2			1	8		5	4	
5		7	6	9	2	4		
9				3	1	7	5	
8	2	1						

416

4		9		5	2			1
	2		8	1			9	
	8				3		6	7
				3	1		5	8
6	9			2		7		
5			7		4	9		3
7	6	1		4		3	8	
		2			9	1		
	3	4		8	6	5		2

417

5		9		6	3		8	
			4			1		
8	4	3	5	2			7	
	7	8	9	5		2	1	
		4	6				3	
6	2		8	3	7	9		
			2		8	5		
1	9	2					6	7
7		5		9	6	3		4

418

	6	9	4	8				
3		8	6			7	2	
1	7		2		5			
7		2			1	4	6	
	8	5				9	3	
	3		8	9	6			5
		7			3		4	9
	4		5		8	6	1	2
5	1			2		3		7

419

2				4		3		7
		6	5		8		9	
	3	1	2				5	4
			7	1	9			8
	2	8	3					6
7	5			6		4		1
	4	7	1		3	8		
6	1		9		5			
9		3		7	6	2		5

420

		4		9	6			1
3					8	6	5	
1		2				9	7	
8				2	5			
	4	6		7		1	3	5
	7	5	1	4	3			2
	2	3	4				8	
	5	9	3		7	2		6
	1		9	5		7	4	

421

		3	7		8	2	1	5
		7	1	6				
4	1		9			3		
2		4			5	8	9	
7	3		8					2
	5			1	6		3	
		6		2		1	8	7
		2		3	7	4	5	9
9			4	8		6		

422

1		5		6		7	4	
	7		4		9	6		
2							8	9
8			1	3			7	
	3	4		5	2			
	6		7		8	2	9	
		2	3	7		4	6	5
	1	3	6	8	5		2	
	5	7		9		1	3	

423

8	9		2	6	7	5		
	4		3					1
2						7	8	6
		4		9	1	8		
	7		6	3			5	4
1	6	5			8		2	
		6		5		9	7	
5	3	2		4	9		1	
7	1	9	8				3	

424

8		7	4			2		3
	1		9	6				5
4	5			7			8	
3			2			6		
5	4	8	1	3		9		
	9			8	7	4		1
7	8			2		3		4
		6		4	5	8	2	9
				1	3		6	

425

8					9	4		
	2		5	6				1
	4	1		3	2			6
9	7		2		8			
1	6			4		9	5	8
	5						7	3
6		4	7				8	
3	9			8		6		2
		5		9	1	3	4	7

426

9			2			4		3
7	1	2		8				6
	3		9	5	1			8
		3			8		6	2
2	9	1			4		7	5
	6	5		7		9		4
	4	6		1			5	
			7			3		1
	8		3	2		6		9

427

6				7	8			3
	4	9		3	1	8		
		7	2	5				1
		8			7		3	5
4				6	2			9
9	7	2				4	8	
	3	5		4	9		6	
			1		6		5	2
8	1				3		7	

428

9			2	6	1	5		
5		6		7				
	2	8	3		9	4	1	
2	4							5
3		1	6			7	8	9
			9		5		4	3
	6		7	8		9		4
	7	3					2	1
8			1	2	4	6	3	

429

			9	7	4	1		3
2				8	6		4	
9		1		2	3		6	
7	5		3				1	
	2			5				8
3		9	6			7		4
6					5	4		1
4	7	3			1	5	8	9
		8	7		9		3	2

430

5			7			8	6	
		1	3	9	5		4	
	4		8		2	1	3	
7		4	5					
2	1					6	8	
3		6	4		8			2
		2	6		4	9	5	
	5	9		3		4	1	
	3	8	1		9	7		6

431

	2	4	8			1		9
3			7					
5	1			9	6	2	8	
		9		3			5	
4				2	7		6	8
	5	6		4	1	3		7
1	8			6	4	7		2
	6	2	1		5	8		4
7					9			5

432

4		2		3	6		1	
3	7		2			8		
	1		7	5	9		2	
8		1			4	3		9
	6	9		1	7		4	
	3			8		6	5	
	8		4		5	9		
		6	1	2		7		5
2		7	6			1	3	

433

		1	3		7	8		
4				5		2		3
	5			6			7	9
					1	6	3	4
	2		7	3			5	
6		9	4	8		1		
3	7	6		2		5	8	
		8		1		7	9	2
9			5		8		4	

434

		3		4			2	
	1	8	3			5	6	
6			5		7	8		9
1	7	2		5	3	9		6
	3	6	8		9	2		5
5					1		4	7
2			9			1		8
	9			2	6		7	3
	4	1		8				

435

3				1	6			8
1	8	2		9		3		
					5	2	7	
			4				5	6
7	4				1	8	2	
2		6	3		8	7		9
		3	6		9		1	
	7			8	2	9		4
5		4		7		6		2

436

3		1		8			4	
			4			2	7	6
	2	6		5	9			3
	4	9	1	6			5	
5				7	2		1	8
8		2			3	9		7
	9	7	6	1		8		
	3	4		2				1
		5		9	7	6		

437

6		3	4	8				9
			3		2		4	1
2		1		9	7		8	
		4			9	7	5	
1	2	5			6			
	7	6	8	3		4	1	
5			1				3	
3	9			2				8
4		8		6		5	2	

438

5	6			7	9	2		
9		4	8	5				1
	2	1	3				8	
	9				1		4	8
		7			6	3		2
1		2	4	8		7		6
		3		4	5			7
8	4		2			1	6	9
	7		6				5	3

439

	8		7		9		5	1
			2	6			3	7
	2		3	1	8			4
	5	3	8	9	2		1	
4	6			5		7	9	
		1			4	3		
	7	5			1	6		
6		4			7		2	9
9			4	3		5		8

440

		1	3	7	8			4
6	8			9				2
	7	9		2		8	5	
8		3			6	1		
1		7		5	2	3		
4	2		1					6
	4	2	8		9			3
		6			5		8	7
5	3		4	1			6	9

441

	7		4		1	8		6
6		4	2	7	3			1
2	5		9	6				
	4	3				5	6	9
	9	2					8	7
7		6	5	8				
		8	6	3	4		1	
1		5	7		2		4	
				1		3	9	2

442

	1		7	8		4		9
	8	2	9	3			5	
5	4			6				
2	6	7			9			3
	9		5			7	6	1
1		3	4			2		8
6			1		8		7	4
	3				7	9		
		8		4	2	6	1	5

443

5			6	8	4		1	
3	6				7			2
	4	9	3		5			8
		5	4		9			3
4	1		2		8		9	7
2		7					6	
8	2	6		5	3		4	1
	3		7			2		5
				1		9		

444

	4		2	1			8	
		8	7			9		3
2	5				6		7	
7			3		5	1		
5	2		9					4
	9	3		6	1			
	8				7	3	6	5
9				4		8		2
1	3	6		8		7	4	

445

2			4		1	9		
	1	3					2	8
7	8	9				1		5
		4		6	9		1	7
5			7	3		4	6	2
	7		1	5			8	
3		6		7	5			
		8	9		2	7	3	6
9	2		6					4

446

2			9			4	7	
	4	9	8	5		6		
7	6	8					1	
5			7		9	3	2	
4				3		5		6
	9	1	2	6			8	4
6		7	5		3	1		
					2	8		3
	3	5	4	9	1			

447

3		9			1	5		
	1	8	4			6		
	2			7	8		4	
	6		8	4	3			5
5	7		1	2		3	9	
			5			4		2
2	9				5	8	3	4
4	8		9			1		6
1		3	6				7	

448

	6				8			5
9	8		1	2				6
2	3				7		9	4
		2	3			5	8	
	1	7	4			9		
	9	8	6	5			2	
4				9	3	1		
1		9	8	4		7	3	
	7				5	6		

449

		9	7				4	5
	6		1		2			7
8		7			4	3	1	6
	4	8				7	9	
3	5	6				4	2	1
7		1	2		3		6	
		3	9	2		8		
		2		5	6			9
	1	5	4	8	7			

450

	8	1			4			3
6				3	2	9		5
			7				2	4
	9	6	2		8	5		7
5	3			1		8		
7	4		6				9	
		5		6	9	3	7	2
9	6	7	3					
4		3	8		5		1	

451

	1	8	3	7		5		
4	6		2		1	9		
		7		4	5			
5	7				6		3	
	2		8			4	1	9
		1	9	3		6		
1					4	3		8
	9	2	1	6		7	4	
	8		5		3		2	6

452

8	4			3			1	
		9			5	8	7	6
1	7	5			2		9	
	2		7				3	9
			3	5		6		4
	6	1	4		9		8	5
4			6		8	2	5	7
	1	2						
7		8		9	4	3		

453

				4	3			2
5	3			7		1	8	
7	6	2	8					4
	9			5	2	7		
		5		8	4	9	6	
3		1	9				4	
		7		2		8	1	3
8			6		5		9	
1	4	9	7			5		

454

6	9				2		4	1
		5	9	8	1	2		
3				5			8	7
	5		8		3		2	
7		2		4		6		
		4		7	9	3	1	5
9	8		6			4		
	4		3	2			7	9
	1	7	5			8		6

455

	2	6		9			4	3
				1				
7	3	4	2		5		8	
	5	2			8	1	6	
4	9				6			2
	1				3	7	5	9
5		1	7	4			9	
8			5			2	7	6
		3	6		9			5

456

	4		8			2		3
3		5	1		6			
	9			7		6	8	5
		7	2			3	4	6
1			9		4		5	
	3	8			5		2	
5	2		6			8		1
6	7	3		8	1	4	9	
		4	3	9	2			

457

9	5	4	3		7			6
	2				1			4
	7			9				2
5		3			4		8	
6	9		7			3	4	
			5		2	1	6	9
	4	1	2	8	5		9	
2			1		3	7		
8	3	5	6					

458

		4		8	1		5	
2	8		6			1	7	
9			7		3		8	6
		6		4	9		1	
1			3		2	5		4
	5		8			2	6	3
6		1	2	7		9		
	9	7	4		5			
			1		6	7	3	8

459

2	9		6		8		5	
	1	3		4		7		2
			7	2		6		
	4	6	8					1
		5			2	9	3	4
		9	5	3				7
8	7	4			1		9	
				8	6	1		5
5			3	9	7	2		

460

		8	5		9	3		6
	7			2	6		8	9
		1	4	3		2		
	9	4			7		2	
5		2	8			6	7	4
6						1	9	5
	5		3	6	2	7		1
4		3		8				
		6		1	4	5		8

461

5		2			9		3	
	6	8				7	1	9
1	7		3	8		4		
	9	1		3	8			
			6	4	2	5	9	
4		5	1			8	6	
2						9		7
		6	4		1		8	2
	3	7	9		5			6

462

4			7	5			3	
8		3	2		6		5	9
6				9		7		2
2	1		5			4		
9				3	2		6	7
		5		6	9		1	8
		9	8	7		3		
	4	8						1
5	2	7		1	3	6		4

463

7					5	8	4	
				8	9	3	2	1
	3		1	6			7	5
1	2		4		3			
	6	8	9		7		5	
5	7		6	2			9	
4		6	5		1	2		7
	1		3			5	8	9
9			8					4

464

4	2			7	8			5
	6	8	9				7	2
		5	1				6	
7						5	3	4
		6	8	4	9		1	7
			7	5	3		8	9
	4				1	9		
	3	1			2		5	6
5	9	2	3	6		8		

465

9	6		1				8	
3	4	2		5		6		
	8		9	3		2	7	4
8	9		3		7			
		4	5			1		6
1				6	2	7	9	
		5	8	4		9	2	
7	2			9		5		3
	3					8	6	1

466

	8	7		2				6
6				7	1	2		5
		3	8				9	1
5	2		6		8	3		
	4		2	1	3	9	5	
8		9			4			
	7		1		5		4	3
3		5		8			2	
4	1	8	9				6	7

467

	2	4	7			6	9	
	5			1				8
6	8				9			3
		1	2			9		7
9	6				3		5	4
7	4		1		5		2	
8		3	5	2			6	
	9			8		5	7	
2				4	6		3	1

468

4			6		7		8	
		3			2	5	6	9
	1	9				2		4
	5		9			1		
	6	7	4	5	3			2
		2	7	1	8		3	
8	7	1	5	3		9		
		4		6	9		1	8
2			8			4		3

469

6		5					8	2
	3		7	8	5	6	9	
4			2		1		3	
2	1				8	3		9
	9	7				4		8
		4	3	9			1	
	4	8	6	7			2	1
		1		5	2	7		
		3	4		9		6	5

470

	4				2	7		
1		3	7	6			9	5
8		6		5	9		3	
	9	7	4	1		6		2
6	8		5		3			
2						1	8	
		2		8		4		1
	1	5		9	7	3	6	
7			6	4		5		9

471

	4	7			3			
9		3	4			1	7	6
2		6		1	8			9
	7				6		1	2
		4		3	9		8	5
5			8	7		4		
8		1		9		5	2	7
4	9		2				3	
	3		6	5	1	8		

472

9	1		3			5		
8	5	7	4			2		6
	3	2				9	1	7
1			6	3			2	
6	7	5			4	3		
		4		8	1		7	9
			2	5	6	8	9	
2		3		9				4
	8		7			1	6	

473

	8			2				
	7				3		1	4
2		5		4		9	8	
	6		2	8	4			9
8		3	9		1		5	
4		1		7	5			6
1		9	6		2	7		
	3			9		5	6	1
6	4		5		7	3		2

474

6				4	2	5	3	8
	7	4	3		6	1		
8		2	5	9	1		7	
	4	1	8		5		2	
9						6		
2		3	4		9			5
		7	6	3		9		4
	9	5		2	7			3
	8						1	7

475

	6	5	8	7				
2			4	3	9			
	8		2			1	7	3
			1		3	7		
4	9	3		6		2		8
1	7			8		5		4
	3	2			4			1
6	5	1				9		
8		9	7		5		6	2

476

	1	3						5
4			9	5		6	8	
	8		3	2	6	7		
3		2				4		
		5	6		7		9	1
9	7	1	4	8				6
2				7	3			9
		4	5		9	8	6	2
1		8			4	3	5	

477

	3	8	7		9		4	1
			5	6				
4		9	3	1				
7	9			4	3			5
	6	1	9					7
		5				8		2
	7	6			5	1		8
2	8		6			7		3
	1	3	2		7	9	6	

478

6			7		5	2		
				9		1	5	6
	2		1	4			3	
2	4			1				8
		7	8		3		9	1
8		3		6	9	5	7	
1	7			5		6		
4	9	8		3			2	
3	5		2		8			4

479

	4				8	1	2	6
	7		2	5	6			3
		8	1	3		5		
5				9		3	6	
9		4			7			8
	1		8	2				
7			3	1			9	4
	2	3	6			7	5	
8	9	1		4	5		3	2

480

8			4	1		5		
					6		9	3
1		7		9	5			8
	2	5		6		7		
4		6			7		1	
9		1	5	4	3	8		2
5	3	2		7	1			4
		9	8			2		7
	4		2	5		6	3	

481

4	7				6		8	1
		2	8					9
	3		9	5	1	7		
2		1	5			4	7	
	4						5	6
9	6		3	7		2		8
		3		1				4
	5	8		9	2	3	6	
6	2		7	8			9	5

482

8	3			2		5		
	9	7					3	6
			9			2		1
7	8	6						
		9	7	4	1		5	
	5	4	6				9	3
4			2	6	8		1	
	6		1	5	7	3	4	2
5	1		3		4	8		7

483

		8	5	4	7	6		
		2	8				1	3
6	4	9			3	7		
	3		7	6		1	2	
		4	2	5		9		
		1		3		5	8	6
5			4		2	8		
1	2	7			9	3		
		6		1			7	9

484

	4					3		8
3		8		5	1	7	2	
2		7		9			1	4
	2	3	6	7		4		9
	7			1	8			5
		9			4	1	6	
	1	2	5		6		7	
9	8		3		7			
		6		4		8	5	2

485

2		8	6	1	4			
7	6			3	8		1	2
	4				5	9		
8	2			6	9			3
3		9		4			7	5
	5	4		7	1		8	
				9		7	5	6
		1	2		6	3		4
9						8		

486

		9	7		6			1
	8		3	1			4	
			4			5	6	2
		2			8	1	7	
1		5		3			9	8
6	4					2	5	3
8	2		6		7	3		9
3		7	1		2	4		
5	9		8	4				6

487

9				2		1		
		1	3		5			7
	7	6		8			4	2
	4	5	8		2		6	
	2	7		9	6			3
		3	7	1			8	
3		9	4			5	2	1
4		8		5		9		6
			9	6		8	3	

488

	8	2			7		1	5
6	1	3		9		8		
				4	8	2		
	3		4	5				7
1	5		2			3	4	9
9		8	7	1		6		2
	9	5		6				1
7			3	2	5			
		4	9				3	6

489

		3		9			4	7
			8		7		2	
	9	2	4	1		8		6
	6			2	1			
	2	7	9	3		5		
	5	4					1	3
8	4					7	3	
5		9			2		8	1
	3	1	7		6	4		5

490

			7	9	1	6	8	
8	3				4	5		
7		9		3			2	4
		6		8	3	7	5	
9		4	1		6			2
	8	7	5	2				1
4						9		6
	2	5	9			3	4	
1		3	6		8		7	

491

8				6		3		
	5		1	4	7		8	2
6				2		9	7	5
9					2	4		
	3	6	5	7			2	
	4	7	3		8	1		
	2	1			9		6	8
		3		8	6	5		4
4			7	5			9	3

492

	8	5					2	3
			6	8	1			
4	7					6	9	
	1	8		5	7		4	
			2			7	3	
	2	6		4	3	9		
9		7	5		6		1	2
	6	3		1		4	5	
	5	2	8	9				7

493

	8	1		6	7		4	
9	4				5		2	
		2	4				8	3
	9				6	3		4
2			5	7				6
		7		4	8		5	1
			3	8			6	5
7		8		1	9			2
	6	3			2	9		

494

9	2			6		8		5
			1		7	4		
		6	5	8			7	2
4	7	3			8	9		
2	6			1	4			7
5				9				3
		8	2				9	4
3	1			7	6	2	5	
7	9			4	5		3	6

495

		9		4		2		1
5		8		1	7		6	
			2	3	8	7	5	
			3	6	4		7	8
1		3			9	6	4	
7		6			1			5
2	3					9		
6	1		5			8		4
	9	4		7	2		3	

496

9	5			3		1		
	3	7		4				6
	1	6	8		2			
6	9			1	8	4		7
		2		5	9	3		
3	4				6	5	8	
1			7				5	
	8	4	9	6		2		
7	6	3			4		1	8

497

	5	3		2		8	7	1
		8		5				6
	1	7			4		9	5
			8			5	4	3
		4	6		7	9	1	
3	9	2	1					
1	4	6	5			3		
2		5			9	7		8
8			2	6	3			4

498

			8		7		5	2
9					4	6	3	1
		5		6	1			
	9	6				7	2	
	8	3		5			4	6
1	2	4			3		9	8
	1		7	3	5			
4			2	8		3		9
6		2	1	4		8	7	

499

7		2		8	9	5		1
		3	1				9	
8				5	6	4		7
2	3	1				6		
	4		8	6			1	
9			2		7	3	5	4
1			9	4		2		3
6			7		5		8	9
		8		2		7		5

500

6		5			9	3		
	4		1		5		6	
8	9					2	7	
3			6		2		8	7
1	2	7		5	8			
		6		3		4		
7		8		1		9		4
5				4	6		3	8
	3	9		2	7	5	1	

501

	9	1		3				6
			1		7	4	9	3
		5		6	8	7	2	
1		4		8	2	3		9
8		7						5
9			4		5	2		
2		3	6		9		1	8
4	6	8	5	7				
5				2	3		7	

502

	1		2		7		8	3
5		9			4			6
8					6	4	1	5
	8		4	2		1		
7				6	3		9	2
	9	5		8				
3	5	7	1		8	2		
			3			5	4	1
	2	4		9			7	

503

		4		5	8			1
	7		6	4	1	9		2
8	6		9				3	5
2	9		4		5		7	
6			8	2				
3	1	5	7		6			
	8					3	9	
7			2		9		4	8
	3		1		7	2		6

504

	3	9		8	6			1
4	8		9				5	
		6		5				
8		4	5		7	3		
2		3			9	1	7	
7				6	1	8	4	2
	5			3	2	7		
	2	1	4				9	3
		7		9	5		8	6

505

		2	9		4	6		
7		9	5		1		8	
5	6			3		7		4
	3	8		1			5	
	9		6	2				7
	7	4	8			2	3	1
8	2			9		4	6	
	5		7		6			8
4	1		3			5		9

506

	3	5		8			7	
	8		9		4			6
6							2	1
2	6			3			5	9
9		4		2	7		8	
	7				1	4	6	
4	1	6		5	2	3		8
5	9		1			2		7
3		7		4	9	6		

507

	9		5	3				1
		5	8	7	6	9	2	
	7			1	2		4	6
		6	1	2	9			
	2	8	4				1	7
1					7			5
		1			5		6	4
	6	9				3	8	2
3	4	7						9

508

4			3		2	1		
7	8	3	4			9		
		9		7	5		6	
	2		7	5	3	8		
	7	4	9	6		2	1	
	5	8			4	3		6
5				8	1	7		4
				3		6	2	
1		6	2				9	8

509

	3		8	7	2			4
9		5						1
4					5	3	6	2
	5			9			3	6
2			4	5	6	8		
	1	7	3	2		9		
	8			6	1		5	
3	6				4		7	9
	4	1	7					8

510

8	1	7	3					
6	9			2	1	5		
3		2					7	9
	2	6	1		5		4	3
	8		4	9		6		
		5	8		3	2		1
		1		4	6	7	8	2
7					8	3	6	
			5	3		9		4

511

8		3			5	4	2	
	2	7	1					5
	9	1	3	4				
			2			8	5	6
	4			3	8		9	7
1	5		6	9		2	4	
		4	7	6			1	
6		2		5	1	3	8	
3			8		9	7		

512

9		4		6	3		2	
	6	1	7		5			
		5		2		8		1
3	7			1		9	4	5
4		6						2
			8	9		3		
	2		3		8	6	1	4
	1		6		2	7	5	9
		7	9	5			3	

513

7	1		8				3	2
	9		3		5			
5		4	6			9		1
4	7				8		6	9
8	6		1	9	2	4		
				7			2	3
6	2	5	7		1			4
	8	1			4		5	
				5	3	6		8

514

	6	7			9	4	8	
		1	4	5		3		
5		4	6	3	8		2	
4	5		1		6	8		
1				7				2
6		2			3	5		9
	8	3	7			1		4
			5	9			3	
2				8	4	9	6	7

515

6	2		1			3	4	5
			2	4	8		7	
7		9						8
2	7				1	6		
5	3	1		8			2	9
9			7		3	1	5	4
8					6		3	
	6			5	2			1
4		5	9		7	8		

516

				1		9	7	6
	2				8	5	4	1
4			5	6	7			2
	1				9	4	2	
		9	3		1			8
8	3		7	2				
6	8	3			4	1	9	
9		2		7			6	5
	7	5	8				3	

517

			2	6	4			7
4	9		7	3			8	1
	5			9			2	
		6	9	2	1	8		4
8	1	3	5					6
		9			6		7	5
7		1	8				4	9
3		5	4				6	2
	2			7	3		1	

518

	6		5	1			8	9
			2		6	7		3
2			8				4	1
	8				2		9	
4	5		1	6		3		7
7		3	9		4			
	9			3		8		
8	3	7	4		9	5		6
6	4	1	7		5			2

519

	6		7	1				3
			4	2			9	5
7		2			8	6		
3	4	6	8	9		1		
1	7			3	2		4	
9		8			7	5		6
4		1		6	3	8	2	7
2			5	8		4		
		9					5	1

520

5	4	6	8	9				
7			2	4	3			
	8	3			6			
6					7	9	3	
			5			1	8	2
	9	1			4	5	6	7
1			9	3		2		8
	7	8		1			9	5
	5	2		7		3	4	1

521

			8		2			4
		8	4				1	7
	1	5		3	6	9		
		6	2		4	8	3	
9		2			3	6		5
8	3				9		4	
3		9	6		7	1	5	
2		4	9	5			8	
	7	1		2				6

522

1				2			8	5
		9	3		4	6		
	5	6			8	2		
8		4		6				1
3			7		9		5	
	2	5				8	7	
	9	7		1	3		6	
	1	2		4	6	7	3	
6	3		9	7		1		4

523

	9				4	8	1	
7			8	2				
	4	3			6	9	5	
	1	2		3				
5	6	9					7	3
		7		1	5	2	4	6
	3		4		1		2	5
		5	7	9		4		8
6				8	2	3		1

524

		2		3		4	5	6
4		9			8		1	
1				7			9	
	7	5	9			2	4	
8			6			3		5
3	2	4	7		1			8
5		8		9	4	6		7
	3	6		2			8	
				1		5		9

525

			7		1		9	2
		5				7		3
3	2		9	6		8	4	
		8	1		9		2	
		6		4	3			5
7	4			5		3	1	
9		3	2		7	6	8	
6		1		8	4		5	9
4			5			1		7

526

	8	5		9			2	
6			4	7		8		5
1					2		9	6
	7		2	8		1		
5		3	6					4
8	1	4	5		9			
7	3	1			5	6		
2	6			4	8		3	
4			3		1	2	7	9

527

9			5			7		2
3	8	6		1	7			5
	7	2		8	4			1
1		7		6			4	9
	5	8					3	
	3		4	5	2			
		4	8		5	6	1	
2	1		6		9	8		7
				7	3	9		

528

	3	5	8	6	2	7		
9		4			3			
	7	8	1		9			
	5			9	4		2	1
8		9				5		3
		1	7			4		6
	1	3		5			8	2
		6	4	2		9	3	
7			6		8		5	

529

	3				5	1		2
1		6	8				4	9
		4	6		9	5	8	
7	2	9			4		1	
	8			7		3		
4			2	6	8			5
		7		9	2			8
	4	2	5	3		6		
5	9	1	4					7

530

8				6	3		1	5
9			1		4	6		7
3			5		7	4	2	
6	7	8		2			9	1
	2		3	1				
		4	9			8	5	
		5		4				3
7	9	1	8					6
			6	5		2	7	9

531

6	8			9	5			
	9	5		7	4	2		
		2	1				8	
	7	6		8		5		3
8				1	2	7	9	6
			3			1	4	
4		7	9				3	2
9	5		6		3		1	7
2		3		4	8	6		

532

	6		4	7				
1		2		9	3	4	5	
			1		6		8	9
3	8	5				1		
4		6	2		8		7	
	9	7			1	5	6	
8		9		3		6		7
		1	6	8	4	3	9	
	5		7				4	2

533

	6		7				4	3
	4			9		2		5
2		3				7		
6	9		4		1		8	
		7	2	8			3	6
8				7	5		1	2
3		5	9		6	1	7	
	1	8		5				4
			1	2	8	3	5	9

534

7	3			1	4	8	2	
	6					1		5
8		9			2			
					7	3	6	
		2	8	5		4		9
	4	1		3	9	5	7	
	5	6	4			2		
		7	6	2	1			3
9			7	8				1

535

9		2					5	1
	6		5		8	3		
				9	3		4	
	7		1	6	9		8	5
	5	1	3		4	7	6	
4			7	8				3
1		9		4				6
	8	5			1	2	7	
3		7	6		2	9	1	

536

4	7	5		8				1
9		3	5		7	6		
1	6				2			9
2	8		3	9			4	
		6				3	1	
				2	5	8		7
	4	1	7		3		2	
8			1					5
7		9		4	8		6	

537

		3		2				8
1	4		5		9		7	
7			1			6		4
			9		5	8	6	
	1	6		3	2		5	
8		9		7		2		3
3	6	2	4			1		
9	8				6	4		7
5	7				8	9	3	

538

8			6					4
		5	1	9	2	7		
		3	7		8	5	6	2
	1			3		9		8
	3		5		1		4	
2		7			4		5	
	2		8	6			3	5
4		9			5	6	2	7
		6			7	8	1	

539

1	4	8	3			7		
	6	7		2			5	
5				1		4	3	6
4				9	6	1		5
	7			8	3			
	9		2		1	3		
		6	4					8
	3			5	8	2	1	9
		2		7	9	6	4	

540

	9	2			7	5	4	
8	1		5					7
		4			6	3	2	8
3	2			7	8			6
		6		9		7	5	
	4			5	1		3	2
5		8		2	4	6		9
	7	1	3		9	4		
			1	8	5			

541

	5	9	7	1	3		2	
2			4					8
		6		2	9		7	
		1		9	8		4	
					6		5	3
7	8		5	4		6	1	
	9		2	8		7		1
3		2		5		9		
4	7					5	6	

542

8		9			2	7		4
6	1		9		3			2
7		5	6				1	
	4		7	1	9		8	
2					4		3	1
	8				5	4	7	6
	6		3	9	7			8
				2		5		
4	9	3		8	1		2	

543

	4	1		7		2		3
6			1		3			8
			4	6	5	7		
	5	4	6	9				7
		3		8	2		9	
2	9					1	8	5
1	2		9					6
4	3	8	7			9	5	
		7			8	4	3	1

544

9	2		3		6		5	
		4		1			8	3
		5			9		6	7
3		7		8	5		4	2
5	1			6			7	
	8			2			1	9
		1	4		7		3	
6		3	2		8	4		
8		9				7		5

545

	3		5	9		6		4
	2		4		7		5	
			6	8	3		1	9
4		6			5	8		3
9			1			7		5
7				4	8	1		2
1		8	7	2	9		3	
	6	7					8	
		5		6	1	4	2	

546

1				6	2	7	3	
	6	3	8			9		5
9	2			3			4	
		2		9	7	4	8	
		4			6		1	9
6	1			4		5		3
2	5	7			1			
	8		4	2		1		
			5		3	8	6	

547

2	4	5	8					3
	9		5		7	6		
	8			2	3			1
				8	1	2	7	
	3		4		5			9
		7	6					4
6				3		5		8
4	2		7			9	1	6
5	1				9	3	4	

548

	9	5		2	4	7		
	2		7	3		5		1
	8		6	9				4
1			5	6		8	7	
	3	7			9		5	
		6	8	4		1	3	2
5					2	6		3
		8		7	6	9	4	
4		3			1		8	

549

	9		3		4			8
		6		7			2	5
2		1	5		8			7
	2	8		5		9		3
6	4		9				5	
	5	7			2	6	1	
3			6	8	1		4	
8				9		7		
	6	9		4	3	2		

550

2				7	3		6	8
	5	9	8				1	
		8		2		4		
1	9					5	2	
	8		4		6		7	3
4	7		1				9	6
	3			4	5			
6	2		7		8	3		
	1	5		3	9	2		7

551

3	2	1	7			9		
	4	7		8			2	
9		6		3		5		4
7		2		5		6		3
	1	5			6		8	
		8	9			2	4	
	5		4	7			3	6
1	7			6	8		9	
8			2	9	3	1		

552

	2		7	3	4			
		9			1	7	6	
		5	9	6			3	
8	3	2	6	7		4	1	
9		6	2			8		5
4	5		1		9			
1	6	4						2
				5		1	8	7
	7	8	3		2	9		6

553

3		7			2		4	
4	8		5	3		6		
	6	2	8		7	9		1
		3			8	4		
1			6				9	5
	5	6	1		4	3	7	2
	7			2	9	1		
		1	4		5		6	
9	4	8	7				5	

554

9			2	8			6	7
		5		9	1	4		3
	6	2						5
	1		7			5	8	6
4					3	9		
2	7	8		5			1	
		3		2	8		4	1
5		7		6	9	2		
8			3	7	4	6		9

555

		5			1	8	2	
			8	3			7	6
	4		2	5	6			3
9				1	3		4	
1	7		9		8		6	5
	6			7	2	1	8	
3	8						9	7
5	1		4			2		
7	2	6				4	5	

556

6				9	4	3		
4		9	2	8				7
5	2		6		1			8
			9	1	3			6
		2	5			8	3	
7					6	5	4	
9	1	5		7				
3	4					7	5	2
2		6	4		8		1	3

557

			9	8		2		5
8			2		7		6	
1	4				5		9	
7				2				6
6	3	4	5	7		9		2
		5	8	4	6		3	
	1	8			3			
2	9			6	8	5		
5		3	4	9		1	7	

558

		1	2		3		9	
	5			6			4	7
9	3			8			5	1
	2		1		8		6	
		7	5			4		3
5	8	4	3		6	9		
	6	2		3			7	
1	9		6		7	8		
8			4		9	5	2	

559

4		1	2	9			7	3
						8	6	
6	3	5			7			
		6		1	8		5	2
9			4				1	
	2	7	3		5	4		8
8		4	7			6		
7		3	8	5	1	2		9
	9	2		3	4	1		

560

3	9		4				7	
			2	5		8		9
		1		7	3			6
8			1		7	6	4	
		6	3			5		
4	7			8		9	1	2
		7	8	9	6	2		
6	4	5			2			8
9	2		5	3				1

561

	2			9			6	1
	5		4				7	
	4		8	6	7	2		9
3	1		7		8			
		6	9			5		
	9	7	5	2		3	1	
	7	2			3		8	4
5		4	1				2	6
8		1			4	9		5

562

	2	9		3		7		1
4					2	3	5	
5			8	7	6			4
	5	2		9			8	
	7	4	6				1	
1		8	2		5			9
3			7				4	6
		1			8	2		
	9	6	4	5	1		3	7

563

7	3	8		2		6		
4				5		1	7	2
			4	6	7	8	9	
		6	3			5	1	7
		2		8	4			
9	5		7	1		4		
3	8		1		9		6	
2	9	4	6					
	1			4	8	3	5	

564

		2		4				
	3		1		8		6	4
	8		7	6		3	5	1
9			2		1	6		
	1		4	5	9	8	7	
5		7		8			1	9
2			6			5	8	7
6				2	5	9		3
		4	9	3				

565

4		1		8	6	5		9
			7		1		2	
6	2			4		8	7	
	8	5		9	4		1	
	3						6	5
2		9	1	5		7		
9				6	8	4		
3	5				9	2		6
8	4			7	2			3

566

9		3	7		4	6		8
	2			5		7		
6			2		3	5		1
4	9			3	1		5	
		8	5	4				6
	7	1	9		2			
		5	1	8	9	3		2
							7	4
3	1	2			6	8	9	

567

4		8			9		7	6
		9		2	7	4		5
	5		6			9		3
6	1				8			2
	3		4	6		7	9	
	9	7		5			1	
		5	3	7	2	8		
1		6		4			3	7
2			8	1		5	4	

568

		6		1	8	4	9	
		5			7		2	8
			6	3			1	7
9	6	2	1					
8	4			7	5	3	6	9
	3		4			2	8	
6	7	8					5	
2	9		8		4	1		
1		4		9			3	2

569

2		3	8				7	
6	5			2				8
	7		4			1		2
	1	4			5	6		9
		9	7	1	2		8	
8		2	6			5		
3			1	4	6		9	
	9	5		3		7		4
	8		5		9		3	1

570

9	2	1	3			5	7	
	4			8	5	9		
		7	1				6	3
		6		9	1			
3	9				7		8	6
5			2			7		4
	8	4	6		2	3	5	
	6			7	3			1
1			5	4	8		2	

571

	5	3	7	8				
		6	4				1	
9		4			5	2	8	3
7		2	5	4		6		
		5				1	4	9
	8	1		3	6			2
2			1		8		5	
6					9	4		7
	3	7	2	6			9	

572

9		2	1		8		3	
						6	2	
	5	1		4	3			
		8		2	7	5	6	
	4		9				1	
	6	3	5			7	8	9
8		9	6	5		2		7
7	1		4			8	9	
4				7		1	5	3

573

	3			6		8		2
		4			8		9	
	5		9	2	1		4	
	6					5	7	4
		9	7	3	2	6		
8	1				5	9		3
1		3	2	9	4			5
7	2			8	6		3	
4			5	7			8	1

574

6			7	2	9			
	9	8		5	3			
3	2	5			1	4	7	
					2			3
4	3	1	8	9				6
8	6			7		1	9	5
9						2	8	1
	5		2	4			6	
		7		1	6	5	3	

575

		3	4			9	2	8
					2		6	1
		4		1		3	7	5
2			7	6			3	
1		6		9	4			
9	8			2	3	5		
	6	2	9		5		1	7
7	9	8		3	1			4
	5		8	7	6			

576

7						1		9
		9		2		6	5	3
6	1	5	8	3			7	
8	3		9	6	4			5
9	4		5					1
		2			7		4	
	5	6	1		8		9	2
		4		5	6	8	3	
	7		4		3			

577

		3			4	7		1
8	7	5		3				
4				2			6	3
9	4	7	6		1			
	5		3			8	9	
2			7	5	9			6
3	8		9			6		4
		1	4			2	5	
	6		2	7	8	1	3	

578

4		2	8				6	5
5	3					7		
	6	7			9			
	9			1	6	8		2
		1		2		3	5	4
			3	4	7			
	5			3	4		8	9
	2	3	6				1	
7		8	1		2	5		6

579

2		5	6			1	7	9
1	3						4	8
6	4	9		7	8		2	
	9	4	7	3				1
	1			2	4	9	3	
		6		8	1		5	7
	7		3		5		6	4
8					2			
		3	8	9		5		

580

	6	7	9		4			
	4		1	3	6		2	
3				2			8	
4		3	6		8	5		7
		5	2	4	9	1		
	1		7			2		8
	7	6	4		5		3	
9			8		1		7	5
8	5					9	1	6

581

4				6	9		7	8
7		2			8	5	1	
		5	2		1	4		3
2		1	6				8	9
	3			9	4	6		
	5	6	8		7			
				3	5			7
	7	9	4			3	2	1
	6	8		1		9		5

582

	4	8		2		7		5
5				9			1	4
2		1			7	8	6	
7			1				3	
		6	7		8	4	5	
8	3	4		6	5			9
		9	3	1			2	
6	7			8	2	9		
1	2	5			4			6

583

	3		7			1	8	9
4	7			1				5
5		8	6		9			2
		2		7	3	4	5	
6		1	5		2	9		
			4	9				8
	8			2		3	6	
9		5		4	7		2	
		7	8	6	1			

584

1			3	2				6
	8	7	5				1	2
					9	5	7	4
	9	8		6		7		
		3	8		2	6		5
6		4	7				9	1
3		2		1	8			9
4	5	9			3			8
	6				4	2	3	

585

		7	6		1		5	
9			4		7		8	
5	1	8		3				
8	2	6			3		9	4
1	9		5	4		8	7	
7				9		2		1
		5				7	1	9
4	3		9		5	6	2	
6				2	8	3		

586

			9		4		3	
	2	5			1	8		
6	3			7		2		
			5	9				3
7		2		1	3	4	8	5
	8		7			9	6	1
	1			3			5	8
	6	8	2				4	
9		4			6	3	7	

587

3			4		2		7	5
1		6	7		8		9	
	2			9		3		
	6		9	5		4	3	
		4		7	6	8	1	
		1	8		3	5	2	
	4	8	1	6		7		
		5				9	4	2
9		3	5			1	6	

588

4		9	6	3	7			
			5	4	8			7
3			2			6		5
9	2	5					1	8
6		1	3			4	9	2
8					9		7	6
7		4		5				9
		8		1	6	7	5	
	1		9		3		2	

589

3				7	2		6	
		5		9	1	4		3
7	8	1			4			5
	4	6	7		3		9	2
1	7		6				5	
	3			1	5		8	
		9		5			3	8
2			9	4		6		7
8	1		2		6			9

590

7			6	1	3			8
	1	4	5			3		
		9			8	5	2	
2	3		8	5		1		4
		5		6		7		
1			9	2	4	6		3
	9	1			6	4	3	
	8		1	7				9
6	2	7						5

591

1	9		5		6			
	3	2					1	6
4				8			7	2
	8		6		5			9
			8	4		1	3	
5	2		3	7	9			4
		3	7			2	5	1
7	1	8			4	6		
		6	9	3		4	8	

592

6						1	8	7
	1	5	3		7	2		
	2		8	9				6
	5	8	1		6			9
	4	1	2		8	7		
2		7	9	4				
4					3		5	
	8		7	5		3	4	2
	3	9		1	2	6		8

593

8			3		6	2	4	1
4			7	1	5			
	6	9						
	1		4	2		5		3
3			8	7		6		4
2		8				7	1	9
6			5	3			9	
	3	1	9		2			6
	7	2			4	8		5

594

4			8		7			
	2	3	5	9	4		6	1
6				1			7	
8			4	5		3		7
		9		7				2
1	5			2	3	9		4
	3			8			9	
	8	1			6	7	2	3
9		6	2		1	5	4	

595

	7	5	8	3			1	
		9		6	2			3
1					4	2	9	
	6	1		4			5	
7	2	8			5	3		
9			3			7		1
4			6	2		1	8	
	8			9		6		7
6		3	7		8	9	4	

596

		1		3			4	
9			6			1		
4	2		7	5			8	
	1	7	2		8	5		
	8	3				9	6	1
5	4	9						7
8				6	2	7		3
1	7		5		3	4	9	
	6	5	9	4		2	1	

597

		9		7	1		4	5
3		5			9			8
6	1	4	2		8	7		
8	2		6		5	9		
	9	7	1	2				
4	6					3	5	
7			9		4	2	8	1
	3		5			4		6
1		2	7				3	

598

3		6				1		
		8	7		5		4	2
4	2		1	8			9	
	6		8	4				7
8		5	3		2		6	
1		3			7			9
		2	6	7			1	4
	9			1	8		5	3
7		1		5	9	2	8	

599

6			7		4			5
	1	5		8		3		
	8				9		2	4
	3	4	1	5			8	6
		9		2	3	7		
7		1	6	9				
1			8		2	5		3
	7	3		4		2	6	8
9				6	5		4	

600

		8	2			3	5	1
3		5			4	6	2	
6	1				9	7	8	4
9			6					
		7	1	8	5		4	
	3	4		2	7	1		5
	2	9		3				
	8		5				3	7
	4		7	6	1	2		8

601

2					3			
		4			6	1		7
	7	1	5	9			8	2
8	6				1		3	
7		2		4		8		9
	1		2	3		7	6	5
		7			2		9	
9	8		4	5		6		1
5		6	1	8		4	7	

602

	5	8	7	4	6			
4	3	1	5		2		9	
7						8		4
5	4			2		1		
		6			9	3	7	2
		9	8	3	1			
	8		3		5	9	2	
	2	7	9			5	6	8
1				6		4		7

603

9		5	3		2		7	
2			6			9	8	5
1	7		4					6
	1					4	5	
	8	7		1			2	3
4		6	5	3	7			9
		3			9	7	6	
	5			4	8			1
			2	6			4	8

604

5				6	1		8	
	8	1	9		4		2	
		2		3	5			
7			5		2	9		6
6		3		9				1
8		5	3	1	6		4	7
			7		8	4	9	3
2	3					5		8
	4					7	1	

605

1	9	4		3				
	6	8	1		7		5	4
	5		6	2				8
	2						1	7
8		9	7		5	4		
6		1	2	4	9		3	
			4			7	8	3
5		3	8		1		6	9
7		2		6		5		

606

1		5			7		6	8
8				1	3	4		9
	9		6		2		3	
2			4	9	8	7	5	
	5	3	2			1		4
	7		3			9		
6	4	1	8			3		
5		7			9			2
	2			6		8	1	5

607

	6	1	8	7		9		
8	7		2				3	5
5		2		3	1			
	4		3	1		8		6
			5		9	4		
1		7	6	8			9	
9	3					5	2	1
4	2	8					7	9
7				6	2	3		4

608

5		2		4	1			7
7	6		8	5		2		
	8				3	1		
4	1			2	7	3		6
	9			8			5	
2				6		4		9
		3		9	2		7	
8	4	9			6			1
6		7	5			9	4	3

609

			1		8	2	4	
1	9			2	3	6		
4					7		9	8
		5	2				7	4
8			5		9	3	1	
3	7	6			1			5
	4	1		8			3	9
2	5			6		7	8	
7		3			5	4		2

610

	7			8		2	3	6
5			4		1	7		
8	9	3			2			5
	2	5	8			3		
7		9		1		4	6	
	3	4	7		6		5	9
		6	3		7	9		4
			1				2	
3	5	8		9		6		7

611

6	7			2	4	1		
	9		1		8			5
	1			5		6	9	
		1		8	2	7	3	
3	5				7		2	9
7		8	3				4	
		7	8	4	5			2
	6	4		7	9		1	8
2				3	1	4		

612

	6				9		5	
		4	1	3				
7		3	6	5	2		1	
2		1			3	9	7	
3			9		4	8	2	6
	8			7	5			4
	5	7		8		6	4	2
		6	4			5	9	
	1	2				3		7

613

		3		5			1	9
	1		4	2	3			7
6	8				1	3		
			6				9	5
5				8	7	4		
2	4	8		9			6	1
3		9	2	6			7	8
1		7	5	3				2
		4	7			5		

614

7	8	5		3				1
6	9			8	4			
		1			6	2		9
	4	6		1	3	7		
		3	4		9	6	5	
8	2			5		3		
9			2	6	8			7
		7					4	5
3	1		7			9	2	6

615

6		2	1	5		8		
8	9			3	6			
5	4		2			7		
	8		4		9	2		3
		9		6	2	1	8	
		7		1		5	9	4
3	2			8		6		5
					7		4	1
7		6	3		5	9	2	

616

	3		8	5				
2		1			6		9	
		6		2		4		7
		9			1		8	5
3	8		7		4		6	1
	7	2	5	6		9	3	
9		7	3					2
5	2					8	1	
4	6		9	1		5	7	

617

6		2	8			3		
	1		2	5	6		4	
			1	9			7	
	3	6			9	2		4
1		4	6	3		5	9	7
5	2		7	1		8		6
	4	5					2	3
9		3			8	1		
				7		4	8	9

618

	3	6				9		
		8	4	1			7	3
4					3	2	5	1
6	4		3		2		1	5
9			7	5	8			
	2		1	6				7
		1	8	4	5		2	
5				7	6		3	4
7	9		2				8	6

619

3	5		4	7	1	9		
4	8	2	5					
9	1			8		6		
		4			2			
	9		6			3	5	7
1			3	9			8	4
8			1	3	5	4		6
6	7				8	5	1	2
			7	2			9	3

620

		9			3			6
7	2				9	3	4	
		4	2	1	8			
		5		6		4	3	2
8						1	7	5
1			7	3		9	6	
	5			8	2			9
		1	5	4		7	8	
3		6	1	9			5	

621

7			8	4		3		2
			3	9		7	5	1
	6	5		1				
		3		7	1	2	8	
6			4	8		5		3
	5		6		2	9	4	
2	9	1	7	5		6		8
	8				3			
4		6	9				7	

622

			2		9	5	4	
1	4	5		6	7		9	
		2					3	7
9		3		5	2	8		
6	7		1	9	8			2
			4	3		1		
	6	7		4				3
	8	9		7	1	4	2	5
	5				3		8	6

623

4			9		3	7		6
8				4	7		5	
	5	9		2			3	1
		7			8	2		
	3	6	5	1	4		9	
9	8	5	6			1		
		8		3	9			4
6	1			8		3	2	
	9	2				5	7	

624

		1		5	2		3	6
		8		6	9	4	1	
4		3				9	5	
	2				4	3	9	
6		7	8	9				1
	8	9		1		7		
	3				1	2		5
7		2	5		8		4	
5	9	4	7		6			3

625

	8	3					1	4
	7	6	8	2				9
5	2		1		9			
		2		8		5	4	1
		1	5	6		7		3
3	9				7			
4	5					1	6	
6	1	8	2	9				7
		7		4			8	5

626

1						9	8	
	5		4	6	7			3
2	3	4			9	5		
7			6	9	8			
3	4	5	2			6		
		9			4		1	2
8			1			2	5	7
	2			8	3	4		9
	6	7		5		8		

627

5			8	6	9	2		
	8	3		4			5	7
2		9			7	4		
			1	2				
4	3	7		9	6	8		1
	5				8		9	6
						1	7	
9	6	1		3	2			4
7	4	8			5	6	3	2

628

	6	7	5		1	8		
3		2	9					
	1			3	8	6		4
	3	4	6		9	2		
1		8		7	4			5
7				5			1	
	5		2			1	4	6
6				8	3	5	9	2
	4	9	1	6			7	

629

2			1	5				6
5	6			2		9	3	4
	3	7	6		4			
	4	3			1	2	7	
6	5				8		4	9
1		8	2		9	6	5	
	2	9	3			8		
				7			1	5
7			4	8	6	3		

630

3	5		4		2			
	1		6			9		5
4		6	9	7				
	2			8	7	1		
5	3					8	7	4
9		8		4	1	5	2	6
		2			3	6	8	9
8			1				3	
7				2	9			1

631

	6				8		3	
	3		1	9	4		8	7
4			7			5		2
8			3	6			1	4
7					2	9	5	
1	5		9	4	7			
3	8	2					6	
5		1			3	2	4	
	9	4		5	1	8		

632

1	4	8			9			7
5	9			4				
6	7	2						3
9		1			5	3	6	
		7	8	2		4		
4	8			3		1		
		6	7			2	3	
2			6	8	3		5	4
			1	5		6	8	9

633

	8	2		1		6		3
					5			7
5	6	4	8	7				
	7		1	4		2	9	
		6			9	1	3	8
9	5		3		2			4
	3	8	6			5	1	
	2	7		3		8		
1	9		4	2			7	6

634

			8	1	9	3		4
3				2	6	7		
8		5			7	9	2	
9			7		8			1
	2	1		6				5
5		7	2				9	3
	6	9			4			7
1			3			4	6	
7	4				5	1	8	2

635

4				9			3	
9		6	2		7	5		
	2	5	8	4		9		7
3		8			9	6		2
	5	1	7		8		9	
				2	1		7	5
7	1	9	5				4	6
	6	2		3				
	4				6	1		8

636

		3	1	8		2		4
1	6				7	5		
		5			2	7		
4		8	7			1	3	6
				5			9	
9	7	6			3	4		
3		9	2			6		5
	8	7	4	3	6			1
	2	4		9	1			8

637

	7			8	2		3	1
9			3		1		6	
6			9	7		5	2	8
7	3			6	5	8		
	9	1			3			4
5	4					2	7	
2		4	8	1			9	6
3			2		9	1		5
	8					7	4	

638

9	4	5	2			3	7	
		3	5	6	9			2
6	1							8
		1		3	5	4		
7					8	9	6	
	8		4	9	7	2	1	
	2				3		5	9
	6	8		1		7	3	
4			7		6	8		

639

	7		5			3	4	
3		8		1	2	9		
1	9						8	6
		2		9				8
6	5			3		4		7
	1	7	4		6	5		
9	8	4	1	5			6	2
			2		7			9
				6	8	1	5	

640

2	4		1		3			8
9		5		6		1	3	
						7	4	6
3		7	2		8		6	5
6				9	5	3		
	1				7	2	8	
	5	9		8	2			
1		8	3		6		9	7
7		3		5				4

641

			6	4	8		1	
2	4		5	1				7
5	8			2	9	4	3	
3	6	7						8
	9		8	3		7		5
		2	1				9	
		3	9	5	6	8		
9	7					6	4	3
6	1			7	4	2		

642

				1	7	9		
1	9	5	6		4		2	
3			8					4
		4	5		6	1	7	
2	6						3	
7			3		1	2	8	
	2				5	7		
	8	7	4	9	2	3	6	
4		6		8		5	9	

643

9	7		5			4		
	2		8	6		7	5	
		4			9	8		3
6	8			1		5		
				2	3	9		1
3		1	4				7	2
4		9	7	8			6	
	5	7	3				9	
8	1		2		5		4	

644

		1	3		2	8	9	
	2		7			5		
7			6	1	9			4
1	5	4			7	3	8	
8						6		5
3				4			1	2
		7			8		2	6
4	3	9	5		6		7	
2	6	8	9		1			3

645

		1	4		9			
	2		5		6	8	3	
3	7	6		1	2			
	6	2	9			5	8	
5			7			4		9
	8	4	2		3	1		7
2	3		6		4	7		5
					5		4	8
1			3	8		6	9	

646

			8	4	7		6	
		3	9	1	5		2	
	1	8		2		5		
8		2			6	9		
1	4				9		3	7
	9	5		7				4
6			7			3		
9			2		8	4	1	5
2	5		3		1	8		6

647

		1	8		9		6	7
			4	2	3	1		
2		5	6	7		4		
3	5			6	4			2
7		8	9	3	5			1
	1	4		8				9
5	8		7			9		6
	4	2				7	3	8
	6			1			2	

648

7	1			8				5
9	2	3	6		4			1
5			9				4	
					2	9		4
			5	3		7	6	
	8	7			6		1	2
		1	3	2		4	5	
	9	5	1		8	3		7
6		2	7	4			8	9

649

8		1	7					
				3	1	5		6
2	6	3					4	
	8			9	4			7
			8	7	2		9	5
	7	4	5					
1	3	8		6		2		9
		9	1		5		3	
6	4			2	9		7	8

650

2			5	7			8	
	3		9		6	4	5	
1				8	3	7		9
8		3	4		9			5
	9	2			1		7	
5		6		3			2	4
		4			2		3	7
9				6		1		8
	5		8		7		9	6

651

9		7		6	1	2		8
		5			4	7		
	6	1	3		8		9	
	8	6			2		5	
3	1		9		7			2
5	9		1			3		4
4						6	2	3
	2			4			8	7
	7		8		5	9		1

652

7	4		2		9	6		1
			3				7	
6	1			7		5	3	9
	5	6		8		2		
	3	4		9				7
1	2		5		3	8	9	
		8	7		4		1	
2	9	5	8		1		6	4
				6	5	3		

653

3			6				1	
	7			8		5	9	
	4		5	2	9	7		6
1		8		3	2	4		
	3	4	7	5				
5					4		6	9
6				9				7
	5	2	4		1		8	3
	1		3	7	8	6		2

654

2		6	3	8				
		4	6	7	1		5	
8			4		5	9	3	
4		2		3			1	
	1		9	5		8	6	
	6	9					7	2
1			8			4		5
			5	1	4	7	9	
3			2	9		6	8	

655

	2	9	1	4		8	5	
5					6	1		2
	3			5			7	9
8		3	5				1	
		4		6	1	9		8
				7			6	5
1		8		9	2			6
	7	6	4	8		2		
	9				3	7		4

656

	9					7	5	2
	4	1			3	6		8
7	6		8	5				
4				2	1		3	
	8	5	3	6	7		2	4
2			5	8		9		6
	5	9			8		4	1
			6			3		
8		7	4	1		5		9

657

	7	6	2	3		4		
	4	8	1		9			
5						8	9	
		7			4	2		8
2	6		7		3			1
	3	4		1			6	7
			3	9	7		5	4
	1	3	6	2	5	7		
	9			4	1			6

658

8			5	4				7
7	3	9		6				
		2			9	8		1
9		1			3	6	5	
	4	8	7				2	
2	6				5		9	4
6			9	3		2		5
		5	2	8		3	7	6
		7			1	4	8	9

659

1	4		6			7	3	
	8	5			3		1	
3					9		4	2
	5		3	4				9
6			9	5	1	8	7	
		8	7	6	2	1		
		4		8	7		9	1
	3	7				4	2	5
9		2	5			6		

660

5		7		2	4			6
2			8	3		1		9
1	8		9			7	4	
						2	7	4
3	2				1	5		8
	7	8	6	5		9		
	4	1		9	3		2	
9	3		4		6			5
		6		1	8			3

661

9			1					
5		1		2			6	3
	6	7		9		4		
3	5				4		1	
		9	3				7	
1			6			2		
	2			8				6
4			7	3			2	
8				6	9	3	4	7

662

			7	5	1	6	9	
				2				
	6		9		3			4
	4		8		5	9	1	
		6		7				2
1					6		7	
3	9			6				1
		2		1		5	4	9
5	8				7	2		3

663

3	8	2						
1			4	6	3		7	
7					9		5	
				7			2	5
	9		3		8		4	1
5			1			6		9
		1	7		5	4		8
	3			2				6
8					1	2	9	

664

					1		3	7
	6		4	8			9	
8		1	5	9	7		4	
5	9			7				
2		8	3			5		6
6	4		8			3		
1				5				
4	2		6					1
	7		9		2	4		

665

9			3	6	1			
		4	8			2		9
7			9			8		
	3				7		9	1
8		1	4					
	6			5		7	4	
		2		1	8		5	
1	8				9	4		2
5				4				3

666

5	2	7	3				4	
4				8	9			5
						6	2	1
		4		9			3	2
9			1		8			
6		1			5	7		
		3		4		5		7
			9	6			1	3
	8		7					4

667

	2		9		3	7		
		3	5	6			1	
		8	7	4				2
9		4		1	7		5	
8			2					
	7	1	3					6
	1	2			8		9	
				7	5			4
			6		9	1	3	8

668

7		1	4		9	3	6	
				7				8
	3	9		5	6		4	2
	5	7			1	6		3
	8	6		9	3			
4				2		5	8	
	9	4						7
3								
	6	2			8	1		

669

					8		1	3
3		7			2	6		
2				4	6			9
5			7				8	
	9		6		4	3		
6		3	9	8		4	2	1
	1	2			3	7		
	4			1				
		5					9	4

670

9					2		4	1
7		3	5					9
	6	4		9				
			3	6	4	9	7	
		6			7	5		
3		2			9			
		9		1		7	2	
8	4				6		3	5
		5	7		8	6		4

671

8					1		2	6
3	9		6	5		8		
	2			8	3	9		
	4	5			9			2
7			2	1				
	3				8	7	1	
	1	9			6	4		
		6		4	7			3
			9					8

672

7				9				
	2	9		1			6	
	1		8	4	7	3	2	9
			9			1	3	
5		4						2
		6			8	7	9	5
2		1	3	7		4	5	
					6			3
	5				4		1	6

673

5	7					8		
6	3			2		9	7	
9			1	4				
			9		8	6	1	
					1			5
	5		4	3	6	2	8	
		2	5		3			4
	8	6	7					
3				9			2	8

674

1		4			3			9
2	3		5			8		
9	5				7		3	2
	2	6		9		3		1
8				2	4		7	
				6		4		5
	9	3	4			5		
		1		3	6			7
					1	6		

675

			6	2				
		9		4	5			6
	7		3	8		2	1	
	2	1		5	6			
			9		4	3	2	5
	5		7	3				1
4						8	7	9
5	9				1	4		
7	3	6						

676

	5	1		6		9		7
		9	1		3			
		8		5		4	3	
	3	4				2		6
	6				9			3
2			4			7	1	
7						8		9
	4	6	7	8			5	
5					2	1		4

677

		1			6			
2	9						8	5
	3	6				4	1	
				4				2
6			9		1	7	5	
7	1		5	3			4	
9	4			7	8	3	6	
8		2	1	9	3			
						9	2	8

678

	9		8	6	5			4
	3	4		9				7
					7	1		8
6	8		5				7	
		7				3	2	
	5	3		1	4	9		6
	7	2						9
3				4	9			
		5			1	8	4	

679

	2		5			8		
	3			7			9	
		1			2		6	
		2	6			4	7	
8	5	7	2		4		1	
1				8	3	9		
5			8		6	1		
		9	4		7			3
4		8		3	1			2

680

5					2	9		
					1		6	8
3		6		9			4	
			2	4				5
6	9	2	5	1		8		
8				7		3		
2	1				4	7		9
	6	5						
	4		3		9	2	1	

681

7		5		4			9	6
4	1		8	6	2			
	3					1		
	9				8			2
8				7	5	6	4	
5				9		3	7	
		8	5		3	4		
		4		2	9			3
		2	7			9		1

682

		3	4		5	6		
	7		8		9			2
5			6	2			7	4
	4	5			7	9		
9		6		3			2	
		2				5	1	8
8	2	1				7	9	
				6		8		
4			1	9				5

683

					8	5	3	4
5	8		7	4		9	6	
				6	3	7		
9			3	7	4			8
	6	8	1					
7			6					5
	4	6	2	1				
		2		9		1	4	
		9				8		7

684

9	3							8
7					1	5		3
	1			3			6	
2		5			6		3	
6				8	2	4		9
	4		3	5				
		9	5		7			6
			2				1	
1	8	7	4			2		

685

		3						
4		6	5	2			1	
			9	7				
7		8	6					
	9			3	4	2	8	5
2	5		1	9				
1					7	8	5	3
	4		8	6			2	9
5		2				7	6	4

686

			7		2	4		5
	6			8			3	
5				6	4			9
4	8				5		9	2
	7		9		1	6		
	3	6		2			7	
7		9		4	3		8	
		3	8	5				4
		2				7		3

687

				8			7	6
1		7		4	5			
3		8				2		1
	8	5			1	9		
			6	2		3		4
6					7			
	7	3			6			9
		6	3				1	5
9	4			7	2		3	8

688

	5					8	9	7
		6		3			5	4
7		4	8		2			
6		3			8	5		
	1			4			2	8
			6	7	1			9
4		9				3	1	
2			9	6		7		
	7	8			3			6

689

5		6	2	9		1	3	
	1		4			6		7
7	3			5				8
9	5						6	
	2		8		5	4		
8	4	1			2			
4	7	2						
		8	3			7		5
				8	4	9		1

690

			2	5	4			8
	3	8			9	5	6	
	7					1		
2				7	3	4	9	
	9	1			5	7	8	
		6		8			3	5
9				4	8			
	5		3		2		1	4
			1	6		9		

691

		2	5		7			4
				8	1		3	
9			4	3	6			7
6			9		3			5
1	4						7	2
5			1	2		9		
	9	7				8		6
		5	8	6			4	
	3				2	5		1

692

	2		1			8		3
	4			2	7		9	
6		5			3			
7	8				9	2		
2							1	4
	9	1		4	5	7		
		9	7			3		1
5		8	4	9		6		2
1			8		6			

693

6	7							
4						5	2	1
5	2		8		9	3		7
3		4	5			2		
9	5				8		1	
	1			2			4	
8		7		9	4			
		9	1	7	5	6		
	6				2	9		4

694

2			9	1			4	3
			2			6	9	
		3		4	7			1
9					1		3	8
	7	8			3	9		6
3	4		6					2
		4	3		8	7		
		6			4		8	5
8	1		5					

695

				4		3		
9	8		7		3	6		
	4			6		9	2	
7	6				5	1		
		3	6				5	8
5	2		3	1	4		9	
8				2				4
		9	5	8			6	3
2		5					7	

696

					3	2		7
7		2						4
8		4			9		6	5
1	2				4		9	
3		7					1	2
	4	8		6			5	
	9	3		4	6			
				1	5	3		8
	8			2			4	9

697

1	2		3			8	5	
	7	4	2				9	3
5			6	4	8			
3	8					2		7
		9	5		4		1	
	1						6	
6				5	2			
	3			8		5	7	
		2	9			4	8	

698

		5	9		7			
1				4	6	2		
7	4		5		2			
	2			7		8	4	
	7	4			3		1	
		1			9		5	6
			1			4		9
9			7				6	8
	8		2		5	1	3	

699

6				9			1	7
		2			7	3		5
1	3		8	6			9	
				2				4
	7	3	6		9	1		
	9			4			5	
	6		5		4		8	9
			1				3	6
8	2	5				7		

700

	4	7		8			5	
2				9	1		3	8
		3	6			9		4
	7					6	8	
4	5		1			2		
		9	8	3	5		1	7
	8				4			
7			5		3			
1			7			5	6	9

701

	5	9			6	2		
1			8					3
7				4			8	1
		8	2		9	3		5
	6							
		1	5	3				4
	9	4	6				7	2
		3	7	5	2		9	8
	8				4	5		6

702

	8		4	5				1
	3	9			2			
1		4		7			9	
7					8			6
	2			9			5	3
4						7	1	
		1		2			3	
					7	5	8	
	5	2		8	6			4

703

5			3				7	
	1		5	4	8			9
		9						
	5	7			1	2		4
	2		7			3	5	
1				6			8	
	9			1	2			6
		1	4	7	3			
3		8			9	4		2

704

2	8			9		3		7
		4			3		6	
		7	4				1	2
			7	8		5		
	2			3		6		9
5	6	8		1			7	
	9		1		5			
4	5	6		2				
					9	2		4

705

			8		5		6	7
	2			3	7	9		
	8	5		6		1		4
9			3					
1	7			5	9		4	2
		4				3		6
2		6					8	
	3			9		7	1	5
	9		1		4			3

706

4				6			3	9
		1		5		6	4	
	9		7			1	2	5
	1				5	2		
	3	4	1		7		9	
	7			9			8	
		5			3	8	1	
	8		5				6	3
3		7	6			9		

707

		8	2			9		
	3	5	6			2		
7				1		6		4
		9	7	4				
	4	6		9			5	7
	2		8					
9				5				3
	6				7	4		1
2					1		9	6

708

				9			3	7
8		2	5		1	9		
		9	3			5		
	6			4			2	
1		8						5
	7	5	8		2	6		3
2		6		5	3			9
	4				7			8
3					6			4

709

			2				6	7
		2			1	4		
6		4	8	5		3		
4		8		2		6		3
2		7		4		5		9
3			5		6		7	
			7			1		5
5		9	4		8			
	1		3			8		2

710

		4		2		7		
	3	6		1	7		2	
		7					6	
			8	3	9	1		
		2			6			4
8	1		7			5	9	
4	2	9	5	8		6		
3	6				4		1	5
			9		3			8

711

6			4		2	1	8	
5	9	2		6			4	
		4	3		7			2
	4	8		2		6		
	5	9			3	7		
					8			
3	7	6			9		1	4
			5					6
4			1			2	9	3

712

	8	7			2	3		
4				5	7			6
		6		1	3			
1			6		5	9	7	8
			3			4		
	5	9	7	8				
	7	2			8	6	5	
	4	1	5					3
8				3	9			4

713

9	8		2	4			5	
	7				8			
6		4		9	5		3	1
5				1			6	
3	6	8			7			2
	1		9	3			7	
2	4	9	6				8	
			1			3	2	9
		1						6

714

				7		3		
	4	9			8	5	6	
1		3					4	
				9		2		8
	3	5				6		1
	2		8	1			7	3
		1		5	4	7	2	
5	6				7	9		
4			3	2	6		8	

715

4		9	3	8		5	2	
	1			4				6
	2	3		6			9	
9	5				1	8		
		7						5
	3	8	2		4			
			5		9	1		
					8			2
5			7	2			4	3

716

			6			4	7	8
	7	3		9		5		
6	4	5		1		2		
5	6		7		1			9
3	2				8			5
9		4		3	2			
				2				
4		1	3		5		6	
		9				7	3	1

717

2			6			9		
8		5						4
6		1		3	4	8	7	
	6		9	8			4	
3		4		5			9	
	1	7		6		2	5	
			2			3		1
		9	8	4				
	2		3		5		6	

718

	4	5		9	7		8	
7						9		6
	8	6			1	2	7	4
3			4					7
8					3			2
5	2	1				6		
			9	7				
		2	8				3	
6	9		3	5		1		8

719

	9	5		7	8			
7				6			9	
		2	1				5	
	8		2	9		1	7	
6					4			8
2	5			3	1	6		
		8	9				6	7
		1			5		8	4
	3				7	9	1	

720

3			4		5		9	
		4	9	6	8	2	3	
		1		7				5
	8				1		7	
	7		8			6	2	
2					6		5	
	9			5		3	1	
5		3	2			4		
6		7		3	9		8	

721

2		4		9	5	7		
8						2		6
	1	6						
5				4		8	7	1
					6	3	4	9
3			9		1			2
6		2	7		4		8	5
	8				9			
	7		2			9		4

722

	9	7						4
				6		2		3
3		2		9	4	1		
6		1	7	2			4	
		8		3			6	5
	7	5			9			
				4	8	9		2
2	4		1			5	3	8
		3					7	6

723

			9		1			
	4				2	6		
2	3	8		7				5
3	1		4					9
7			1	5		8		2
	5	6			9		4	
4	2		8		5	7	9	
		5		4	6	3	8	
		1	3					

724

9		5		7	6			
4		3		2				7
		1		8		2		5
5	9	4	3				6	
7					5	9	1	
	1	6		9				
	5	8	2		9	4		3
3			1		7			
	6				4		5	

725

	6		4		8		3	
	3	7		9			1	
			1		5	7	2	6
4		3			9	6		8
	7			4				
8		1		2	7			5
2						9	5	
	4				1	2		7
	5		3	6		4		

726

	3		1				7	2
4			7		5	1		
				2				
	8	1						
			5		8	3	2	6
2		6	4	3			9	
5	2		9	7	1			
	7	8			4			
1		4		6	3		5	7

727

2		6			8	5	3	
				6			2	
5		1				4		
		4	1				6	
3			5	7				8
	5	8			2	7	9	
	4		7		6	1		3
	1		2			8		9
		3		5			4	2

728

	9	4			3		7	
		1	6				5	4
		5		8	9			
	2	7				1		
	3			4		8		6
			8		1		9	3
9				6				7
6					4	2		1
			2	3	7			

729

2			3	7			4	6
	5			9	8	2		
3	1	7		2		5		
		1					6	9
7	6		8					4
4		5	7		3	8	1	
		6			1			3
	2	8	6			9		
				5				

730

	4	8	6	1			5	2
				3			7	
7	6		5		4			
5		4		2		8		
		9		7				1
		1	9		6		2	
2	8		1			6	9	3
4	5						8	
1			7				4	

731

5				1				7
			7	5		2		3
			3		6		8	
	5	8		2			4	
	2	3		7		9	1	
	4				3			
	8	2	5		4	1		
		7	1			6		2
1	6			9		8	3	

732

	1			6	2	7		
6	7				8			1
5		4		3				6
				4	5	3	8	
	2				9			
4		8	2		3			
		6	9		1		2	3
8			7					9
	5	9		8		1	6	7

733

		2				1		6
	4	5		7		3		
6		9			3	7		
	7		4	9				
5	9	6	7	2			1	
8	1				5			2
			6	1		2		4
		7			2		5	
3			5	8		6	9	

734

5		6				3		
	1		3	8		5		9
	9		7			1		4
8	2				9			3
		3		2	4			6
			5		8		7	
1	7			9				8
9			4	5				2
2				1		9		

735

5				4	6			
	6		8					5
7		8	3			2		
			2	6	8	5	1	
		4		1			8	
			4			3	2	9
	9				2		4	7
6	1	2		9		8		
	3	7	5		1			

736

	1		8	6	9			
		5	1	7				
8	7				4	1	9	2
			2					4
	8		9				7	
6	9	2		1		5		8
4					5	3		
		9	3			8	6	
5			6	2		7	4	

737

7	5	1		8		9		
		3		6	7			
		2				3		8
1			8		4			
6	7		5	3	1			2
	9					5		
8			9	1	2		6	
		9				7	2	3
	4			7	5	1	8	

738

	3			9	8		5	1
	6		7		1			3
	4				2	8	7	
8			2			5	4	
7			9	4				
				8	7			2
	7	9					3	
1		2	6		5		9	
4			1			2	8	6

739

	2			5		6		8
7	3		1					
		8	4	6	2			9
	5	9				7	4	
			2		5	9		1
3		1	9				2	
				8		2		5
	7				9			4
6				4			3	7

740

	6	2						
4		7	2				1	
8	1		5	9			6	
3		9			2	1		
	7			1		9		6
	8		4			2	5	7
1	2			6	3		8	
		6			8			5
9			7	5	4			

741

	1	3		2				4
		2	8	9		1		
5			3			6	7	
2	4	5		3				
	6	1		7	5		9	
7								8
	8			5				6
			7	1	4		5	9
			6		9	3	2	

742

8	4					9		
	6		5	8		3		
7			1		2	6		
9		1		5	6		8	
			3	2	7	1		
	7	3			1	4		
6	5	4	9					7
					4		6	1
2				3		8		9

743

6	4					9		2
		3		1		7	6	
	2				7		3	5
	3			2				
7	5		8	4	3			
		6	5	9				
		5	4					9
2			6				4	1
9				5	2	3	8	7

744

		9	7					6
6	5		9		1		2	
		7			6		4	5
4			8	6	7		3	
2		1			4			
	8			2	3		5	9
8			2				6	
9	6					3		7
				3		1		2

745

			3		1			8
9		1			5	6	7	
	6					2		4
4	9	6					5	
	2	3		9	8		6	
1		8		2		7		
	3	2				1		7
8	4		6			9		
				7	2	3	4	

746

6	9	2			1			
			4	2				
4	5			3	6	1	7	
8			7	4				
					9			6
1	7	9				5		
	2	4				3	6	8
3		7	2				5	
	1		8	5		4		

747

	9	2	4					5
8	1	7				4		9
3			7				2	1
					5			2
9	4		1	2	3			
		5			4			
5	7		2		8		1	
	2			1		3	7	8
1	6		9	3				

748

3			5				9	2
9	2	6		4		8		
		8		1		3		7
	6			8		5		3
8	4	2			9		7	
			2	7	6	9		
	7			3		2		
5		4			7	1		8
					4			6

749

			8		1		3	
	6	2					7	
5		3		6	7		9	
	3		2	1				9
2	7	5		9	3	4		8
	4		5	7				6
					2			1
	8	4		5		2		
		9		4		5		

750

1		7				9	2	
			3				6	5
		9		2	5	8		4
4	8	2					9	6
	3				8	5		
	9		1	6			3	
		3		7	4			
	2		6	8	1			7
		6				2	4	1

751

	2			5		6		
				3			2	7
7		6	1	2	8		5	
8	5		4		1			6
	6	9		7	3	8		
		3				7	9	4
1					5	3		
	3	5					4	2
		4					7	1

752

5			3	8		2		1
3			6			5		
1		4			2	7		
			7		6			8
8	9	1			5			4
	2			4		9		
		5		2	1		6	
7	4	8				3	1	
		6				8	9	5

753

				8	6	9		3
	9			7	3			
	5	2		1	4			8
6			8		7			5
9		4	6			7		2
	1		3					9
2	4				5	3	8	
1		8		3			5	
5						4		6

754

	4		7		3			6
		7			9	4	2	
1			2					5
	6	5					9	
7		9		3	8			1
		4		2	5	3		
2		3		9		6		
				6		7	5	8
5				1	4	2	3	

755

7		9				3		
1								4
	3		8			9	6	
	6		4	7				9
		4	3		6	5	8	
2			9	5			1	
3			5	6		7		8
	4	8			9			2
5	2		1					3

756

1			7		2	6		
	7	2				3		
	8	4	6	1				9
	3			7	6			4
		8	2	4				5
	6		5	9		2	3	7
9		6					1	
5					4	8		2
		7	3				9	

757

		2	7	6	4			
	8	7		5	1	6		
		9	2				5	
	6				5	2		8
8					9		4	
4	2		1				7	3
	9		5	4	3		6	
1		4	6			3		
7							9	5

758

	3				4		1	
	9		1	5	2		6	4
5		4	6		3			2
4	7		3			8		
				6	5		9	
	8	9		4				1
						6	7	3
3				9		2	5	
		2	7			1		9

759

6	4	3					1	7
	2	1			5	4	6	
7			6			9		2
	9		7		6	2	8	
	5			1	8		9	
		8		3	2		4	5
4		6		8				
					4			3
	1			9			7	

760

	9				3	1	7	
		1	9	5		8		
7		4	6					2
	8				1		3	
		9		6	4	5		
6	3			8		7		
			4		2			
5		7		9		2	1	
	6	3		7		4	8	9

761

6		4						9
			3			7	1	8
	8		2		7		6	
7					2	5		
	9		8	5		1		
5	1		6				3	4
			7			2	8	
3		5	1			9		7
	2				4			1

762

		9					5	
6	5						3	7
3	4				2		8	
	3		1	7		5		4
1		2	4			3	9	
		5	2		8			
	8	4	5				6	3
9			8		4	1		
		7		9	3			

763

4	1		5					
9							3	8
	7		4	3	6			9
			6		8		2	
3	4			5	7	8		
		6	2	9		1		4
6		1		7		9		
8				1			6	5
	3				2	7	8	

764

		2		9			7	
1	8	4		3			6	
			2			3	5	8
		8			1	4		
	1				6		8	9
3	6			4	7			
7			4					
9		6		7	3			5
		3				2	1	7

765

6				5			7	
	3		1					4
		1	4	9		2		
2				6		8	9	
	4	8			3			6
	6		9		7	3		
			8	3		5		
	1		7	4		9	2	
							1	8

766

	3		4		7	5		
	8	9		6				
5		2			3			6
		7	5					3
6	5			4		9		
	9	1			8			7
	6		3	5		2		9
			8		2	6	7	
		4	1			3	8	

767

8			2			6	7	
		5			7			3
2		6	8		3	1		4
5		3				7		6
4	2		5			8		9
	9			7	8			
	1							
7		8	3	2	4			1
			7		5	3	2	

768

		7		1				3
	1		5			6	2	
8		2					9	
9		3			5		7	1
4	2			7	1		8	
			9	6	2	3	4	
7			4			5		
		1		5	7			9
	4			8			6	2

769

6			4		8	3		9
		7	1				8	
				3		4	1	2
	6			8	9		3	1
		5			7			
1	3	2	6	4				
	8		9		4			
4			8	2	1		5	6
2		9				7		

770

3				1	6		7	
2	1		4		8	9		5
			9					3
		2			1	8	3	
7	4					5	9	
		8		5		4	2	6
6			3					
	7	4		6	2			
	9	3		7			1	2

771

					9	3	5	
				6	7	2		8
9	5	2		8				7
	9			1	8	4	2	
8	6		9					
1	2	7	4	5				
4		5			3		1	
	1	6						9
				2		8	6	4

772

	6		4		5			2
	9	7	1					
8				2			1	3
		2	3		7			
	7	4		5				9
3		1			9	5	6	
		8			4		2	
	3				2	4	9	8
			6	7		3		1

773

		8	1					2
7			5			4		6
9		6	3	7				
	5	3			7	2		
	6		4			8		1
	7		9	1	2	6		
	1							4
		2		3			8	5
3			2		1	9		7

774

			2	4		1		8
5			6	7		2		
8			3					5
	8					6		4
	7		1		9			
2	1	3			6		8	7
	9	7	5				2	
	5			3		4		
4	2		8			5	3	

775

			6	3				1
				1	4	9	2	7
		5					6	
4		3	8	5	6			
1	7		9		2	5		
				7		2	8	4
	9	2				3		
	5		1	8		7	9	
8			2		7	6		

776

		1			9			
6	9		8	3				
				2	4		6	
		3	7	1			2	
	8		4			3	5	
4		2	5	6				
5					6	1		8
3			9		5	2	7	
8			2		1		3	5

777

4		1			2	5		
	6						4	3
	2		9	7		8		1
	7	5		4		6	9	
	3	8		1				2
		2			8			7
			4	8		9		
	5	4	1	3			2	
	9	7	6					

778

2					6	4	1	
	5		4	8	7			
		3	5	1		6		8
	7					3		
4		8	1	2				9
3		9		5		8	6	
6			9		8		2	7
				3				
	1		2				3	

779

	7	9		6			8	5
2						1		
1				8			4	2
6		5		7		2		
	8	4	5		1			9
			4	9		5	3	8
	3				4			
	4	1	2					6
5					8		9	

780

	1	9		2		5		
		3			7	9		8
8	5			4		3		
4	3		7		6	8		2
					5	6		
				8	3			7
		5						1
7	6		8					9
	9	2		3				

781

	4		6		2			
6		3		8	4			9
						5		
9	6		3				8	
	5	1			9			7
	3	7					2	5
2		5			6		9	4
	9			2	7	1		
		4	9		1		3	

782

		5	9	1		4		
1	3			7		9		
		6	5			7	2	
9			1	5	8		3	4
5		2			3		1	
		8	4				6	9
2				8				5
			7	6				
				4	9	3	7	8

783

	1			4				9
		2	7	1	6	8		3
	5		3		8		4	
		4	6		9	2		
7			8	5				
	8					7		
3					7	9	8	
1				3		4		7
2							3	6

784

	4		2		3			5
1	6				9			
		3		4	5		7	
5				6		4		
	1						9	8
		8		5	7	3	6	2
			8		2	1		
	5	9	4	7		8		3
	8			3		7	4	

785

	4	3				9		
5	6		8		4	3		
7	2			5				1
8	1		2	9		7		
		4	7	6		1		2
				3				5
		5	3					
9					6	8		
	7	2	1		9		3	

786

	4			2	7			
7		5	6	9		2		
2			8		3	6		
		9		1			8	5
		8				4		9
	5				6			
6	7			5	9			4
	8		3		2	9	7	
	1		4			5	3	

787

7	5		3			1	6	
	2		1	8	9			
4								3
					8		1	2
	7	2				6	8	
8		3		5		7	4	9
	6				3		7	4
1	9			2	7	5		
5					4			

788

		3	9	4	2		8	
	6			7		9		5
				1	5	2	3	7
	1							
4			7				5	6
	7			6		3		4
8	2		5				1	9
5	4	1						
	3	9			4		7	2

789

3					6	9	7	2
2	8					5		
		1	5	4			6	3
7		8		2	3			1
	9		1		8	6		
	5			7			9	
		4			5	1		9
				3	1		8	
6						3	4	

790

5		6		8	3	2		9
	7			4	5	1	3	
	9				1			7
8			6			4		
3				5		6	7	
	4	7			9			
			8		2	3		
9		4		1			5	
	3	2		7			6	8

791

	8			9			5	4
			7		2	1		3
6			5		3			
8		6	1	2		4		
3		4		5	6		7	1
	7	5	9					
		1	2					9
	4	7					8	2
				6	9		1	7

792

2			4		5	9		
	8		7	2		4	1	
			1	9		3	5	
				1			8	5
	7		5			6		
	9	6				2	3	
4	5	3		8			6	
8			3		6			
6		7	9					

793

3				9	2	5		
	2	6				8		7
	7		1		6		4	2
	5			1	8	4		
6		9	3				8	
		4		2			3	1
8		2			7			
4					3		6	
5	3		8			9		

794

		7	8		4		9	6
		5			3			8
	4	6			9	7	1	
3				9			4	
			4			8		
		9	6			1	3	
	6			5		2		4
5	1				8			
9	8			7		3		

795

5		6		4	9			1
		4	2		1	9		
				7				
		9		6		7	4	
1	4				2		5	
	5		9	8			3	2
4		1	5				7	3
	2			1	3	8		6
8					7			5

796

	6	3		9				5
	8					9		
7		9	6			3		
		1		6	5		4	
	3	7	8	4		2		
8			7	2		5		1
9			4	7				8
				5	2			
	2		1			7		9

797

			3		6	7		
	1	6	7	4				
8				1	9	5		
5	3		1	7		4	9	
						2		8
9	4	2		5			7	
		7	4			6		5
		9	8					3
	2	4		6	3		8	

798

3	2			7	5			1
			6			8		
1			9		4	6	5	
	3		4	8		2		
4			5		7			
5		8					9	7
	5		1		6		2	
	9	4					3	
				2			8	4

799

			3			1		4
			2	8		7	9	
	5	1			9	8	3	
3		7				2	6	
5	4		8					
		6	9	3			5	
	8		6				4	9
6	3	9		1			7	
7								1

800

				5	7	9	6	
2	3				9	5		
		9	1	6	3			
	4	2	9	3				
3		7			6			1
		1	4				9	6
				1		8		
4	1			2		6	7	
7		8					3	4

801

7	4				9	8		
8			2	5		6	3	
		6	7				2	4
	6		4	1	8			9
		1	6			2		
4		5						3
5				7	6	4		
	9	7			2			1
				9	3		5	

802

9	8	6				1	4	2
2				4	9	7		
						5		
	7							8
	5				3	2	1	
4	1		6	8	2	3		
		1	8					
		3	7	2				9
7		4		5	6		2	

803

3		5			8			1
4	6		2	3	7	9		
9			5					
			6			1	7	2
		7	3				6	
			1			8	3	4
	2	9		1			8	5
	5	3		2		7		
	4				6	2	1	

804

7			8			9	4	
5				2	3		1	
	6	3		1		2		
		2	3		7	6	9	
	8				6			7
		4			1		2	8
8	1		4				3	
	9		6		8			1
4		7		5	2			

805

			8	5		9		
			4		1			6
2				9	6			7
1	6		5		8			
9	7					4		
	4			7		3		
		4	1				2	
3			9	6				8
8	5		7				9	4

806

	5			6				3
		4		7		8		
	6		9		2	4	1	5
4				8	6			
8			3	5				2
9		2			1			
		1	5			3	8	
		3		9	4		2	
2		7			3	6		4

807

	3	2	7		6			
4		9		5				
1			8	4		3		5
9				2				8
7						1	6	2
		5	1			9	4	
	6		4	9			5	7
2		4			8			1
			3			2	9	

808

5				4	2		6	
4	9	8		7		1		
6				5		9	3	
9	3				6	4		8
	2			8			9	6
			3		5		1	2
			1		8			
	8	4			9		7	
3		1			7	2		

809

3			4	6	9		8	
	1	4	8		7		2	
			2	5				6
	3				2	8		7
	6				3		9	4
	2	8				1	5	
7						3	1	
	8	1		4	6	9		
5							4	2

810

	8	9	4	7				1
5	6		2	9				
					6			
4		5			9	1	3	8
	2				4			
1			8		3	4		2
		8	5				6	9
	3	4	9		2	5		
		7		6	1			4

811

8			9		5		6	2
		4		7				
	6			2		7	8	1
		9	4			5		
					1		9	6
		2	6	5				4
	4		1	9			2	5
	7	6			8		3	
	9		2		3	8		7

812

				5	1	6	4	
			3	8	9		5	
	1		4		2			7
		8	1			4		
2	5	7		4	6			9
		4					8	
8		1	5		7			
	4	9		2		1	3	
3	6						2	8

813

4			3				5	
				6			2	1
8			5	4	1	3		
	5	7			9	6		
6	2		7		4			
		1		2				3
	7		8	5	6			
1	6						8	
		3		1			9	

814

6			9	4		8		
		1	3	7	2	6		
	5					7		
5	7		8	3		1		6
8		3			9			
9		4		1			2	
	2			5		9	7	
3			7	2	6			
	4	8	1					5

815

				4	3		5	7
1			6		2		3	
		3				8		1
	6	1		7	5	3	8	
	7	4		3		6		9
8			9				4	
7		5			1		2	6
	4	6	5					
			8			5	7	

816

	3	5			1		9	2
8	7					3		5
	9			8		7	6	
7	8				4		5	
4				6	3	1		9
		6	2			4	8	3
1				9				8
	6	9		7				
	2		1					7

817

9				4			5	
	5	7					2	6
3	6					8		9
			8		2	7		1
	3	6			1	9		
8	7		3				4	2
5				9		1		8
	4	9	2					3
6	1		5		7			

818

6		5	8				4	
					2			6
		3	1		4	8	5	7
	9				8			1
		7	2					
	4	1		5		3	9	
	7	9	6			1	2	
2		8		7				
	3				5			8

819

9				2				4
		7		9	3	5		
	6	4	8			3	9	
2	4				7	6	5	
		5		8	2	9	4	
3					5			1
1								
	8	6		5	4		2	
			7			8	6	

820

9	1							2
6			7	4		5		3
5					8	6		
	7	8	5		9			
		6	8		3		1	4
	9			6	2	7		
	2		6		5	1		
		5		3		4		9
	3		1			2	6	

821

	1	5					6	
2		9	5			3		8
6					4		9	
4	8		9	7		1		
		3		1			2	9
		1	4		5	6		7
	9				6		7	
			7	4		8	3	5
	5			2			4	

822

	3						1	
2		8		5	9	4		3
			3	7	8	2	9	5
1			9	4		3	5	
	6	9		8			7	
				1	3	6	2	
5		2						
7			4	6				
	8	6			2	7		

823

	5	9		8		2		
3			6				7	5
	2			4		8		6
7	1				4			9
			9		1	7	4	
		8	7		2	6		3
		1		9			8	
	4	2	5			9		
			2			4	5	1

824

2		3	6		1			
	7	9		4		3		5
				7				4
	6	1	9				4	2
	8				2		5	3
		4		1	3		9	
7		6	8	2				1
	3		5					
4	5				6		2	7

825

1			2	4		7		3
7	3				9			
	5	4	6				8	1
	2				6			
	4	8		1	3	2	5	
9		5						6
5		7				8	4	
		3	8	7		6		
				5			1	

826

	6	2			5		4	9
	5		1		9		8	
		1		4	2	3	7	
	7						5	
2				3		6		8
	9	5			8			1
8				1	3		6	2
				5		9	3	
			7	2			1	4

827

	5	8		7	3	9		
1				2				6
2	3		4			8		7
4		5		6	7			8
	2			9	1		3	
			2	8			9	5
9								
	7	2	8	1	5	4		
		1			9	2		

828

					8	1	5	
5	9	2	4					3
3			2	6			7	
		7		5		2	6	4
	8	4	7	2	1			
			6					
	2					7		1
9	6	5					4	
	7	1	3			5	2	6

829

			9	8	7	2	3	
	7		5					8
	8			3	6			5
	9	6		5	3		2	
		1	7				4	
8	3	4	2		9			
9	5					4		
6		3	8			9		
2	1					6		7

830

				6	5		9	
7		2	4			8		6
		1	9			3	4	
	5	3			8	7		
4	8				9		2	
9				2				5
1			3	9				
	4			1		2	7	8
6	2	5		7				1

831

4	6		1				5	
7		3	8	2	6			
	9	1	4					3
		7		3		2		
8					2	4		6
			7			1		9
	1	2		5				7
5				4			9	
		4	3	6	7			1

832

	3	1	4		5		2	
6	9			1		8		5
8			7			4		
3				2			5	
	1	2	5		8	6		7
	4		6			3	9	
								9
	6	7		9	2			1
2					6	7	3	

833

	4			9		1	2	
7				1				
	6		8		4	9	3	
2	8					4		
	1	3	7			8		6
		4	5	3		2	7	
8	2						6	
	7	5	1		6			9
9				8		5		2

834

	6		1	8			7	
2		5		7		3		4
9					3	6		
		2			8			
		6		2	4		5	9
7					9		4	
8			6	4			9	7
5	4			3	7		8	
		1					3	2

835

		4		7	3	5		2
	2		4					8
6			9				1	
		6	1			4	9	5
	9	3			5	7	8	
1		8						3
		1		9	4	2		
5				1	7			6
7			3	8				9

836

	3			1	9			
1	2				4	5	9	
	4		8				6	
					3	6		9
6	8		9	7	1	2	5	
9	7	5	2					3
	9			2	5		3	
			6			1		8
2		7						

837

	8		3					9
		3		7	5			4
				9	8	7	1	
	7			1		9	8	
4					9		3	5
	5	1			3	2		7
8			4		7	6		2
5		4			1			8
				5			9	1

838

	9	7				4		3
2			7			9		8
	4	8	1	2				6
9	3	1		6				
			4			3	6	
				7		2	5	1
6					2			
		3			8	1		
	5		3	1			4	

839

5					1		2	8
	1		4			9		6
9			8					5
				7	8			
8	2	1	9		5	3	6	
	6							4
6			2	3			4	
	8	2	5		4		7	
1	9				6		5	

840

	7		9		5		2	
		5			3	6	8	
8		4		2			1	
	9	3		1	2			6
5				7		1		
4		2			6	8		9
1						7	6	
	6	8		9		2		
2			5		8	3		

841

6	9	3		8				7
			2	6	7			
		5		4				1
					9	2	3	
2			6			1		5
	3			5				8
1	7	2	3			8	4	
	8	4	1		6	3		
		9		7	4	5		

842

3		7	1		2		4	
	5			3	6			8
	4						2	
8		3	9	6	1		5	
2			5		3		8	
5			7			9	6	
	6	1		8			3	
	3			7	4			
		8			9	6	7	

843

			6	4	2	1		
		7				5	3	
2	1	8			5	9		
	9				3		7	
5		4			7	2		
		6	1	5			4	3
1			3	9			2	
	7	3		8	1			6
		2			4		9	

844

1	6		9				5	
	9		4	2	3			
		2					8	
		3	8			1		6
5	1					8	2	3
		6	1				7	5
			6	9			4	7
		7			5	6	3	
		8		7		2	1	

845

2	9		7	8	5			
3					6	4		
	5	1		2		9		7
	4	5		9	8		6	
8				5	4			
	1	6						
	3			6	7	5	2	
					1	3		8
		2			9	6		4

846

2	9		3			5		
			8	5	1	6		
	1	6					7	3
7	8		1					
		5			8		4	
6				3	5	2		9
8	2	9	4					6
	5			2	9	4	3	
		4						1

847

2			4			1		3
		5			3	9	4	8
		8		9	6			7
7		4				3	1	
1		9	5	3			8	
		6	8		1			2
4				8				9
	6			4	5			
			6		9		5	

848

	3	5					1	
9	6		1		7		5	
	4			9		8	2	6
1	9				5		8	
5		7		4	6			
								7
		2	7					
	5			8	1	2		3
8		4		3		1	9	5

849

2			5		1			9
			8		2	1	3	
				7	3		8	
6	8					3		4
5	2			6			7	
7	1	4						6
	6		4		9	2		
	4		7	1			5	
			2			6	4	8

850

	9						1	3
					8		7	4
4							8	9
	3	8	2	1				
7				3	5	9		
	5	1	4		9	7		
		6	9				4	2
3	8		7		4	1		6
1			3	5				7

851

2	9	6						3
		4	9			6		
	5		4		3			7
	1	7	5	9			2	
6	2	5		3	4		8	
3				8			1	6
5						8		
4			6			9		2
	8			1	2			5

852

	3		7		4	6		
5	7	2	8				9	
		6		2	1	5		
		3	5					1
9					7		4	
4			3	6		8	5	2
	2				5	4	8	9
	5			9		7		3
			1		3			

853

		4	1				3	7
9	5			2			6	
3	8		6		9		1	
2		5			8			
8			4	5		1		
4	9	3				7		
	3		9					
1					2		9	3
7			8		1	2		4

854

				8		7		6
9	7				1			
		6		4				9
		3		7	5		8	
4		8	2			3		1
	9					5	6	2
7	4	5	3	6	9	1		
			4					
3	6		5				9	7

855

	4	1			6	7		
7				8			5	2
			2	3	7		9	
					9			6
	5		7				4	3
4		3	6	5			8	1
5					1	3		
3		7	8			4	2	
6	2							5

856

		2	6		5		4	1
				4			8	7
	1	6	7	8				
	4					2		
9			1	2			3	6
7	2		3		8	9	5	
	8	5			9			
			5	3			7	9
		7			6	4		

857

		7		1			6	
	9			3		5		4
8			7			3		1
	4				6		5	3
	5			8			4	
		1			3		8	9
7		9		5	2			
4			8		9			7
		6	4	7	1	8		

858

	5	4		6		3		7
9			5				4	
		8	1		7	2		
	6				2	7	8	4
		3	9				6	
	2			5	8	1	3	9
			7					
7	9			3			5	8
1			4	9		6		

859

1	6			7		5		3
			8	4	6			
2			5			7		
		3	9	5				
	8		6	1			4	
		9	4				1	8
5	3				2			
	4		7	6		8		2
8		7		9		6	5	1

860

6		2	1	5		9		
	7		6					3
	1	5	9	4	3			
		4			5			7
2	8			3		1		
3			7		6		9	
				9		4	8	
	4	3			8	2		
	9					6		1

861

2				9	8			
	7	8		6	4			
		9	1			3		4
3	9		8	7		1		
8					6	5	3	
	6	1				2	7	
				3				5
	4		2			7	6	1
7		2		4		8		

862

	7		6					3
9			4				2	5
	5	8		9		7	6	
2			1			5		
					8			4
6	1		3	5				9
	2	5				1		
		9			1	3	7	
	4	1	8	7	2			6

863

1							4	
4		7	1	8				
	2				7	9		6
	9		6					
		8		3	1			5
3		5		9	2	4		1
9		2			5			
					6	7		3
7		6	4			1		9

864

5	9			2	6			8
		7					1	
	2		7	8	3			4
						8		
6			3			5		
3		9		5	8		2	1
	6	2			1		7	
9	1		4					2
	8	3		6	5		4	9

865

		3			8		5	
8	9		1					
1		6		7				2
3		4	2	1		9		
	6			3		5		
5	2		8					4
		9	3		2		8	6
4	5	2				3		9
				4	7		1	

866

1	6			7				
7		8		9				
	4		6					
8							6	4
3		2	4			5		
	1			8	5	7		
	9					4	1	5
		4	7		1			8
5					2	6	7	3

867

			8	4	1	7	5	
	1		2		7			6
	4	8	3		5	2		
	3			7		9		
2		5		8	4	1		
9						5	6	
				3			4	
		7	6	5	8	3		1
3	8						7	

868

1		3		4	9			2
		5		7	3			8
9	4		5			6	1	
	5						2	
4	6		9			8	5	
		8			6	3	9	
		1	3	8		4		7
8								
			7	6	2	1		

869

	3			5	8		9	7
		8	9	4		6	2	
4		7	2					
				7			6	
	2		8	1		5	3	
9	5	4				1		8
	7	3			6			9
8	6		3	2			4	
						3	8	

870

	6				9	4		
3		5			7	8		
	8			3		1	7	
		8			5	7	3	
	2	1	3			6	9	
7	3			9				
2			8		6		1	
4				1		5	6	
	1			5		9	4	2

871

	4				8		7	9
			5	1	3		8	
5		6			9	2		
6	1		9	3	5			7
	3	7		6		1		
9		8	2	7		6		
	9		4			3		1
		3						
1	7				6	9		

872

		9		3	1			6
5			7					2
2			5	4		8		
	7		9		2	1	3	
4		1			6		2	
		8	4			9	6	5
		6	8			4	7	9
8	3							
		2	1		5	6		

873

7				8				
	5		1			4		3
2			3		4			8
	6	4	9		5		8	7
8		9		1	2	6		
	2				6			
	1			6	8			5
4		6		7				1
3	7		2	9				

874

		4	2		8		5	1
	2		1					6
8		7			9	4		3
9			5	6		1		
		5	8		3		4	
	4			1		6	3	
	8	1						2
3	7				6			8
2			3			9	7	

875

	4				1	5	8	
		1	3	4	6		7	
6	7	9			2			
8	6		2			3	4	5
			7				1	
		3		6		8		
7			5				6	
		8		3	4			
2	3		1	9		4		8

876

6		8	4					3
9			1	5				
1	2		7		3		8	
	5				2	7	6	
3			6	9	4			5
				1	7			4
	9					6		7
	6	4		8				2
5	3	2			6	1		

877

8	9	1			6			
				9				
5	4			2	3	1		7
		2		4			6	
4	3	8			2			
		7	9	5			3	
			7				1	3
6							4	8
		9		8	1	2		

878

9	2					8	4	
1		4		6		9		5
					9		1	
		5				3		
	7		5	1			8	
	6		8	2	4	5		
6			3			2		
5	1	3		8		7		
	8		6		7			

879

2					5		1	
3	6		1				7	
7			6				8	9
		6	3		9	2		8
4	1				7			5
	8	3	4		2	1	6	
	9			3			5	
					8	7	2	
			7	4		3		

880

4	7	9			1			
			3			1		4
			6				2	
	8	1			4		5	7
9		3						
		7	8	5	6	3		1
3	2				8			9
			7				8	
					9	5	6	3

881

	9				6		5	7
6	4	3		7				
		2	8			1	4	
			1			5	6	3
	7		9	4		2		
3		8	6	5	2			
			3	9	5			1
1		5	2			7		
4	3				8			

882

					9			3
7		5	3		8			6
					2		1	
2			6			5		1
	4					3	6	9
	5		7		1	4	8	
	1			5		7		
		9	1	8			2	
	8		2	4			9	

883

6	8	7	2		9	4		3
9	1		5					8
	2	3						7
		5	4		1			
	7			9	3		1	
					6	9	8	2
	3					6		
1				6	4		2	9
			1	7			3	5

884

		9		2				
		1			3	4	5	2
	6		8	4	5		7	
		4	6		8	9		
6	7			9		8		4
	3				1			5
8			5		6			3
		7	2				6	1
				3	9	2	4	

885

					1		9	3
6		2		3		8		4
	9	4	7			5	2	
	2				9		3	5
1		8	6					
7	5					2		6
8	6		1					
	7	5		2		3		
	4		5		3	7		9

886

4	1				5			3
	7		8				2	
5		2		4				
	4	7		6		9	5	
		5		2	3			
						3	8	1
9	2		4	5	6			
			3			6	1	9
8			7			2	4	

887

4	1		7					
	6		5		8		2	3
5		2		9		7		1
6					3		4	
		8		2	9	3		6
		5	4	7			8	2
	3		6				7	9
				4		2		
8	7	9				6		

888

	8			3	2	5	1	
6	4		7		1			
		1		4				9
		4	9	5				7
	1	3	2		4			
5				7	6		3	8
			3					6
1					8	9		
		2	4			8		

889

				8	4		2	1
				9	3		7	
8	5		1		2			
	8	3			6			
	4	1				6		9
	7					4		5
7		6	8					
2				4	5	1	9	
4	9		2	7	1			8

890

2	8	5	9	6				1
7		6	1			9	2	
	3							
	5		8			7	1	9
9			3	7	2			4
		4				6	3	2
			2		7			
4				1	9		5	
6	1	3						

891

		1			4	8	3	
		2	6					9
		7	2		5	1	4	6
	6			2				
2				1	9			3
9	8		5					7
			1			3	9	
5						7	2	
3				7	8	6		

892

9		3						1
	4	6					8	5
		5		2	9	7		4
	3		1	7	4		9	
4	8			6				2
		9		5		3		7
6			4			2		3
	2		3			5		
		1		8	7			

893

	8	5	7		9			4
		1		6			3	
6		2		4	5			
9			6	7		1		8
			5			3		
		4		3	2	7	9	
4						5		
	3	7				2		
	5			8	3	4	6	7

894

			8			4		5
4	8	9				6	2	
	1	3			6	7		
7				8			4	
	9	4		3	7		5	
		5	6	2			1	
			5	1		3		2
	5	8	4				6	9
		7			9			

895

	7		5			6		8
			8	7		9	1	3
3		1		9	6			
9				3	4	5		7
		4	1				2	
6	2						8	
	3				7			
8		5	6	2	1	7		4
	6						9	

896

			1		3	9	8	
						2	5	7
8	7		6			4		
	6			8			2	
4			3	1				9
		5		2	4	6	3	8
7	2		9	4				
5	9	6			7			1
1			8		5			

897

		8	6		2			
		6	9	7			3	1
3		9	4			7	8	
4		7		8				3
			3	9		4	5	
2	5		1		4	8		
7				2				5
	1	2	5				7	
8						6		4

898

		7			1		3	
	4	9	7	8		1		
6		2		5		4		
			9				2	
		8		4	5			3
	3	4		6			8	1
	9		5	7				6
		5			2			
7	6	1		9	3	2	4	

899

		5			9			
9	1	3	6				2	
4			1	8		6		
5			2					
8	6			3			7	
	4	2				3	9	1
	9	8			7			6
3			4		8	2	1	5
1			3	6				7

900

		3	9	4				6
2		1			6			8
4	7				5			
		9			4		8	
	6					3	1	
1	2	7	8					
6	4		7	3	9			
				6		5	9	3
9			2			7	6	

901

7	9			6				
		6	3		2	4		1
			5			9		
		4	8		7		2	
9		7		1	6			3
2		8	9		4			5
			1	8			5	
		5	7				6	
		2						7

902

9		7	5					8
3			6		7	1		4
			2	1				
4		1		2				6
7	5		3		1	4	2	9
	8			6				5
			8		9		4	
	4	2					9	
6	9		4			5		1

903

			9	8	7	1		
	7			2	1		3	4
				4		8		
	1			5				3
	5		6			4		8
6		9		1	3		2	
8			1			5		6
2					5		7	
	3	6	7	9	4			

904

		1		6	8			5
	4		7					
2		5		3		6	8	
		8	3	1				9
			8	9	7		4	1
	7				6	2	3	
6				2	5	3		
5							7	
9	2				4	8		6

905

	4			5	2	8	6	1
8	5	2		6		3		
			4					9
			9	1		7		
		6		4		9		2
5	1		3				8	
3				9	1		4	
				3		6	5	7
6	2	8	5					

906

2				7				8
		1			6		3	
4				8		2	9	
	7						2	
8		4			1		7	3
	3	5		4			6	
	9		8			6		5
7		8		6	5			2
5	1		2		4	9		7

907

	6		7		4	5		
					6	8	1	4
		3			5			
		1	5	8		4	3	
				4	7	6		
5			9		3		7	1
7		5	6					
8	3				1	9		
4		6		7	9	3	8	

908

5	4				6			1
1					8	9		
				5	2		3	7
3	6	8		9		1		
					1	6		8
2				8		5	4	
	5			1		3	6	
8				6	5		2	
	9	4	7					

909

		9					1	8
	4	3				6	5	
1	8				6			
6		7	4		1	2		
		8		3				4
2	5			6	7	9		
	2		9		5		7	
	9		2			1		
3		1		4	8	5		9

910

		4				1		
2			6			8	7	
	6	9	1		8	4		2
	2	1	7				8	
	8					6		
6			3			2		5
			4		5	7		
7	5		2		6	9		3
				9			6	1

911

	6	8	2					
		1			9		7	
4	9					6		5
	2	9	5	7		8		
				1		3		
3	8		4			1		
			3	5	2			4
		7	8	9			6	1
		2			7	5	3	9

912

1	7			6	4			2
5					1	4		
				2			3	5
4	2		9				1	
9			8	7		2		
	5	8	1				7	
7	4			3	8			
		5		9	7	6		
6	8		2				4	3

913

					4	7	6	
	6	8		5	2		3	
		7		6				9
5	2		4					
	3	4		7		9		1
1		6		9	3			
	9	3	8		5	4		
			1			8		2
2					9	3	5	7

914

		4			8		1	
	6	9		5				3
3				7		4	2	
		5			9			
				3		6		8
8	2	1		6		7		9
	5	6				2	9	
1	8		2					
4			6		5	3		7

915

		2		1			7	9
5			8	6		3	1	
3	8		7					4
			2	4			6	
	7	6		5	9			8
	3				8	1	9	
8			1					
	1				5		2	7
	2	9		3	6	5		

916

	6				2		8	
1	4		3			9		7
8		7	1	9	6			
		5	4		7		3	
	2	3	8			5		
9						2		6
	3		2		4			
		8		1	3		5	
			9		5	4	1	

917

4	5		8			2		
	8		1	7				3
	9	3		2			6	7
5		9	3	8		1		
		1		5			2	
7			9	4		6		
				9	4		1	
	3		7	1	6	5		
		2	5				4	

918

		8			4	7	2	
6	2					1	3	4
3				6		9		8
	5				7		9	
8	9		3			2		
2		7	8	1				
1	4		9	5		3		7
		3			2			
		9		7		6	1	

919

	9		6		7	8		
3		2			1			
				4				3
		5		6		4		
	3		8			6		1
8	1			9				
		9	3		8	7		2
1	7			2				9
	8				5	3	1	

920

		9	7				4	2
		8		9		3		6
		3			1			
	7		1			6		5
	6	4		7			9	
5	9			3	6	2	7	
		6	9					8
	4			6	8			
1			5					3

921

3		2	7					
	9		2	3	4	8		5
		7	5		9			6
4						1		8
7		5		9	6		3	
					1			
		3		8				2
5	8		6	2		9		3
		1	9			5		7

922

	7	9		4	8		2	
3		8		9	1	4		
2				5	6	9		
		3	6				4	
	8				7		1	5
5	1			2				3
	2		4					
9	6	4						7
1	3				9	2	8	

923

	7				5	9	8	
		3	2		4			
1				9		2		7
4	6				9			3
	2	5			8	1		
8		7		1			5	6
	4	9	5				6	
				2	3	7		
			6			5	9	1

924

6		5			8	4	1	
				2				5
	7			4		2		6
	1	7	2			5		
	8	3	7		1	9	4	
	4				9			
		4	8			3	7	
			9	7	6			
	9	2					5	

925

3		5			8		1	
	7	2						9
9						5		
	1				6	2		
		6		9		8	5	1
5	4	8	3		2		7	
			1	2		6	4	3
6		1	5		3			8
	2			8			9	

926

9	6							
	8		9			4	7	
4		1	2	8				5
		3			6	1		2
			8	5	1	9		
7		5		9	2			6
2				1			8	3
		8	5	3		2		
	4		7					9

927

9					3	1		
	7			5		6		4
	5			7	6			8
7	6		5				1	
3			6	2	4			5
	8		1					
5					9	8	3	
				1		2	4	
		8	3			5	7	6

928

		6			8	2	7	
		2			7	3		8
1			9	3		4		6
	3		2	6				
	1	8			4	6		5
7				5			2	4
			3	8			4	1
	7				6	5		3
4	9		1					

929

	2	1	4	3	5			6
	4		7			1		
		5	2		9			3
		2		8	1		3	
		6	9				1	
8				2	7	5	9	
9	3					7		
					4	8	2	
			1	7	6			

930

	3					8		6
	5						7	
7			9	1		3		5
		3				6		7
	8	7			6	1		
		1	5	8				3
8		6	7		2			
9			8	3		2		4
	4			5	9		1	

931

					2		9	
		2			1	6		7
9			3	5				4
	7	3					6	8
4	5		6			7	2	1
		8	9	1				
6				7	9		4	
	2	1	4		5			
7	9		2	8		5		

932

6	7	9			8			
5	3			9	2			1
1	4		5			7		
	5	1		8		2		3
9			2	3				
			6		5			4
		6	3			9	2	
	2			4	9		5	6
3						4		7

933

5			2		9	8		
	7					1	4	
		9	6	1	7			
		8	9		1	6	3	4
	4	6						
		1		5		2	7	
8	6							2
9		7	8		4			5
	3	4	5	9				6

934

	1				2			
6		2	3		9		8	5
5			8			7	6	
2		3		6		4	7	
	5	1						
				4	8		1	3
7	6		5		3	2		
		8	4	9		3		
			7		1	6	4	

935

	8	1	2		4			
5		4	7	8				
			5					6
	7		3		2		5	8
8				9		4		3
4						1	2	9
6	1			5		2	3	
7			8		1			
9		3	4			7		

936

				8		1	7	
					9	5		4
4	3	6				2		
2		3	4		5			6
		8		3	7			9
		7			6		5	
	5			7	3	8	4	
	7		1	6				
8	1	9	5		2		3	

937

2				3	5	7		
7	1	8	6					9
		9					4	2
4		7	8	1				
8		5				1	6	
6	9		4		2		3	
			1				2	6
			5		9			
	7			4		5	1	

938

				1	5	4	6	
2	9	5			4			
			8	2			7	
	2						9	6
		7	3	4				1
5	1	9		6		8		
	3			5		1		7
8		4					2	3
7	6		2			5	4	

939

3		5		8		4		
4		9		1			6	7
	2	6		5				
8			9		5			4
	3		7				9	
		7		6	4	1		5
			1		6	3		
			2			7		1
9		2			3	8		

940

	1				5		6	
2		5		7				4
	8	4		9			3	7
9	4			8			1	
		7		3				2
	3					4		
		8	1		7		5	3
3		9	4			6		1
	6			2				8

941

		8			2		5	
	6		5	7				9
		7	4	6		2		3
							7	4
		1					8	
6	7			5	9			
5	4		2	3	7	1		
		9		8		4		2
1				4	6		3	7

942

		5		6	2	1	8	
9	3		5					
	8	6	1					4
3		4	7	5				
	5			1			3	9
7		8	3		6			
	6			4	7			5
	4			9		2		8
1							9	6

943

8				4			3	2
5			9		6	4	7	
		1	3			8		6
		9	4	3	5	6		
	5		7	2	1		4	
	7				8		1	
4				6				8
9	8							4
		2				3		9

944

6						3		
4			7	3	6	1	2	
1		2		8				
3		1		7				2
			1		5			6
7	5		3	9				8
2			8	1		9		5
		8						3
	6			5	4		7	

945

	1		2				9	
5		8		7		6		3
		2	6		3			8
			4		6		7	
4				1	5	8		9
3			7				5	
		9				5	1	4
7	5				2			
1		6		9			3	7

946

1	9	4				7		
	3		5	8		6		9
		6				3	2	
			9			2	7	
		1						3
	2	5	8		3	1		6
4		2			5			
7	6		1			5	9	
	8	9	3	2	7			

947

3	8		9		1		2	5
						6		8
5	7	4		2				
9		2	5		4	1	8	
	6	7					3	2
1			3	7			6	
		1		3		4	7	
				1	8			3
						8		

948

6	7	4	9		8			
	9		3		1			8
	1				4		5	
7		9				3		6
5	3	1		6		8		
	2			8			7	9
		2					9	5
	6		4	9				3
				3		6	4	1

949

	6		3	9			2	4
5		4	8				1	
1		3						
3			9				5	7
4		2		1		6		
	8	7	6	2	5			
		9		4	6			
					8	4		2
		1				8	3	6

950

			7	9		4	2	
5				3	4		1	
7		6	1	2				
		1				8		2
	6						3	4
		5	2	4	8	9		
						7	5	
			4	8	1			3
2		8		7	9			6

951

			8		4			7
		1	5		9		3	
	2					4	6	
7			3	5	6	2		
	4	3			7			1
9		5						8
5	3			7		1		9
	8			9		5	4	6
				1			8	3

952

	3			4	8		6	
			2		3	8		9
5	4			6	1			7
		1		7			8	3
		6		2	9	1	5	
4		9				7		
			3			4	9	2
	2			9				
			4			6	1	5

953

9			7	1	8		5	
4	6	8		5				
	7						3	
5			8		9		2	1
		1		2	4	7		
	9					4	8	5
	3	4	9	8			1	
2			6					7
8						9		

954

	9				4	1	2	7
3		1			9	8	4	
				8		6		
9	5				7			
2				6			7	1
		7	3				5	6
5	8		1			4	9	2
	7		9		3			
6	4				2			3

955

		4		7			3	5
		3	6		5	8		9
	9	8		4		7	6	
	7	5	9				1	4
			5		6			
8	2	1		3			9	
			2		7			
3				6	8			
9	4		1			6	2	

956

	8	5		2				
		9					3	6
	6		3		4	8		7
	1		8		5	3		2
7	4					9		
	2	8					7	1
	5	2	7		3		9	
1			5	8	6	7		
	3						6	4

957

	9	6		4			2	
			1	9		5		8
4	5			2			3	
		8		1		3		
	7				5		8	1
2		3			7			9
6			9		2	4	1	
		9	8			7		2
	4		3	6				5

958

	2		5		7			
8		3	6				5	
4						9		
3		1		5	4			
6	9			3	8			
	7				2	1	8	
		9	3	8		7		6
		5						2
		8	2		1		3	4

959

3		7	6					1
4	8			3	9			
		2	1					7
2		4				7		5
	3				7			8
					3	2	6	4
	1			8	5			
				1	6		7	
5					4	8		6

960

		5				3		7
6	3		2	9			1	
		1					8	9
7		2	8					4
5					4		9	6
8	9			1				
		8	4	6				
3	7				5	2		
4			1	3		5	6	

961

				6	1		3	2
	6	8			2	4	5	
	7	3	5				1	
5	3	7			6			
9			7	4				8
8			9		3	2		
		9	1	3			2	4
		4					8	7
	5				8	6		

962

5		4			2			
		2	5			3	6	8
	7	6	3	1	9	2		
		5		6				
	8				1			9
7	9		8	3	5	4		
				4			8	2
4	6					7	1	
			7	9		6		5

963

9				3	2	4		5
2	6			1	7		8	
3	8	5			4		2	
			2					
		8		5				4
7		1	6			3		9
	5	3		8		1		
	9	6	3			5		
	7			9		6		

964

5	6			8			7	4
			1	9				5
3		4	6			2		
1		8			3			
			5		6		4	
	4			2		1	9	
	2		4	7		3	5	
		9	8		5		6	
7		3			9			8

965

6	8			9				1
		5	4					
	2		3			6	7	4
	5	7				2		
			6		7		9	
8	9		2				3	
	7		9	8	4		6	
9	6	1		2			4	8
3				7		5	2	

966

	9		8	1		6		5
5					3		7	9
		2	7			3	4	
		9	3			4		2
2	8			5				
4	6			7				1
	2						8	3
8		4	5		9			
1	7		6	3		2		

967

4	5		6		7		2	
8	3		9	4	1		5	
		6	2				8	
9						4		
					6			8
	8			2	5	7		1
		4				5		
			5			3	7	
1				3		8		6

968

	5	7	2	9			3	
	1	3	4	6	7	8		
8				1				
7			9	8		2	4	
9	2		5				1	
					3	5		7
	6			3		1		
4		1				9		3
	8			4	6			

969

				3	2	4		7
		5		8	4		6	2
		7	6	9		8		
						3	4	6
	9		4	2			1	
1		6			3		2	
3	1	8					5	
2		4				9		
6	7			4	5			3

970

		4	8		1	5		
2				9			6	
7	5	8		3	6			
8		1	3				5	4
6		5			8		7	
	4		7					
				2	5		8	7
		2			7	9		
	9		4			6		

971

		5			7	1	3	2
			1			7	6	4
2			6			5		9
9			4					
		1			9	3		8
	4			5		2		
		4			3			
	7	2	9		6			1
	9			8			7	

972

1				6				7
			3			6		1
	7	3		4			2	
			8	1	4		5	2
		5		7		1		
2			9		5	8		6
	4			2			6	
5		6		8	1	9	4	3
	3							5

973

	9		6	3		8	1	
				1	4		6	
1		8		9	2		7	
	3	6					5	4
5			7			1		
2		7						6
6		1			9	5	8	
3	7					9		
		4			5			2

974

		2		6		8		
	1		4	7	9	5		
5	6			3				
	2			1	5		8	4
9	8		6	2				1
3	5						9	
	4	7	3					
1	9				4	6		
6							2	8

975

9			3	6		7	2	
		6			1	8		3
3	1			8	2	9		
		9	8					5
2	3	1			6			7
5	7							9
8					9	3		4
							6	
4	5	3		7		1		2

976

				4	8		6	
6				9		1	3	
	2	3			5			4
	7		2		1			
3		9	8			5		
1				3		8		6
	3	8	1		6		4	9
					7			
9	5				3		1	2

977

					4	5	7	8
3	1			9				
4			2	8	6	1		
		9	3				5	4
5		4		6				1
1	8				7		3	
8	5			2			4	7
		7	8		1			2
		3			9			

978

				2	7			9
				4		6		
	8	2	5				7	
	5						1	
2				3		5	4	8
		7			1			2
4	7						3	
5	6		4		2	7		1
9					6	4	8	

979

4					2	7	5	
2	6				8		1	
				9				3
		8	5	4		1	3	2
			8	7		5		
3					6			4
		2	9		1			
		5	6		7		8	
8	1		4	3		9		

980

	9		6			5		2
		6		3			7	
		7			2			3
	3	5		6	4		9	
2			5	7			1	
7			9	1				
8	5		7	2			6	
	1	4						8
6						1		5

981

1	8					3		
7			9		2			1
3		5			4	6	2	7
					9		7	
4			7	6				5
2	1			8		9	4	
5	2				7	4		8
8		4			3			9
		3	1				6	

982

	6	7	9	4				
9	3		5		6			1
	1		3	8	2		7	
3						7		2
		6	4		8			5
1	5	9					6	
5	7		6	2		9		
		4		1		3		
					3		4	

983

9			7	4				3
				2			9	6
	3	7	6		1		5	
6		4		1	7			
	7	5		3				8
	9	8				4		
5	6		9		2	1		7
	4			6				
8	1		3		4	9		

984

		3	1	4	8			
4	9				5		7	
		6		9		3		
			2		4		6	7
1							9	
6		8		7	3	5		
3						1	4	
5	6		4	8				2
2	1					6		

985

1				6			3	7
	8		2	9	4			
5		4			3		8	
			5	3		1	2	
			9	4	6			8
7			1	2			5	4
		5				2	9	
		8				7		6
6	2		4	7				5

986

		1		7			9	
			9		8	4	3	1
	4		3	6		5		
1	6				5		7	3
					2	8	4	
	5	8		3				
7		4	1	8	6			
5	1		4			2		6
	8			5		7		

987

8		7	3	5				4
	2	5	1		6			
			7	8				
		3		2		8	1	6
	4	6	9				7	
			5		1		9	3
2	6		8			3		7
		8				1	6	
4				9		5		2

988

			6		1			5
2		8				9	3	6
4	5		3			7	1	
7			8	1		3	2	
		2			4			
	3		7	9		5		
	9	3						
1		7				8		4
		4	2		7	1		

989

	5			1	7	9		
7		4	3		9	2	1	
		1	2	6			8	
		6	8		2			9
			5			7	4	2
4		9			1		5	
		8						6
			9	7		3		
2	3			5	4			1

990

	2	4		5	8	7		
	9		6				5	4
6	1			4	3			9
	8		1	9			3	
			3			2	6	1
				6	7	9	8	
		2		1	4			
	6		2		9	5		
8		7					9	

991

		2					9	
6		8				7		
7	5	9		2	6			
	7	1		9	5		6	
	8				3			5
				1	8	3	2	
	2		5			4		
9	4			7	2	6		1
			1				5	9

992

	7	6	5					9
	2		7	4	9		5	
		1	2	3				4
	3			6	1	8		
		5					9	7
8	4		9		5	3		
	5	7			3	1		
	6	3	8				7	
9				2			6	

993

		6	7		9	3		2
	4		1			7		
5				2			8	
	2		8		5		1	
8	9	3			6			
				7	3	4		
4	1	5		8				
9		8				2	3	
3				4			5	1

994

	2		9		3		1	
6	7	4			8		5	
9				6				
4					9	5	2	
5		7				8		
	8	2	3	5	6	7		
	1	8			5			4
3		6			4			8
		9	7		1	3		

995

	4			9				
		6	5			2		
7					8	4	6	
	3	9	7			1		8
		7		3	1	5	9	
5			4	8				
					7			1
	9	4			6	3	7	2
			1	2	3	9		6

996

	9			6				7
	8			3	4	2	1	
	1	2		8		9		
6			5			4		
	5		4	9		3	7	
		7		2			5	1
	3			1	7			8
5		1	8				2	
	7		2				9	6

997

	9				1			
			9	5				2
							7	4
				1				
		7	5		2	9		
							2	6
6			8				1	

998

	5			2			1	
						7		4
1				3				
			7		2	5		
								6
	9			1				
		7			5		3	
			1			4		
	6				4			9

999

9								
						9		
	7				6	5		
								3
			7	8		1		
	4		6					9
						6		
					8			7
4		8	9				1	

1000

7			1					
	4				3	2		
						7		
3					9		5	
						4		
		1		2			8	
		3		5				
6						8		
	8		4					5

1001

	2					1		
	8			4				
		1					5	
8		7						
	1		2					
					1	4		9
		5			8			
							3	1
9		4	7		5	2		

1002

		1		6		9		
							5	
	7		1		3			
		5	8				6	
3					5			
1			6					3
				4			1	
						8		
		3	7		2			4

1

1	9	3	4	5	8	6	7	2
6	5	2	1	7	9	3	4	8
4	7	8	6	2	3	1	5	9
7	8	6	3	4	1	2	9	5
5	1	4	9	8	2	7	3	6
2	3	9	5	6	7	8	1	4
8	4	5	7	1	6	9	2	3
3	6	7	2	9	5	4	8	1
9	2	1	8	3	4	5	6	7

2

6	1	5	8	9	2	7	3	4
4	7	9	6	1	3	2	5	8
3	2	8	7	4	5	6	9	1
9	3	1	5	6	4	8	7	2
5	8	2	9	7	1	3	4	6
7	4	6	3	2	8	5	1	9
1	6	3	2	5	9	4	8	7
8	9	7	4	3	6	1	2	5
2	5	4	1	8	7	9	6	3

3

9	4	2	5	7	6	1	8	3
8	6	7	9	3	1	4	5	2
1	3	5	2	8	4	6	7	9
2	9	8	3	1	7	5	6	4
5	1	6	4	2	9	8	3	7
4	7	3	8	6	5	2	9	1
7	5	9	1	4	8	3	2	6
3	8	4	6	9	2	7	1	5
6	2	1	7	5	3	9	4	8

4

3	2	4	1	7	8	5	6	9
6	8	5	3	9	2	1	4	7
1	9	7	5	6	4	2	3	8
8	1	3	7	4	5	6	9	2
5	6	2	9	8	1	4	7	3
4	7	9	2	3	6	8	1	5
7	5	6	4	2	3	9	8	1
2	3	8	6	1	9	7	5	4
9	4	1	8	5	7	3	2	6

5

5	1	2	6	4	8	3	7	9
7	4	8	5	9	3	6	1	2
3	9	6	1	2	7	4	5	8
2	6	1	8	5	9	7	4	3
8	3	9	4	7	1	5	2	6
4	5	7	3	6	2	8	9	1
6	8	5	9	1	4	2	3	7
1	7	3	2	8	5	9	6	4
9	2	4	7	3	6	1	8	5

6

8	3	4	5	9	7	1	6	2
2	9	5	1	6	3	7	4	8
7	1	6	4	2	8	9	5	3
9	6	2	8	3	1	5	7	4
5	7	8	2	4	9	3	1	6
1	4	3	7	5	6	2	8	9
6	8	9	3	1	5	4	2	7
3	2	1	6	7	4	8	9	5
4	5	7	9	8	2	6	3	1

7

7	4	3	5	8	6	9	2	1
6	1	2	3	7	9	4	5	8
9	8	5	2	1	4	7	3	6
2	5	7	1	9	3	6	8	4
4	9	8	6	2	7	5	1	3
1	3	6	4	5	8	2	9	7
8	6	4	9	3	5	1	7	2
5	7	1	8	6	2	3	4	9
3	2	9	7	4	1	8	6	5

8

4	9	7	5	8	1	2	6	3
8	5	2	4	3	6	7	1	9
6	3	1	7	9	2	8	4	5
1	2	9	3	5	7	6	8	4
3	8	5	1	6	4	9	7	2
7	6	4	9	2	8	3	5	1
2	1	8	6	4	3	5	9	7
5	4	6	2	7	9	1	3	8
9	7	3	8	1	5	4	2	6

9

9	8	7	1	5	6	4	2	3
2	6	1	4	3	7	9	5	8
3	4	5	8	2	9	1	6	7
5	1	6	2	7	3	8	4	9
7	2	8	5	9	4	6	3	1
4	9	3	6	1	8	2	7	5
1	7	9	3	4	2	5	8	6
6	5	4	7	8	1	3	9	2
8	3	2	9	6	5	7	1	4

10

5	6	3	4	7	9	8	1	2
2	1	7	5	8	6	4	9	3
8	4	9	1	2	3	6	7	5
3	5	2	7	1	4	9	6	8
6	8	4	3	9	2	1	5	7
9	7	1	6	5	8	3	2	4
4	2	6	9	3	5	7	8	1
7	3	5	8	6	1	2	4	9
1	9	8	2	4	7	5	3	6

11

9	5	4	6	2	7	1	3	8
6	2	3	4	1	8	9	7	5
8	7	1	5	9	3	4	6	2
4	1	8	9	3	5	6	2	7
2	3	6	8	7	1	5	4	9
7	9	5	2	4	6	3	8	1
1	8	9	3	6	2	7	5	4
3	4	2	7	5	9	8	1	6
5	6	7	1	8	4	2	9	3

12

4	8	7	3	5	2	9	1	6
3	2	9	4	6	1	7	8	5
1	5	6	8	9	7	2	4	3
5	1	8	9	2	3	6	7	4
6	7	2	5	8	4	3	9	1
9	4	3	1	7	6	5	2	8
7	9	1	6	3	8	4	5	2
8	3	5	2	4	9	1	6	7
2	6	4	7	1	5	8	3	9

13

4	6	9	7	5	2	3	1	8
8	2	5	3	1	6	4	9	7
1	3	7	9	4	8	2	6	5
5	1	2	6	7	3	9	8	4
3	4	6	5	8	9	7	2	1
9	7	8	1	2	4	6	5	3
6	8	3	4	9	1	5	7	2
7	9	1	2	3	5	8	4	6
2	5	4	8	6	7	1	3	9

14

5	1	4	6	9	2	7	8	3
3	6	2	7	4	8	5	9	1
9	7	8	5	3	1	2	4	6
4	2	9	8	7	6	1	3	5
6	8	1	9	5	3	4	2	7
7	3	5	1	2	4	9	6	8
2	5	7	3	6	9	8	1	4
1	4	6	2	8	7	3	5	9
8	9	3	4	1	5	6	7	2

15

9	3	4	2	8	7	6	1	5
2	6	7	5	4	1	3	9	8
8	1	5	9	6	3	7	2	4
4	7	2	3	1	8	5	6	9
5	9	3	6	2	4	8	7	1
1	8	6	7	9	5	4	3	2
3	5	8	1	7	2	9	4	6
7	2	9	4	5	6	1	8	3
6	4	1	8	3	9	2	5	7

16

9	2	4	7	1	5	3	6	8
8	6	5	9	3	2	7	4	1
1	7	3	6	4	8	5	2	9
3	9	6	8	7	4	1	5	2
2	4	7	5	6	1	9	8	3
5	8	1	2	9	3	6	7	4
6	3	2	4	5	9	8	1	7
7	1	8	3	2	6	4	9	5
4	5	9	1	8	7	2	3	6

17

3	9	8	6	7	5	2	1	4
1	4	6	9	3	2	7	8	5
2	5	7	8	1	4	3	6	9
6	1	2	4	8	3	9	5	7
8	3	5	2	9	7	6	4	1
4	7	9	5	6	1	8	2	3
5	8	3	1	2	9	4	7	6
7	6	1	3	4	8	5	9	2
9	2	4	7	5	6	1	3	8

18

2	4	9	5	7	6	3	1	8
7	3	5	1	8	4	6	9	2
1	8	6	9	2	3	4	7	5
3	6	7	8	4	5	1	2	9
5	1	2	6	9	7	8	3	4
4	9	8	3	1	2	5	6	7
9	5	4	7	6	1	2	8	3
6	7	3	2	5	8	9	4	1
8	2	1	4	3	9	7	5	6

19

6	8	7	9	2	4	5	1	3
2	1	5	3	6	7	8	4	9
3	4	9	8	1	5	2	7	6
5	7	6	4	3	8	1	9	2
9	3	1	7	5	2	4	6	8
4	2	8	6	9	1	7	3	5
1	6	2	5	7	9	3	8	4
7	9	4	2	8	3	6	5	1
8	5	3	1	4	6	9	2	7

20

1	6	4	8	3	5	9	2	7
8	7	3	2	9	4	5	1	6
2	5	9	7	6	1	4	8	3
9	2	1	6	8	3	7	4	5
6	8	5	4	1	7	2	3	9
3	4	7	5	2	9	8	6	1
4	3	6	9	5	8	1	7	2
5	1	8	3	7	2	6	9	4
7	9	2	1	4	6	3	5	8

21

4	8	5	9	6	7	2	3	1
7	9	1	5	3	2	8	4	6
3	6	2	1	4	8	5	9	7
8	3	9	4	5	6	7	1	2
2	5	6	7	1	3	4	8	9
1	4	7	2	8	9	3	6	5
6	2	3	8	9	5	1	7	4
9	7	4	3	2	1	6	5	8
5	1	8	6	7	4	9	2	3

22

6	9	5	1	8	7	3	4	2
7	2	3	5	9	4	8	1	6
1	8	4	3	2	6	9	5	7
5	7	8	9	4	1	6	2	3
2	4	9	6	5	3	7	8	1
3	1	6	2	7	8	5	9	4
4	5	2	7	3	9	1	6	8
9	6	7	8	1	2	4	3	5
8	3	1	4	6	5	2	7	9

23

7	6	1	5	8	2	4	3	9
2	4	9	7	1	3	5	6	8
3	5	8	6	9	4	2	1	7
9	8	6	1	4	5	3	7	2
4	3	5	2	7	6	8	9	1
1	7	2	8	3	9	6	4	5
8	1	3	4	5	7	9	2	6
5	2	4	9	6	1	7	8	3
6	9	7	3	2	8	1	5	4

24

3	9	1	4	7	5	8	2	6
8	2	7	1	3	6	5	9	4
4	6	5	2	8	9	3	7	1
5	7	2	9	4	3	6	1	8
6	4	3	8	1	7	9	5	2
1	8	9	5	6	2	4	3	7
7	5	4	6	9	1	2	8	3
2	3	6	7	5	8	1	4	9
9	1	8	3	2	4	7	6	5

25

1	3	2	5	9	4	8	7	6
5	8	6	2	1	7	4	3	9
4	7	9	6	8	3	5	2	1
3	1	5	8	4	6	2	9	7
6	2	8	9	7	5	1	4	3
7	9	4	1	3	2	6	5	8
9	6	3	4	5	1	7	8	2
2	5	7	3	6	8	9	1	4
8	4	1	7	2	9	3	6	5

26

1	9	2	3	7	4	5	6	8
8	5	3	6	2	1	7	9	4
7	4	6	8	5	9	3	1	2
5	1	9	2	4	3	6	8	7
2	6	7	1	9	8	4	3	5
4	3	8	7	6	5	1	2	9
9	8	5	4	1	6	2	7	3
6	7	4	9	3	2	8	5	1
3	2	1	5	8	7	9	4	6

27

2	5	1	3	6	7	4	8	9
6	8	3	9	2	4	5	7	1
7	9	4	8	5	1	6	2	3
5	7	9	4	1	6	8	3	2
3	4	2	5	7	8	1	9	6
1	6	8	2	9	3	7	4	5
4	1	6	7	3	9	2	5	8
9	2	7	1	8	5	3	6	4
8	3	5	6	4	2	9	1	7

28

5	4	8	9	7	6	1	2	3
7	3	9	5	2	1	4	6	8
2	1	6	4	3	8	9	5	7
3	6	2	1	5	7	8	4	9
4	7	5	8	9	3	6	1	2
8	9	1	6	4	2	3	7	5
1	5	3	7	8	4	2	9	6
9	2	4	3	6	5	7	8	1
6	8	7	2	1	9	5	3	4

29

8	1	9	7	5	6	4	2	3
3	2	5	9	4	1	8	6	7
4	7	6	2	8	3	5	1	9
2	3	7	5	9	4	6	8	1
6	9	8	1	7	2	3	4	5
5	4	1	6	3	8	7	9	2
7	8	4	3	1	9	2	5	6
1	6	3	4	2	5	9	7	8
9	5	2	8	6	7	1	3	4

30

4	8	7	1	5	3	2	6	9
2	3	1	6	4	9	7	5	8
6	9	5	2	7	8	4	1	3
8	1	2	5	9	6	3	7	4
5	6	3	7	8	4	9	2	1
9	7	4	3	2	1	5	8	6
7	4	9	8	1	2	6	3	5
1	5	6	9	3	7	8	4	2
3	2	8	4	6	5	1	9	7

31

6	2	5	3	8	7	1	9	4
3	4	9	5	1	6	8	2	7
7	1	8	2	4	9	5	3	6
9	5	3	1	7	2	4	6	8
2	8	6	4	9	5	7	1	3
1	7	4	6	3	8	2	5	9
4	9	1	8	5	3	6	7	2
8	6	7	9	2	1	3	4	5
5	3	2	7	6	4	9	8	1

32

2	4	1	5	3	7	9	6	8
6	7	5	8	9	2	3	1	4
3	8	9	6	4	1	5	7	2
8	5	3	7	6	4	1	2	9
4	2	7	3	1	9	6	8	5
1	9	6	2	8	5	4	3	7
7	3	8	4	5	6	2	9	1
9	6	4	1	2	8	7	5	3
5	1	2	9	7	3	8	4	6

33

5	3	8	1	2	4	6	7	9
1	9	7	3	6	5	8	2	4
2	6	4	8	9	7	1	5	3
6	8	5	2	7	9	3	4	1
4	2	3	6	1	8	5	9	7
7	1	9	5	4	3	2	8	6
8	4	1	7	5	6	9	3	2
9	5	2	4	3	1	7	6	8
3	7	6	9	8	2	4	1	5

34

9	8	3	7	5	2	6	4	1
1	7	5	3	4	6	2	8	9
2	4	6	1	8	9	3	5	7
3	6	8	9	7	4	1	2	5
4	1	9	2	6	5	8	7	3
5	2	7	8	1	3	9	6	4
8	5	4	6	3	1	7	9	2
7	9	1	4	2	8	5	3	6
6	3	2	5	9	7	4	1	8

35

9	3	5	2	6	7	4	8	1
4	7	8	3	9	1	2	5	6
1	6	2	8	5	4	9	3	7
2	5	1	4	7	3	8	6	9
7	9	3	1	8	6	5	2	4
8	4	6	5	2	9	1	7	3
5	1	4	7	3	2	6	9	8
6	2	7	9	4	8	3	1	5
3	8	9	6	1	5	7	4	2

36

9	6	1	2	8	4	7	3	5
4	5	3	9	7	6	2	8	1
2	8	7	3	5	1	4	9	6
1	9	4	8	6	7	3	5	2
8	7	5	1	2	3	6	4	9
6	3	2	4	9	5	8	1	7
3	2	9	6	1	8	5	7	4
5	1	8	7	4	2	9	6	3
7	4	6	5	3	9	1	2	8

37

6	5	3	7	1	8	4	2	9
9	8	7	2	3	4	6	5	1
4	2	1	6	5	9	7	8	3
7	9	5	1	4	3	8	6	2
3	4	2	8	6	7	1	9	5
1	6	8	9	2	5	3	7	4
5	7	6	4	9	1	2	3	8
8	1	9	3	7	2	5	4	6
2	3	4	5	8	6	9	1	7

38

9	8	5	3	1	7	2	4	6
7	6	4	2	9	8	5	3	1
2	3	1	5	4	6	9	8	7
3	5	9	8	7	4	6	1	2
1	2	7	6	3	9	4	5	8
8	4	6	1	2	5	3	7	9
4	7	3	9	6	1	8	2	5
5	9	2	7	8	3	1	6	4
6	1	8	4	5	2	7	9	3

39

2	3	5	6	4	1	9	7	8
6	1	9	5	7	8	4	3	2
4	7	8	3	2	9	5	1	6
7	6	1	4	9	5	8	2	3
8	5	3	7	6	2	1	4	9
9	4	2	1	8	3	6	5	7
1	9	4	2	3	6	7	8	5
3	8	7	9	5	4	2	6	1
5	2	6	8	1	7	3	9	4

40

1	8	4	5	9	2	7	3	6
6	5	2	7	8	3	4	9	1
7	9	3	1	4	6	8	5	2
8	2	5	3	6	1	9	4	7
9	1	7	4	2	8	3	6	5
4	3	6	9	7	5	1	2	8
2	4	1	6	3	7	5	8	9
3	7	8	2	5	9	6	1	4
5	6	9	8	1	4	2	7	3

41

8	4	3	9	2	1	6	5	7
2	6	1	7	3	5	8	4	9
9	5	7	4	6	8	1	3	2
5	7	8	1	4	3	9	2	6
1	2	9	5	7	6	4	8	3
4	3	6	8	9	2	7	1	5
3	9	5	6	8	4	2	7	1
6	8	2	3	1	7	5	9	4
7	1	4	2	5	9	3	6	8

42

5	1	6	7	2	4	8	9	3
2	3	8	9	6	1	4	7	5
9	7	4	8	5	3	2	6	1
6	8	2	3	4	5	9	1	7
3	9	1	2	7	6	5	4	8
4	5	7	1	9	8	3	2	6
7	6	3	4	8	2	1	5	9
8	4	9	5	1	7	6	3	2
1	2	5	6	3	9	7	8	4

43

2	3	8	9	1	5	4	6	7
1	6	4	3	7	2	9	5	8
7	9	5	4	6	8	3	1	2
4	5	6	7	8	1	2	3	9
3	7	9	6	2	4	5	8	1
8	1	2	5	9	3	6	7	4
6	2	3	8	4	7	1	9	5
9	8	1	2	5	6	7	4	3
5	4	7	1	3	9	8	2	6

44

4	6	2	7	8	9	3	5	1
9	1	3	5	2	4	7	6	8
8	7	5	1	6	3	2	9	4
2	8	4	3	7	6	9	1	5
1	3	6	9	4	5	8	2	7
5	9	7	2	1	8	4	3	6
3	2	8	6	5	7	1	4	9
6	4	9	8	3	1	5	7	2
7	5	1	4	9	2	6	8	3

45

4	5	1	7	2	6	8	9	3
3	7	8	9	1	5	4	2	6
9	2	6	4	8	3	1	7	5
2	6	4	5	7	1	9	3	8
1	8	7	3	4	9	5	6	2
5	3	9	2	6	8	7	4	1
7	1	3	8	9	2	6	5	4
6	9	5	1	3	4	2	8	7
8	4	2	6	5	7	3	1	9

46

1	3	6	2	5	4	9	8	7
7	5	8	9	3	1	4	6	2
4	2	9	6	8	7	5	1	3
8	6	7	5	2	3	1	9	4
9	4	2	7	1	8	6	3	5
5	1	3	4	9	6	7	2	8
6	9	4	3	7	2	8	5	1
2	8	5	1	4	9	3	7	6
3	7	1	8	6	5	2	4	9

47

3	5	2	8	1	4	9	6	7
7	8	1	6	9	3	5	2	4
9	4	6	7	5	2	8	1	3
1	7	8	2	3	5	4	9	6
2	9	3	4	6	1	7	5	8
4	6	5	9	8	7	1	3	2
8	2	9	5	7	6	3	4	1
6	1	7	3	4	9	2	8	5
5	3	4	1	2	8	6	7	9

48

3	7	2	5	4	9	1	8	6
4	9	8	1	6	3	5	2	7
6	1	5	8	7	2	9	4	3
1	8	3	6	9	5	4	7	2
5	2	7	3	8	4	6	1	9
9	4	6	7	2	1	8	3	5
7	6	4	9	3	8	2	5	1
8	3	1	2	5	6	7	9	4
2	5	9	4	1	7	3	6	8

49

2	9	1	5	8	4	3	6	7
4	8	6	3	7	9	5	1	2
3	7	5	6	1	2	4	8	9
9	5	8	7	6	1	2	4	3
7	2	3	8	4	5	1	9	6
6	1	4	2	9	3	8	7	5
5	6	7	1	2	8	9	3	4
8	4	2	9	3	6	7	5	1
1	3	9	4	5	7	6	2	8

50

7	9	8	3	6	2	5	4	1
6	4	5	9	8	1	3	7	2
1	2	3	5	7	4	9	6	8
2	8	7	1	9	6	4	5	3
3	1	9	2	4	5	6	8	7
5	6	4	8	3	7	2	1	9
8	5	2	4	1	9	7	3	6
9	3	6	7	5	8	1	2	4
4	7	1	6	2	3	8	9	5

51

5	9	6	4	1	7	8	3	2
7	1	2	9	3	8	5	6	4
8	4	3	2	5	6	9	7	1
2	3	4	6	7	9	1	8	5
1	7	8	3	2	5	6	4	9
6	5	9	8	4	1	7	2	3
9	2	5	7	6	4	3	1	8
3	6	1	5	8	2	4	9	7
4	8	7	1	9	3	2	5	6

52

3	6	9	4	8	1	7	5	2
8	1	5	7	2	9	6	4	3
2	7	4	5	3	6	9	1	8
5	3	7	9	6	8	1	2	4
1	8	6	2	4	5	3	7	9
4	9	2	3	1	7	8	6	5
9	4	1	6	5	3	2	8	7
6	2	3	8	7	4	5	9	1
7	5	8	1	9	2	4	3	6

53

6	4	7	8	5	9	1	2	3
5	3	1	2	4	7	6	8	9
2	9	8	6	3	1	7	5	4
3	1	9	5	2	8	4	6	7
4	7	2	3	1	6	8	9	5
8	6	5	9	7	4	2	3	1
7	2	3	4	8	5	9	1	6
9	5	4	1	6	2	3	7	8
1	8	6	7	9	3	5	4	2

54

6	3	8	9	7	1	4	2	5
9	7	4	5	2	6	1	8	3
2	5	1	8	3	4	6	7	9
3	2	7	4	5	9	8	1	6
5	1	6	7	8	3	2	9	4
8	4	9	6	1	2	3	5	7
1	9	3	2	6	5	7	4	8
4	8	2	3	9	7	5	6	1
7	6	5	1	4	8	9	3	2

55

9	4	5	1	7	6	3	8	2
3	7	2	8	9	4	1	6	5
1	6	8	2	3	5	7	4	9
4	3	6	9	8	1	5	2	7
8	1	7	5	2	3	4	9	6
2	5	9	4	6	7	8	1	3
7	9	3	6	4	8	2	5	1
5	2	4	3	1	9	6	7	8
6	8	1	7	5	2	9	3	4

56

4	8	3	9	2	5	1	7	6
9	1	6	3	4	7	5	8	2
5	2	7	6	1	8	3	9	4
6	5	8	4	7	2	9	1	3
7	3	1	5	9	6	2	4	8
2	4	9	1	8	3	6	5	7
1	6	4	7	3	9	8	2	5
3	7	2	8	5	1	4	6	9
8	9	5	2	6	4	7	3	1

57

6	7	3	5	9	8	2	1	4
9	2	8	1	3	4	6	7	5
5	4	1	6	7	2	9	8	3
8	5	9	2	6	3	7	4	1
1	6	7	8	4	5	3	2	9
4	3	2	7	1	9	5	6	8
3	8	5	4	2	7	1	9	6
7	9	6	3	8	1	4	5	2
2	1	4	9	5	6	8	3	7

58

7	3	8	2	5	1	9	6	4
6	1	2	9	4	3	8	5	7
4	9	5	8	6	7	1	2	3
9	7	1	6	8	5	4	3	2
8	5	3	4	7	2	6	9	1
2	4	6	1	3	9	5	7	8
1	6	7	3	9	8	2	4	5
3	8	9	5	2	4	7	1	6
5	2	4	7	1	6	3	8	9

59

5	8	9	6	2	4	7	1	3
2	4	1	7	3	8	5	9	6
3	7	6	1	9	5	8	4	2
4	1	8	2	5	6	9	3	7
7	2	3	4	8	9	1	6	5
6	9	5	3	7	1	4	2	8
1	5	4	8	6	2	3	7	9
8	3	2	9	4	7	6	5	1
9	6	7	5	1	3	2	8	4

60

1	5	9	2	6	4	8	3	7
8	4	6	3	7	9	2	5	1
2	7	3	1	8	5	9	6	4
4	2	7	5	9	6	1	8	3
3	9	5	4	1	8	7	2	6
6	8	1	7	3	2	4	9	5
7	3	8	9	5	1	6	4	2
5	6	2	8	4	7	3	1	9
9	1	4	6	2	3	5	7	8

61

1	4	8	9	6	3	5	7	2
6	7	9	2	8	5	1	4	3
5	2	3	7	4	1	6	8	9
2	1	5	3	7	8	4	9	6
4	8	6	1	2	9	7	3	5
9	3	7	4	5	6	2	1	8
7	6	4	8	3	2	9	5	1
3	9	2	5	1	4	8	6	7
8	5	1	6	9	7	3	2	4

62

9	5	1	4	8	6	2	3	7
4	6	2	3	7	1	9	5	8
3	7	8	5	2	9	1	4	6
2	8	5	9	3	4	7	6	1
7	1	3	6	5	8	4	2	9
6	9	4	2	1	7	3	8	5
8	2	6	1	9	3	5	7	4
5	4	9	7	6	2	8	1	3
1	3	7	8	4	5	6	9	2

63

8	1	7	2	5	3	6	4	9
5	3	4	9	6	8	1	2	7
2	6	9	7	4	1	3	8	5
6	2	5	4	3	7	9	1	8
4	8	3	1	9	5	7	6	2
9	7	1	8	2	6	4	5	3
7	4	6	3	8	2	5	9	1
3	9	2	5	1	4	8	7	6
1	5	8	6	7	9	2	3	4

64

1	3	7	8	5	4	6	2	9
9	2	6	1	7	3	4	8	5
5	8	4	6	2	9	7	3	1
6	9	1	3	8	7	5	4	2
8	7	3	2	4	5	9	1	6
4	5	2	9	1	6	3	7	8
2	6	5	4	3	8	1	9	7
7	4	8	5	9	1	2	6	3
3	1	9	7	6	2	8	5	4

65

6	1	5	4	7	8	2	9	3
4	7	3	5	9	2	1	8	6
2	8	9	1	3	6	4	5	7
1	3	7	6	2	9	5	4	8
8	9	4	3	5	1	6	7	2
5	2	6	7	8	4	3	1	9
7	6	2	9	1	5	8	3	4
3	5	8	2	4	7	9	6	1
9	4	1	8	6	3	7	2	5

66

9	3	8	1	5	4	6	2	7
5	4	2	6	7	9	1	3	8
1	7	6	2	3	8	4	9	5
7	5	3	9	4	1	8	6	2
2	1	4	8	6	3	7	5	9
8	6	9	5	2	7	3	4	1
3	8	7	4	9	2	5	1	6
6	9	1	3	8	5	2	7	4
4	2	5	7	1	6	9	8	3

67

2	3	6	5	7	4	9	1	8
5	7	9	1	2	8	4	6	3
1	4	8	6	3	9	2	7	5
6	8	5	7	9	2	1	3	4
4	9	7	8	1	3	5	2	6
3	2	1	4	6	5	8	9	7
9	6	4	2	8	7	3	5	1
7	5	3	9	4	1	6	8	2
8	1	2	3	5	6	7	4	9

68

7	4	3	1	2	8	9	5	6
8	1	5	7	6	9	3	4	2
6	9	2	5	3	4	8	1	7
9	7	1	6	4	3	2	8	5
5	6	4	8	1	2	7	3	9
2	3	8	9	7	5	1	6	4
4	8	9	2	5	1	6	7	3
1	5	7	3	9	6	4	2	8
3	2	6	4	8	7	5	9	1

69

1	3	9	6	2	5	4	8	7
4	7	8	9	3	1	2	6	5
2	5	6	8	4	7	1	3	9
5	2	3	1	8	6	9	7	4
6	9	4	5	7	3	8	1	2
7	8	1	4	9	2	6	5	3
3	6	2	7	1	4	5	9	8
8	1	7	2	5	9	3	4	6
9	4	5	3	6	8	7	2	1

70

6	8	1	5	4	9	2	3	7
4	5	3	7	6	2	1	9	8
9	2	7	3	1	8	4	5	6
3	1	8	4	7	5	9	6	2
7	9	6	2	3	1	8	4	5
5	4	2	9	8	6	3	7	1
1	6	5	8	9	4	7	2	3
2	7	9	1	5	3	6	8	4
8	3	4	6	2	7	5	1	9

71

6	8	3	4	1	2	9	5	7
7	4	5	8	6	9	3	1	2
1	2	9	7	5	3	8	6	4
4	5	6	3	7	1	2	8	9
8	1	7	2	9	5	4	3	6
9	3	2	6	8	4	1	7	5
3	6	8	9	2	7	5	4	1
5	9	4	1	3	6	7	2	8
2	7	1	5	4	8	6	9	3

72

2	5	1	8	7	4	3	6	9
6	4	7	5	3	9	1	2	8
9	3	8	6	2	1	7	4	5
5	8	9	2	1	7	4	3	6
3	7	4	9	6	5	2	8	1
1	6	2	3	4	8	9	5	7
7	2	5	4	9	6	8	1	3
8	9	3	1	5	2	6	7	4
4	1	6	7	8	3	5	9	2

73

8	2	6	3	5	1	4	7	9
4	9	1	6	7	2	8	3	5
3	7	5	9	8	4	6	1	2
9	4	3	5	6	7	2	8	1
2	5	8	4	1	3	9	6	7
1	6	7	2	9	8	3	5	4
7	3	2	8	4	5	1	9	6
5	8	9	1	2	6	7	4	3
6	1	4	7	3	9	5	2	8

74

6	2	7	9	3	1	4	5	8
1	8	4	5	7	6	9	2	3
3	9	5	4	8	2	6	7	1
4	3	6	7	1	8	5	9	2
5	7	8	2	9	4	3	1	6
2	1	9	6	5	3	8	4	7
7	4	3	1	6	9	2	8	5
8	5	2	3	4	7	1	6	9
9	6	1	8	2	5	7	3	4

75

1	2	8	3	9	4	7	6	5
6	3	9	5	7	1	2	4	8
5	7	4	6	8	2	9	1	3
9	8	7	1	4	5	3	2	6
2	4	5	9	6	3	8	7	1
3	6	1	8	2	7	4	5	9
4	9	3	7	5	6	1	8	2
8	5	2	4	1	9	6	3	7
7	1	6	2	3	8	5	9	4

76

7	1	6	8	3	9	4	5	2
4	8	3	2	5	6	7	1	9
5	9	2	7	1	4	6	3	8
6	3	5	1	8	7	9	2	4
2	4	1	9	6	3	8	7	5
9	7	8	5	4	2	3	6	1
8	2	4	6	7	1	5	9	3
1	5	7	3	9	8	2	4	6
3	6	9	4	2	5	1	8	7

77

5	3	7	1	4	6	8	2	9
6	4	2	9	5	8	3	7	1
8	1	9	7	2	3	6	4	5
9	7	1	6	3	2	4	5	8
2	6	8	4	1	5	7	9	3
3	5	4	8	7	9	1	6	2
7	8	5	3	9	4	2	1	6
4	9	3	2	6	1	5	8	7
1	2	6	5	8	7	9	3	4

78

6	2	5	7	3	9	4	8	1
8	9	3	6	1	4	5	7	2
4	1	7	2	5	8	6	3	9
1	3	9	8	2	6	7	4	5
2	5	8	4	7	1	9	6	3
7	4	6	5	9	3	2	1	8
5	8	2	3	6	7	1	9	4
3	7	1	9	4	2	8	5	6
9	6	4	1	8	5	3	2	7

79

8	2	7	3	4	9	1	6	5
9	5	6	7	1	2	8	4	3
4	1	3	8	5	6	2	7	9
5	9	2	1	3	7	6	8	4
1	6	8	2	9	4	5	3	7
7	3	4	5	6	8	9	2	1
6	7	1	9	8	3	4	5	2
3	4	9	6	2	5	7	1	8
2	8	5	4	7	1	3	9	6

80

9	8	2	4	1	3	5	7	6
1	4	3	7	5	6	2	9	8
5	7	6	9	8	2	3	4	1
2	9	5	8	3	7	1	6	4
8	1	4	2	6	9	7	3	5
3	6	7	5	4	1	9	8	2
6	5	9	3	2	8	4	1	7
7	2	1	6	9	4	8	5	3
4	3	8	1	7	5	6	2	9

81

8	5	1	2	6	9	7	4	3
2	3	9	8	4	7	5	1	6
6	7	4	1	5	3	8	2	9
7	4	5	9	2	6	1	3	8
1	8	3	5	7	4	6	9	2
9	6	2	3	1	8	4	5	7
3	1	7	6	9	5	2	8	4
5	9	6	4	8	2	3	7	1
4	2	8	7	3	1	9	6	5

82

2	6	9	1	4	8	5	7	3
4	3	1	2	5	7	9	8	6
8	7	5	6	9	3	2	1	4
7	4	8	9	6	1	3	2	5
9	2	3	4	8	5	1	6	7
5	1	6	3	7	2	8	4	9
3	5	2	7	1	6	4	9	8
1	9	7	8	3	4	6	5	2
6	8	4	5	2	9	7	3	1

83

8	2	7	6	9	5	3	1	4
5	9	6	3	1	4	7	2	8
1	4	3	7	2	8	9	5	6
2	8	4	1	3	7	6	9	5
6	3	1	5	8	9	2	4	7
9	7	5	4	6	2	8	3	1
4	6	2	9	7	1	5	8	3
7	5	8	2	4	3	1	6	9
3	1	9	8	5	6	4	7	2

84

7	5	9	6	1	8	2	3	4
8	4	1	3	5	2	9	7	6
3	2	6	9	7	4	8	5	1
6	3	4	2	9	1	5	8	7
1	7	5	4	8	3	6	2	9
9	8	2	5	6	7	4	1	3
4	9	7	1	2	5	3	6	8
2	1	3	8	4	6	7	9	5
5	6	8	7	3	9	1	4	2

85

9	1	5	7	6	2	8	4	3
7	4	3	5	9	8	6	1	2
6	2	8	3	4	1	7	5	9
2	6	9	4	7	3	5	8	1
5	7	1	8	2	9	4	3	6
8	3	4	6	1	5	2	9	7
3	5	6	1	8	7	9	2	4
1	9	7	2	5	4	3	6	8
4	8	2	9	3	6	1	7	5

86

4	1	2	8	7	3	6	9	5
6	3	5	1	4	9	7	8	2
7	8	9	2	6	5	3	1	4
2	5	7	6	8	4	9	3	1
8	4	3	9	1	2	5	6	7
9	6	1	3	5	7	2	4	8
5	2	6	4	3	8	1	7	9
3	7	4	5	9	1	8	2	6
1	9	8	7	2	6	4	5	3

87

5	7	6	4	8	9	2	3	1
8	2	3	7	5	1	6	4	9
4	1	9	3	6	2	7	5	8
3	5	4	8	7	6	9	1	2
1	9	7	5	2	4	3	8	6
6	8	2	9	1	3	4	7	5
7	6	5	2	4	8	1	9	3
2	3	8	1	9	7	5	6	4
9	4	1	6	3	5	8	2	7

88

5	2	9	4	1	6	3	7	8
1	7	4	5	8	3	9	6	2
8	3	6	7	9	2	1	5	4
3	1	7	6	2	5	4	8	9
9	5	8	1	4	7	6	2	3
4	6	2	9	3	8	5	1	7
2	9	3	8	5	1	7	4	6
6	4	5	2	7	9	8	3	1
7	8	1	3	6	4	2	9	5

89

4	3	8	2	7	1	5	9	6
9	6	2	5	4	8	3	7	1
7	1	5	6	9	3	8	2	4
5	2	3	9	1	6	7	4	8
6	4	1	7	8	2	9	5	3
8	7	9	3	5	4	1	6	2
1	9	6	4	3	5	2	8	7
3	5	4	8	2	7	6	1	9
2	8	7	1	6	9	4	3	5

90

7	2	4	6	1	9	8	5	3
6	9	5	7	3	8	2	4	1
1	3	8	4	5	2	7	6	9
5	1	2	8	7	3	4	9	6
3	7	6	5	9	4	1	2	8
4	8	9	2	6	1	3	7	5
8	6	3	9	4	7	5	1	2
9	4	1	3	2	5	6	8	7
2	5	7	1	8	6	9	3	4

91

9	6	2	1	5	4	8	3	7
1	8	4	3	7	9	6	2	5
3	5	7	2	8	6	9	1	4
6	9	5	4	3	8	1	7	2
7	4	8	5	2	1	3	9	6
2	1	3	9	6	7	5	4	8
8	3	9	6	4	2	7	5	1
5	2	6	7	1	3	4	8	9
4	7	1	8	9	5	2	6	3

92

3	7	2	5	4	9	8	6	1
1	9	8	2	3	6	5	7	4
5	4	6	8	7	1	2	3	9
7	5	9	6	2	8	1	4	3
8	1	3	4	9	7	6	2	5
6	2	4	1	5	3	7	9	8
2	8	7	9	1	4	3	5	6
4	3	1	7	6	5	9	8	2
9	6	5	3	8	2	4	1	7

93

8	2	5	4	6	9	1	7	3
3	4	1	7	5	8	2	6	9
6	9	7	1	3	2	8	5	4
1	3	2	8	4	5	6	9	7
7	5	8	3	9	6	4	2	1
9	6	4	2	7	1	5	3	8
4	1	9	6	2	3	7	8	5
2	7	3	5	8	4	9	1	6
5	8	6	9	1	7	3	4	2

94

4	2	8	9	5	6	7	1	3
1	6	7	4	3	2	8	9	5
9	3	5	7	1	8	4	2	6
8	5	3	6	7	1	9	4	2
6	7	4	8	2	9	5	3	1
2	9	1	5	4	3	6	8	7
5	1	9	2	6	4	3	7	8
3	4	6	1	8	7	2	5	9
7	8	2	3	9	5	1	6	4

95

8	3	1	6	2	4	9	7	5
4	5	6	8	9	7	3	1	2
7	2	9	5	1	3	4	6	8
2	7	8	9	4	6	5	3	1
1	6	5	2	3	8	7	4	9
9	4	3	7	5	1	8	2	6
6	8	4	1	7	9	2	5	3
3	1	2	4	8	5	6	9	7
5	9	7	3	6	2	1	8	4

96

9	2	5	3	6	4	7	8	1
8	6	7	5	1	9	4	2	3
3	4	1	2	8	7	6	5	9
2	5	8	4	9	3	1	7	6
1	7	3	6	2	8	5	9	4
4	9	6	7	5	1	2	3	8
6	3	9	1	7	5	8	4	2
7	1	4	8	3	2	9	6	5
5	8	2	9	4	6	3	1	7

97

4	8	2	5	7	9	1	3	6
6	1	7	3	4	2	9	8	5
5	9	3	6	8	1	4	2	7
7	2	1	9	5	8	6	4	3
9	4	5	2	3	6	8	7	1
8	3	6	7	1	4	2	5	9
1	7	9	4	2	3	5	6	8
3	6	4	8	9	5	7	1	2
2	5	8	1	6	7	3	9	4

98

2	6	5	3	9	4	7	8	1
4	9	7	1	2	8	6	3	5
8	3	1	6	5	7	4	2	9
9	7	2	8	1	3	5	4	6
5	4	3	7	6	9	8	1	2
1	8	6	2	4	5	3	9	7
3	2	9	4	7	6	1	5	8
6	1	8	5	3	2	9	7	4
7	5	4	9	8	1	2	6	3

99

8	3	5	6	4	9	7	1	2
2	4	6	1	7	5	3	8	9
7	9	1	2	8	3	5	6	4
1	7	3	4	2	8	6	9	5
4	2	9	5	6	7	1	3	8
5	6	8	3	9	1	4	2	7
9	5	2	7	1	6	8	4	3
3	1	4	8	5	2	9	7	6
6	8	7	9	3	4	2	5	1

100

6	8	3	9	5	1	7	2	4
1	9	4	8	2	7	5	3	6
5	2	7	3	4	6	1	8	9
4	5	9	1	6	8	3	7	2
7	3	8	2	9	4	6	1	5
2	1	6	5	7	3	4	9	8
9	7	2	4	1	5	8	6	3
8	6	5	7	3	9	2	4	1
3	4	1	6	8	2	9	5	7

101

8	3	9	5	4	7	1	2	6
4	5	1	2	6	3	7	9	8
6	2	7	1	8	9	4	3	5
1	8	3	7	9	5	6	4	2
5	9	2	4	1	6	3	8	7
7	4	6	3	2	8	9	5	1
2	1	8	9	7	4	5	6	3
9	7	5	6	3	2	8	1	4
3	6	4	8	5	1	2	7	9

102

9	4	5	7	2	6	3	8	1
2	1	6	8	3	4	9	7	5
3	7	8	5	9	1	6	2	4
7	9	3	4	5	8	2	1	6
5	6	2	9	1	7	8	4	3
4	8	1	2	6	3	5	9	7
1	3	9	6	7	2	4	5	8
6	5	4	1	8	9	7	3	2
8	2	7	3	4	5	1	6	9

103

3	9	2	1	5	4	6	7	8
5	7	6	8	9	2	3	1	4
4	8	1	3	6	7	2	9	5
1	6	3	5	2	8	9	4	7
8	2	7	9	4	1	5	3	6
9	4	5	6	7	3	1	8	2
7	5	8	2	3	9	4	6	1
2	1	9	4	8	6	7	5	3
6	3	4	7	1	5	8	2	9

104

4	1	3	2	7	6	5	8	9
6	9	5	3	8	1	4	7	2
8	7	2	5	4	9	3	1	6
7	5	6	4	2	3	1	9	8
2	8	1	6	9	5	7	3	4
9	3	4	8	1	7	6	2	5
5	6	9	1	3	8	2	4	7
3	4	7	9	6	2	8	5	1
1	2	8	7	5	4	9	6	3

105

3	4	1	7	8	5	2	6	9
7	8	5	6	9	2	4	1	3
6	9	2	3	1	4	5	7	8
1	7	6	2	4	3	8	9	5
8	5	3	9	6	1	7	4	2
9	2	4	8	5	7	1	3	6
2	6	8	1	7	9	3	5	4
5	1	9	4	3	8	6	2	7
4	3	7	5	2	6	9	8	1

106

4	3	7	8	6	2	5	9	1
1	6	5	3	9	7	8	4	2
8	9	2	5	4	1	7	3	6
9	1	8	4	2	5	3	6	7
3	2	4	1	7	6	9	5	8
5	7	6	9	3	8	2	1	4
7	4	1	2	5	9	6	8	3
6	5	3	7	8	4	1	2	9
2	8	9	6	1	3	4	7	5

107

2	8	7	5	6	9	3	4	1
4	3	5	7	8	1	9	6	2
9	1	6	4	2	3	7	8	5
7	6	3	9	4	2	5	1	8
1	4	8	3	7	5	2	9	6
5	2	9	8	1	6	4	3	7
8	7	1	2	3	4	6	5	9
3	5	2	6	9	8	1	7	4
6	9	4	1	5	7	8	2	3

108

8	7	2	3	9	4	6	1	5
3	4	9	1	6	5	8	2	7
1	5	6	7	8	2	9	3	4
4	9	3	8	5	7	1	6	2
7	6	8	2	1	3	4	5	9
5	2	1	9	4	6	3	7	8
6	1	7	4	2	8	5	9	3
9	3	4	5	7	1	2	8	6
2	8	5	6	3	9	7	4	1

109

6	4	8	2	3	9	1	7	5
2	5	1	8	7	4	3	9	6
9	7	3	5	6	1	4	2	8
1	6	2	3	5	7	9	8	4
7	8	4	9	2	6	5	3	1
3	9	5	4	1	8	7	6	2
5	1	6	7	9	2	8	4	3
8	3	7	6	4	5	2	1	9
4	2	9	1	8	3	6	5	7

110

8	5	7	6	1	9	3	4	2
6	2	1	4	7	3	8	5	9
9	3	4	8	5	2	7	6	1
3	6	5	2	9	1	4	8	7
1	7	8	5	3	4	9	2	6
2	4	9	7	6	8	5	1	3
4	9	2	3	8	6	1	7	5
5	8	3	1	2	7	6	9	4
7	1	6	9	4	5	2	3	8

111

9	1	2	5	6	7	3	8	4
4	6	5	8	3	1	2	7	9
7	3	8	9	4	2	5	6	1
5	7	4	3	9	8	1	2	6
3	2	9	1	5	6	7	4	8
1	8	6	2	7	4	9	3	5
2	9	3	6	8	5	4	1	7
8	4	1	7	2	9	6	5	3
6	5	7	4	1	3	8	9	2

112

2	8	3	4	6	5	7	9	1
7	4	1	3	8	9	5	2	6
6	5	9	2	7	1	4	3	8
5	6	2	7	4	8	9	1	3
8	9	7	1	2	3	6	5	4
1	3	4	5	9	6	2	8	7
9	2	8	6	3	4	1	7	5
3	1	6	9	5	7	8	4	2
4	7	5	8	1	2	3	6	9

113

2	7	3	8	1	9	5	4	6
5	6	9	3	2	4	7	8	1
1	8	4	7	5	6	2	9	3
7	9	2	1	4	8	3	6	5
3	4	1	9	6	5	8	2	7
6	5	8	2	3	7	4	1	9
4	3	6	5	9	2	1	7	8
8	2	5	6	7	1	9	3	4
9	1	7	4	8	3	6	5	2

114

3	1	7	9	8	4	6	2	5
6	4	5	2	3	1	9	8	7
8	2	9	5	6	7	1	3	4
2	9	8	4	5	3	7	6	1
5	3	1	7	2	6	8	4	9
7	6	4	1	9	8	3	5	2
9	8	2	3	1	5	4	7	6
4	5	6	8	7	9	2	1	3
1	7	3	6	4	2	5	9	8

115

9	3	6	8	7	4	2	5	1
1	8	5	9	2	3	6	7	4
7	2	4	5	6	1	8	9	3
3	1	7	4	9	8	5	6	2
4	9	2	6	1	5	3	8	7
6	5	8	2	3	7	4	1	9
2	6	1	3	8	9	7	4	5
5	7	3	1	4	6	9	2	8
8	4	9	7	5	2	1	3	6

116

7	1	8	9	3	2	4	5	6
5	9	4	7	6	8	3	2	1
6	2	3	4	5	1	8	9	7
9	6	1	2	4	3	5	7	8
8	3	7	1	9	5	6	4	2
2	4	5	8	7	6	9	1	3
1	5	2	6	8	4	7	3	9
4	7	6	3	2	9	1	8	5
3	8	9	5	1	7	2	6	4

117

6	4	7	2	8	5	1	3	9
1	3	8	9	6	7	2	5	4
9	2	5	4	1	3	7	8	6
5	7	9	6	2	1	3	4	8
4	6	3	7	9	8	5	1	2
8	1	2	3	5	4	9	6	7
2	8	6	1	3	9	4	7	5
3	5	4	8	7	2	6	9	1
7	9	1	5	4	6	8	2	3

118

5	1	8	2	3	6	4	9	7
7	4	6	5	9	1	3	2	8
3	2	9	8	4	7	1	6	5
2	6	4	7	5	8	9	3	1
8	3	7	1	6	9	5	4	2
1	9	5	4	2	3	7	8	6
4	8	2	3	7	5	6	1	9
9	5	1	6	8	4	2	7	3
6	7	3	9	1	2	8	5	4

119

6	2	3	4	8	5	7	1	9
7	1	8	6	3	9	2	4	5
4	9	5	2	7	1	6	3	8
5	3	1	9	6	8	4	7	2
8	7	4	1	2	3	5	9	6
2	6	9	7	5	4	3	8	1
3	5	2	8	1	7	9	6	4
9	8	6	3	4	2	1	5	7
1	4	7	5	9	6	8	2	3

120

8	6	2	7	9	5	3	4	1
3	9	7	6	1	4	2	8	5
4	5	1	2	3	8	9	6	7
6	7	4	5	8	3	1	9	2
9	3	8	4	2	1	7	5	6
1	2	5	9	6	7	8	3	4
5	4	3	8	7	2	6	1	9
7	1	9	3	5	6	4	2	8
2	8	6	1	4	9	5	7	3

121

4	6	9	8	3	7	5	2	1
5	1	7	4	6	2	9	3	8
3	8	2	9	1	5	7	4	6
6	2	3	7	9	4	8	1	5
1	9	4	5	8	3	2	6	7
8	7	5	6	2	1	3	9	4
9	5	1	2	7	6	4	8	3
7	3	8	1	4	9	6	5	2
2	4	6	3	5	8	1	7	9

122

9	3	6	5	2	8	1	7	4
8	1	7	3	6	4	9	2	5
2	5	4	9	7	1	3	8	6
1	4	3	7	9	5	8	6	2
7	6	9	8	4	2	5	1	3
5	2	8	1	3	6	4	9	7
3	8	5	6	1	7	2	4	9
6	9	2	4	8	3	7	5	1
4	7	1	2	5	9	6	3	8

123

5	7	1	2	3	6	8	9	4
3	9	2	4	8	1	6	5	7
4	6	8	7	5	9	1	2	3
1	2	9	5	4	7	3	6	8
6	3	7	8	1	2	9	4	5
8	4	5	9	6	3	2	7	1
9	8	3	6	7	4	5	1	2
2	1	4	3	9	5	7	8	6
7	5	6	1	2	8	4	3	9

124

8	4	1	7	6	2	3	9	5
9	2	3	1	5	4	7	6	8
7	5	6	3	8	9	4	2	1
6	3	9	2	1	7	8	5	4
2	8	4	5	9	3	6	1	7
1	7	5	8	4	6	9	3	2
3	9	7	4	2	5	1	8	6
4	1	2	6	3	8	5	7	9
5	6	8	9	7	1	2	4	3

125

2	9	6	7	5	3	4	8	1
5	1	7	4	2	8	6	9	3
3	8	4	9	6	1	5	2	7
7	3	9	2	1	4	8	6	5
1	4	8	5	9	6	3	7	2
6	5	2	8	3	7	9	1	4
8	6	3	1	4	2	7	5	9
4	2	5	6	7	9	1	3	8
9	7	1	3	8	5	2	4	6

126

3	7	1	8	2	6	9	5	4
8	5	2	4	9	3	1	6	7
9	4	6	1	5	7	8	2	3
1	3	4	6	8	9	2	7	5
6	9	7	5	1	2	3	4	8
2	8	5	7	3	4	6	9	1
4	6	3	9	7	1	5	8	2
7	1	8	2	6	5	4	3	9
5	2	9	3	4	8	7	1	6

127

7	9	1	5	4	6	8	3	2
5	2	6	3	7	8	4	1	9
8	3	4	1	2	9	7	6	5
4	6	7	2	5	1	3	9	8
9	8	5	4	6	3	2	7	1
2	1	3	9	8	7	6	5	4
3	5	8	7	1	2	9	4	6
1	7	2	6	9	4	5	8	3
6	4	9	8	3	5	1	2	7

128

7	6	4	8	1	9	3	5	2
3	8	9	7	2	5	1	4	6
2	1	5	4	3	6	9	8	7
4	9	7	6	5	8	2	1	3
1	5	3	2	4	7	6	9	8
6	2	8	3	9	1	5	7	4
9	4	6	1	7	2	8	3	5
8	7	1	5	6	3	4	2	9
5	3	2	9	8	4	7	6	1

129

3	8	4	2	1	6	9	7	5
1	5	9	7	3	4	6	2	8
6	7	2	8	5	9	1	3	4
2	6	5	9	8	3	7	4	1
8	1	7	4	6	2	3	5	9
4	9	3	5	7	1	2	8	6
5	2	8	6	9	7	4	1	3
7	3	6	1	4	8	5	9	2
9	4	1	3	2	5	8	6	7

130

3	2	1	5	7	8	6	4	9
7	4	8	9	6	1	3	2	5
9	6	5	2	3	4	1	8	7
2	8	4	7	5	3	9	6	1
5	9	6	4	1	2	7	3	8
1	3	7	6	8	9	4	5	2
8	5	9	1	4	6	2	7	3
4	1	3	8	2	7	5	9	6
6	7	2	3	9	5	8	1	4

131

8	4	6	7	9	2	5	3	1
1	2	3	5	6	8	4	7	9
5	7	9	3	1	4	8	2	6
2	1	7	8	3	9	6	4	5
9	3	8	4	5	6	7	1	2
6	5	4	2	7	1	3	9	8
3	6	1	9	8	7	2	5	4
4	8	5	1	2	3	9	6	7
7	9	2	6	4	5	1	8	3

132

9	8	7	6	3	5	1	2	4
3	2	4	8	1	9	6	7	5
1	5	6	7	2	4	9	8	3
7	6	1	2	4	8	3	5	9
5	3	2	9	7	6	8	4	1
4	9	8	1	5	3	2	6	7
8	7	5	3	9	2	4	1	6
6	4	3	5	8	1	7	9	2
2	1	9	4	6	7	5	3	8

133

5	8	2	6	7	9	1	4	3
7	3	9	5	4	1	6	2	8
1	4	6	2	8	3	5	7	9
4	9	8	3	2	5	7	1	6
6	2	7	9	1	8	4	3	5
3	5	1	7	6	4	9	8	2
9	7	4	8	3	6	2	5	1
2	6	3	1	5	7	8	9	4
8	1	5	4	9	2	3	6	7

134

2	7	4	3	8	6	9	1	5
9	5	3	1	4	7	8	6	2
6	1	8	9	2	5	7	3	4
7	9	5	2	6	1	3	4	8
3	8	2	5	9	4	1	7	6
4	6	1	8	7	3	5	2	9
8	3	7	4	5	2	6	9	1
5	2	6	7	1	9	4	8	3
1	4	9	6	3	8	2	5	7

135

5	4	6	7	9	8	1	2	3
9	2	1	5	6	3	4	8	7
3	8	7	1	4	2	9	5	6
1	9	8	3	2	5	6	7	4
4	7	5	8	1	6	2	3	9
6	3	2	4	7	9	8	1	5
2	5	4	6	8	7	3	9	1
8	6	3	9	5	1	7	4	2
7	1	9	2	3	4	5	6	8

136

3	9	5	1	7	4	2	8	6
6	8	7	9	3	2	4	1	5
2	4	1	6	5	8	7	3	9
8	7	9	2	1	6	5	4	3
4	6	2	5	9	3	1	7	8
5	1	3	8	4	7	6	9	2
7	3	8	4	6	5	9	2	1
9	2	6	7	8	1	3	5	4
1	5	4	3	2	9	8	6	7

137

4	9	3	2	6	7	5	8	1
5	6	2	4	1	8	3	9	7
8	1	7	9	3	5	2	4	6
6	5	9	7	4	1	8	2	3
2	7	8	5	9	3	1	6	4
1	3	4	8	2	6	7	5	9
9	8	5	1	7	4	6	3	2
3	4	1	6	5	2	9	7	8
7	2	6	3	8	9	4	1	5

138

4	6	7	9	3	8	5	2	1
9	8	3	5	2	1	7	6	4
1	2	5	7	4	6	3	8	9
3	1	8	2	5	9	4	7	6
7	9	2	6	1	4	8	3	5
5	4	6	8	7	3	1	9	2
2	7	9	1	8	5	6	4	3
8	5	4	3	6	2	9	1	7
6	3	1	4	9	7	2	5	8

139

4	9	2	3	1	6	5	8	7
8	3	5	4	7	9	6	2	1
1	6	7	8	2	5	3	4	9
3	5	8	1	9	2	4	7	6
2	7	1	6	4	3	9	5	8
6	4	9	5	8	7	1	3	2
7	8	4	9	3	1	2	6	5
9	2	6	7	5	4	8	1	3
5	1	3	2	6	8	7	9	4

140

8	1	3	5	6	2	9	4	7
5	4	2	9	3	7	8	1	6
7	9	6	1	8	4	2	3	5
3	5	1	8	7	6	4	9	2
9	2	4	3	5	1	6	7	8
6	8	7	4	2	9	1	5	3
2	3	9	6	4	5	7	8	1
1	6	5	7	9	8	3	2	4
4	7	8	2	1	3	5	6	9

141

2	7	1	8	6	4	9	3	5
3	8	6	5	2	9	7	1	4
5	9	4	3	7	1	2	8	6
4	3	7	6	9	5	8	2	1
6	5	8	2	1	7	4	9	3
9	1	2	4	8	3	5	6	7
7	6	9	1	4	2	3	5	8
8	2	5	7	3	6	1	4	9
1	4	3	9	5	8	6	7	2

142

7	3	8	9	1	6	2	4	5
4	9	5	7	2	3	1	8	6
1	6	2	4	8	5	3	7	9
9	8	3	2	5	1	4	6	7
6	2	4	3	7	9	5	1	8
5	7	1	6	4	8	9	3	2
2	1	6	8	9	4	7	5	3
3	4	7	5	6	2	8	9	1
8	5	9	1	3	7	6	2	4

143

5	7	3	2	1	6	4	8	9
4	8	1	9	7	3	2	6	5
2	6	9	5	4	8	1	3	7
3	9	5	6	2	1	8	7	4
7	4	6	3	8	9	5	1	2
8	1	2	4	5	7	3	9	6
6	3	4	8	9	2	7	5	1
1	2	8	7	6	5	9	4	3
9	5	7	1	3	4	6	2	8

144

3	5	8	9	4	1	7	6	2
4	7	9	6	2	8	5	3	1
6	2	1	3	7	5	4	9	8
7	6	5	8	9	3	2	1	4
1	3	2	7	6	4	9	8	5
9	8	4	5	1	2	3	7	6
2	4	3	1	8	9	6	5	7
8	9	7	4	5	6	1	2	3
5	1	6	2	3	7	8	4	9

145

4	3	1	5	7	8	2	9	6
5	8	7	2	6	9	1	4	3
6	9	2	4	1	3	8	7	5
7	1	6	9	3	4	5	8	2
2	4	3	7	8	5	6	1	9
8	5	9	6	2	1	4	3	7
9	7	5	8	4	2	3	6	1
3	6	4	1	5	7	9	2	8
1	2	8	3	9	6	7	5	4

146

4	6	9	3	7	2	5	1	8
2	7	5	6	8	1	9	3	4
8	1	3	9	4	5	6	2	7
6	4	2	5	9	8	3	7	1
5	8	1	2	3	7	4	9	6
9	3	7	1	6	4	8	5	2
1	9	4	8	2	3	7	6	5
3	2	8	7	5	6	1	4	9
7	5	6	4	1	9	2	8	3

147

8	1	4	9	6	5	3	2	7
5	7	2	8	1	3	9	6	4
9	6	3	4	7	2	1	8	5
2	8	1	3	5	9	7	4	6
4	9	6	1	2	7	5	3	8
7	3	5	6	8	4	2	9	1
6	2	8	7	3	1	4	5	9
1	5	9	2	4	6	8	7	3
3	4	7	5	9	8	6	1	2

148

9	6	7	4	8	3	2	5	1
8	3	1	5	7	2	9	4	6
5	2	4	6	9	1	8	3	7
2	7	8	9	5	6	4	1	3
4	9	3	8	1	7	5	6	2
6	1	5	2	3	4	7	8	9
7	4	9	1	6	8	3	2	5
3	8	6	7	2	5	1	9	4
1	5	2	3	4	9	6	7	8

149

4	5	9	3	8	6	7	1	2
2	3	8	7	4	1	6	5	9
7	6	1	5	2	9	8	4	3
8	2	6	9	3	4	1	7	5
1	4	3	2	5	7	9	8	6
9	7	5	1	6	8	2	3	4
6	9	4	8	1	5	3	2	7
5	8	2	6	7	3	4	9	1
3	1	7	4	9	2	5	6	8

150

4	1	8	7	2	3	9	5	6
5	2	7	6	8	9	4	3	1
3	9	6	5	4	1	2	7	8
6	3	9	4	1	8	5	2	7
1	4	2	3	7	5	8	6	9
7	8	5	9	6	2	1	4	3
9	7	4	1	5	6	3	8	2
8	6	1	2	3	4	7	9	5
2	5	3	8	9	7	6	1	4

151

2	3	6	5	7	9	8	4	1
7	5	4	1	6	8	3	9	2
9	8	1	4	2	3	5	6	7
4	7	9	2	3	1	6	8	5
3	6	2	7	8	5	9	1	4
5	1	8	6	9	4	7	2	3
6	4	3	8	1	7	2	5	9
8	9	5	3	4	2	1	7	6
1	2	7	9	5	6	4	3	8

152

5	9	1	3	4	6	8	2	7
6	3	8	7	2	5	9	4	1
2	4	7	8	1	9	3	6	5
1	7	9	5	3	2	6	8	4
8	6	5	9	7	4	1	3	2
3	2	4	6	8	1	7	5	9
7	1	2	4	6	8	5	9	3
9	8	3	2	5	7	4	1	6
4	5	6	1	9	3	2	7	8

153

9	3	7	5	4	6	2	8	1
6	2	5	1	8	7	4	3	9
4	8	1	3	9	2	6	5	7
3	4	2	8	1	5	9	7	6
7	5	8	4	6	9	1	2	3
1	9	6	2	7	3	5	4	8
2	7	4	6	3	1	8	9	5
8	6	9	7	5	4	3	1	2
5	1	3	9	2	8	7	6	4

154

9	4	1	5	6	7	8	3	2
8	6	7	9	2	3	4	5	1
2	3	5	4	1	8	6	9	7
6	5	8	7	4	1	3	2	9
3	7	4	2	9	6	1	8	5
1	2	9	3	8	5	7	6	4
5	1	2	6	3	4	9	7	8
4	9	6	8	7	2	5	1	3
7	8	3	1	5	9	2	4	6

155

5	8	1	2	9	4	6	7	3
9	3	7	1	8	6	2	5	4
4	2	6	7	3	5	9	1	8
7	9	3	5	1	2	8	4	6
8	6	5	9	4	7	3	2	1
2	1	4	3	6	8	5	9	7
3	5	2	6	7	1	4	8	9
1	4	9	8	5	3	7	6	2
6	7	8	4	2	9	1	3	5

156

3	1	7	2	5	8	4	6	9
6	5	8	9	3	4	7	2	1
9	2	4	6	7	1	5	8	3
7	6	1	4	8	3	2	9	5
2	3	5	1	9	6	8	4	7
8	4	9	7	2	5	3	1	6
5	9	3	8	1	2	6	7	4
1	8	6	5	4	7	9	3	2
4	7	2	3	6	9	1	5	8

157

1	2	4	5	7	3	9	6	8
6	3	7	9	8	1	5	2	4
9	5	8	2	4	6	1	3	7
2	1	9	8	5	4	3	7	6
7	8	5	6	3	2	4	1	9
4	6	3	1	9	7	8	5	2
8	7	1	3	2	9	6	4	5
3	9	2	4	6	5	7	8	1
5	4	6	7	1	8	2	9	3

158

3	1	9	7	8	2	4	6	5
7	4	8	6	5	9	3	2	1
5	6	2	4	1	3	8	9	7
1	3	4	2	7	5	9	8	6
9	7	6	1	3	8	5	4	2
8	2	5	9	6	4	7	1	3
4	8	3	5	2	6	1	7	9
6	5	1	8	9	7	2	3	4
2	9	7	3	4	1	6	5	8

159

6	1	8	7	9	2	5	4	3
7	9	4	5	3	1	6	2	8
3	5	2	8	6	4	1	9	7
9	8	1	3	4	6	2	7	5
2	3	7	1	5	9	8	6	4
5	4	6	2	8	7	9	3	1
1	7	9	4	2	5	3	8	6
4	6	3	9	1	8	7	5	2
8	2	5	6	7	3	4	1	9

160

3	9	7	8	1	5	4	2	6
8	2	1	9	6	4	5	3	7
5	6	4	3	7	2	8	9	1
4	5	2	6	8	9	1	7	3
1	3	8	2	5	7	6	4	9
6	7	9	4	3	1	2	8	5
7	8	5	1	4	3	9	6	2
2	4	3	5	9	6	7	1	8
9	1	6	7	2	8	3	5	4

161

8	9	4	7	6	2	5	1	3
3	6	5	8	1	9	4	2	7
2	7	1	5	3	4	6	9	8
6	4	3	2	9	5	8	7	1
9	5	8	1	7	6	2	3	4
1	2	7	3	4	8	9	5	6
4	3	6	9	5	7	1	8	2
7	8	9	4	2	1	3	6	5
5	1	2	6	8	3	7	4	9

162

4	2	6	3	7	1	5	8	9
7	8	5	4	9	6	3	2	1
1	3	9	5	2	8	7	6	4
8	1	2	7	4	3	6	9	5
9	6	3	1	5	2	8	4	7
5	7	4	8	6	9	1	3	2
3	5	7	2	8	4	9	1	6
6	4	8	9	1	5	2	7	3
2	9	1	6	3	7	4	5	8

163

2	9	3	1	4	5	8	6	7
6	4	1	3	7	8	9	5	2
8	5	7	2	6	9	4	1	3
4	1	8	5	2	6	7	3	9
3	7	2	4	9	1	5	8	6
9	6	5	7	8	3	1	2	4
1	3	4	6	5	7	2	9	8
7	8	6	9	1	2	3	4	5
5	2	9	8	3	4	6	7	1

164

3	9	6	4	7	5	8	1	2
4	5	2	3	1	8	6	9	7
1	8	7	2	9	6	5	3	4
5	2	9	8	3	7	1	4	6
7	4	1	6	5	2	9	8	3
8	6	3	1	4	9	7	2	5
6	7	4	9	8	3	2	5	1
2	3	8	5	6	1	4	7	9
9	1	5	7	2	4	3	6	8

165

5	6	7	1	9	8	4	3	2
8	3	9	2	5	4	6	7	1
2	1	4	7	3	6	8	5	9
4	7	8	9	1	3	2	6	5
1	9	2	6	4	5	3	8	7
6	5	3	8	7	2	9	1	4
7	2	1	3	6	9	5	4	8
3	8	5	4	2	7	1	9	6
9	4	6	5	8	1	7	2	3

166

3	4	2	5	7	6	1	8	9
7	9	6	8	1	2	3	4	5
1	8	5	3	4	9	2	7	6
6	1	4	9	3	7	5	2	8
5	7	3	4	2	8	9	6	1
9	2	8	6	5	1	4	3	7
8	3	9	1	6	4	7	5	2
4	6	7	2	9	5	8	1	3
2	5	1	7	8	3	6	9	4

167

4	3	1	6	8	5	7	2	9
2	8	6	9	7	4	1	3	5
7	5	9	1	2	3	8	6	4
8	1	3	7	5	2	9	4	6
9	2	4	3	6	1	5	7	8
5	6	7	4	9	8	3	1	2
1	9	2	8	4	7	6	5	3
3	4	8	5	1	6	2	9	7
6	7	5	2	3	9	4	8	1

168

1	6	2	5	8	4	7	9	3
7	4	3	9	2	1	8	5	6
5	9	8	3	7	6	1	2	4
9	8	4	6	3	2	5	1	7
3	7	5	1	9	8	4	6	2
2	1	6	7	4	5	3	8	9
8	3	7	2	5	9	6	4	1
6	5	9	4	1	3	2	7	8
4	2	1	8	6	7	9	3	5

169

9	2	7	4	3	8	5	1	6
8	3	5	6	7	1	9	4	2
6	1	4	9	5	2	7	8	3
2	5	8	1	9	4	6	3	7
7	4	9	5	6	3	8	2	1
3	6	1	2	8	7	4	9	5
4	7	3	8	1	5	2	6	9
5	8	6	3	2	9	1	7	4
1	9	2	7	4	6	3	5	8

170

4	3	1	7	5	6	8	9	2
5	2	8	9	4	3	6	1	7
9	6	7	1	2	8	5	3	4
3	5	6	8	7	2	9	4	1
8	9	2	4	6	1	7	5	3
1	7	4	5	3	9	2	8	6
6	1	3	2	9	5	4	7	8
2	4	9	3	8	7	1	6	5
7	8	5	6	1	4	3	2	9

171

2	6	8	4	1	3	7	9	5
9	3	1	2	5	7	4	6	8
4	5	7	6	9	8	3	1	2
1	7	6	5	2	9	8	3	4
5	9	3	7	8	4	1	2	6
8	2	4	3	6	1	5	7	9
7	4	5	9	3	6	2	8	1
3	8	9	1	4	2	6	5	7
6	1	2	8	7	5	9	4	3

172

4	9	7	1	3	2	5	8	6
2	5	1	4	8	6	3	7	9
3	6	8	7	9	5	2	4	1
7	2	9	8	4	3	6	1	5
6	8	5	9	2	1	7	3	4
1	4	3	5	6	7	8	9	2
9	7	6	2	1	8	4	5	3
8	3	4	6	5	9	1	2	7
5	1	2	3	7	4	9	6	8

173

1	8	6	7	2	3	5	4	9
9	4	7	5	6	1	3	8	2
5	2	3	8	4	9	6	1	7
2	6	9	3	8	5	1	7	4
4	5	8	1	7	2	9	3	6
3	7	1	4	9	6	8	2	5
8	3	2	6	5	4	7	9	1
6	1	4	9	3	7	2	5	8
7	9	5	2	1	8	4	6	3

174

7	1	4	2	3	5	8	6	9
6	8	2	7	9	4	1	3	5
5	9	3	6	1	8	2	4	7
9	6	7	8	2	3	4	5	1
8	2	5	4	7	1	6	9	3
4	3	1	9	5	6	7	2	8
2	5	6	1	8	9	3	7	4
1	4	9	3	6	7	5	8	2
3	7	8	5	4	2	9	1	6

175

9	5	1	4	3	2	7	8	6
3	4	7	6	1	8	5	2	9
8	2	6	7	9	5	1	3	4
6	7	5	3	8	4	2	9	1
4	1	9	2	7	6	8	5	3
2	3	8	9	5	1	6	4	7
1	9	2	5	4	7	3	6	8
7	6	3	8	2	9	4	1	5
5	8	4	1	6	3	9	7	2

176

9	5	4	7	6	2	8	1	3
1	7	8	4	3	9	6	2	5
6	2	3	5	1	8	7	4	9
7	8	1	2	9	3	4	5	6
3	4	5	8	7	6	2	9	1
2	6	9	1	5	4	3	8	7
8	3	6	9	2	5	1	7	4
5	1	2	3	4	7	9	6	8
4	9	7	6	8	1	5	3	2

177

5	3	7	1	6	9	4	8	2
6	4	2	3	5	8	9	1	7
8	9	1	2	7	4	3	5	6
7	6	8	4	1	2	5	9	3
9	5	3	6	8	7	1	2	4
2	1	4	5	9	3	6	7	8
4	8	5	9	2	6	7	3	1
3	7	9	8	4	1	2	6	5
1	2	6	7	3	5	8	4	9

178

6	7	4	3	8	9	5	2	1
5	8	9	2	1	6	7	3	4
3	1	2	5	7	4	9	8	6
2	6	8	9	4	5	1	7	3
4	9	3	7	2	1	6	5	8
1	5	7	6	3	8	2	4	9
7	2	1	4	9	3	8	6	5
8	3	6	1	5	2	4	9	7
9	4	5	8	6	7	3	1	2

179

1	2	4	6	5	3	8	7	9
3	7	8	1	2	9	5	6	4
9	5	6	4	7	8	2	1	3
4	6	1	5	3	2	7	9	8
5	3	9	8	6	7	4	2	1
2	8	7	9	1	4	3	5	6
6	1	3	7	8	5	9	4	2
7	9	2	3	4	1	6	8	5
8	4	5	2	9	6	1	3	7

180

5	3	9	4	6	7	1	2	8
2	6	8	3	1	5	9	7	4
7	1	4	2	8	9	6	3	5
9	4	2	8	3	6	5	1	7
8	7	6	1	5	4	3	9	2
1	5	3	7	9	2	8	4	6
4	8	1	6	7	3	2	5	9
6	2	5	9	4	1	7	8	3
3	9	7	5	2	8	4	6	1

181

7	8	4	2	1	6	3	5	9
9	6	1	4	5	3	7	2	8
3	2	5	9	7	8	6	4	1
5	9	8	6	4	1	2	7	3
1	3	2	7	9	5	8	6	4
4	7	6	3	8	2	1	9	5
6	4	9	1	3	7	5	8	2
2	5	3	8	6	4	9	1	7
8	1	7	5	2	9	4	3	6

182

1	8	9	4	6	7	2	5	3
6	4	3	2	5	9	7	8	1
7	5	2	3	8	1	6	9	4
9	6	5	1	4	8	3	2	7
4	2	7	6	9	3	8	1	5
8	3	1	5	7	2	4	6	9
5	1	4	8	3	6	9	7	2
3	7	8	9	2	5	1	4	6
2	9	6	7	1	4	5	3	8

183

8	9	5	1	7	2	3	6	4
7	1	3	4	5	6	2	8	9
4	2	6	3	9	8	7	5	1
3	8	1	2	6	4	5	9	7
9	4	2	5	8	7	6	1	3
6	5	7	9	1	3	4	2	8
1	7	9	6	4	5	8	3	2
5	3	4	8	2	1	9	7	6
2	6	8	7	3	9	1	4	5

184

8	7	9	3	5	6	2	4	1
6	2	3	1	7	4	9	5	8
5	4	1	9	8	2	6	7	3
3	5	7	6	1	8	4	2	9
4	8	2	5	3	9	7	1	6
9	1	6	2	4	7	3	8	5
2	6	8	7	9	1	5	3	4
7	3	4	8	6	5	1	9	2
1	9	5	4	2	3	8	6	7

185

3	6	9	1	7	4	8	2	5
2	4	1	8	6	5	9	3	7
8	5	7	3	2	9	4	6	1
9	2	5	6	8	7	1	4	3
6	7	8	4	3	1	2	5	9
1	3	4	5	9	2	6	7	8
7	9	6	2	5	8	3	1	4
4	8	2	7	1	3	5	9	6
5	1	3	9	4	6	7	8	2

186

1	9	7	2	5	8	3	4	6
6	2	4	7	1	3	5	9	8
3	8	5	4	9	6	2	7	1
2	3	8	9	4	5	6	1	7
7	4	6	3	2	1	8	5	9
5	1	9	8	6	7	4	2	3
9	7	3	5	8	2	1	6	4
8	5	1	6	7	4	9	3	2
4	6	2	1	3	9	7	8	5

187

5	3	4	1	6	8	9	2	7
9	8	7	4	2	3	5	1	6
6	1	2	7	9	5	4	8	3
4	5	8	6	7	1	2	3	9
3	7	9	5	4	2	8	6	1
2	6	1	3	8	9	7	5	4
7	4	3	8	5	6	1	9	2
8	9	6	2	1	4	3	7	5
1	2	5	9	3	7	6	4	8

188

2	5	1	3	7	6	8	4	9
3	8	6	9	1	4	2	7	5
7	4	9	5	2	8	6	3	1
8	6	3	1	4	9	5	2	7
4	9	7	8	5	2	1	6	3
5	1	2	7	6	3	9	8	4
6	2	5	4	9	7	3	1	8
1	3	4	6	8	5	7	9	2
9	7	8	2	3	1	4	5	6

189

1	3	2	8	5	4	9	6	7
6	7	8	1	3	9	5	4	2
4	5	9	7	2	6	8	3	1
7	2	4	9	1	5	3	8	6
5	9	3	6	8	7	1	2	4
8	6	1	3	4	2	7	5	9
3	1	7	4	6	8	2	9	5
9	4	5	2	7	3	6	1	8
2	8	6	5	9	1	4	7	3

190

7	3	4	9	5	1	6	2	8
8	9	2	3	6	4	7	5	1
6	1	5	2	7	8	3	9	4
1	6	3	5	4	9	8	7	2
5	7	8	6	1	2	9	4	3
2	4	9	7	8	3	1	6	5
4	5	6	8	3	7	2	1	9
9	8	1	4	2	6	5	3	7
3	2	7	1	9	5	4	8	6

191

3	2	6	8	1	7	5	4	9
8	1	7	4	9	5	6	2	3
9	5	4	2	3	6	8	1	7
2	3	5	6	4	8	9	7	1
7	8	1	3	5	9	2	6	4
4	6	9	1	7	2	3	8	5
6	7	3	5	8	1	4	9	2
5	9	8	7	2	4	1	3	6
1	4	2	9	6	3	7	5	8

192

8	1	3	7	2	9	5	6	4
9	5	7	6	4	8	2	3	1
6	2	4	3	5	1	8	7	9
1	8	2	4	6	3	7	9	5
4	3	5	9	7	2	6	1	8
7	9	6	1	8	5	3	4	2
3	4	8	2	9	7	1	5	6
5	6	1	8	3	4	9	2	7
2	7	9	5	1	6	4	8	3

193

1	9	8	5	4	3	6	2	7
7	3	2	8	1	6	9	4	5
4	5	6	7	2	9	3	8	1
5	1	7	2	6	4	8	3	9
8	4	3	9	7	1	2	5	6
2	6	9	3	5	8	1	7	4
3	7	4	6	9	2	5	1	8
6	8	1	4	3	5	7	9	2
9	2	5	1	8	7	4	6	3

194

6	9	7	1	2	8	5	3	4
1	3	5	6	4	9	2	7	8
2	4	8	7	3	5	1	6	9
8	5	6	3	9	2	4	1	7
4	1	9	5	7	6	3	8	2
7	2	3	8	1	4	9	5	6
5	6	2	9	8	1	7	4	3
3	8	4	2	5	7	6	9	1
9	7	1	4	6	3	8	2	5

195

6	7	1	8	3	4	9	5	2
4	8	5	2	6	9	7	1	3
3	2	9	1	5	7	4	6	8
9	5	6	4	2	3	8	7	1
7	1	2	5	9	8	6	3	4
8	4	3	6	7	1	2	9	5
2	6	4	9	1	5	3	8	7
5	9	7	3	8	2	1	4	6
1	3	8	7	4	6	5	2	9

196

8	2	4	3	6	7	5	9	1
9	1	3	8	4	5	2	7	6
6	7	5	9	1	2	4	3	8
3	9	1	5	2	6	7	8	4
4	8	7	1	3	9	6	5	2
2	5	6	7	8	4	3	1	9
1	3	2	4	7	8	9	6	5
7	6	9	2	5	1	8	4	3
5	4	8	6	9	3	1	2	7

197

2	4	6	9	8	1	5	7	3
7	9	5	6	2	3	4	1	8
3	8	1	5	7	4	6	2	9
9	2	7	8	5	6	3	4	1
8	1	4	7	3	2	9	6	5
5	6	3	4	1	9	2	8	7
6	7	2	3	9	8	1	5	4
1	5	9	2	4	7	8	3	6
4	3	8	1	6	5	7	9	2

198

7	8	2	3	9	1	5	4	6
6	1	4	5	8	7	9	3	2
5	9	3	4	6	2	7	1	8
9	6	5	7	2	3	4	8	1
8	2	1	9	4	6	3	5	7
3	4	7	1	5	8	6	2	9
4	5	6	8	1	9	2	7	3
1	7	9	2	3	5	8	6	4
2	3	8	6	7	4	1	9	5

199

6	7	1	4	3	8	2	5	9
4	9	5	6	7	2	8	1	3
8	2	3	1	9	5	6	4	7
7	3	4	2	5	6	1	9	8
1	8	2	9	4	3	7	6	5
9	5	6	8	1	7	3	2	4
3	1	7	5	2	4	9	8	6
2	4	8	7	6	9	5	3	1
5	6	9	3	8	1	4	7	2

200

9	8	2	1	3	4	7	6	5
1	4	7	5	6	2	9	3	8
3	5	6	8	9	7	1	4	2
7	9	4	6	5	3	2	8	1
2	6	1	9	4	8	3	5	7
5	3	8	2	7	1	4	9	6
6	1	5	3	2	9	8	7	4
4	2	9	7	8	5	6	1	3
8	7	3	4	1	6	5	2	9

201

1	2	3	4	5	8	7	6	9
7	8	4	9	6	3	1	5	2
5	6	9	1	2	7	4	8	3
3	7	8	2	1	9	6	4	5
6	9	5	7	8	4	2	3	1
2	4	1	6	3	5	9	7	8
8	1	6	3	7	2	5	9	4
4	5	2	8	9	6	3	1	7
9	3	7	5	4	1	8	2	6

202

5	1	4	9	6	8	2	3	7
8	9	2	7	5	3	6	1	4
6	3	7	2	4	1	8	9	5
7	2	5	8	9	6	1	4	3
3	6	1	5	7	4	9	2	8
4	8	9	1	3	2	5	7	6
9	7	6	3	1	5	4	8	2
2	5	3	4	8	9	7	6	1
1	4	8	6	2	7	3	5	9

203

7	5	6	9	1	3	2	4	8
1	8	4	2	5	7	3	9	6
3	2	9	8	6	4	5	7	1
2	3	7	1	4	5	8	6	9
4	9	5	7	8	6	1	3	2
6	1	8	3	2	9	4	5	7
9	7	1	4	3	8	6	2	5
5	4	2	6	9	1	7	8	3
8	6	3	5	7	2	9	1	4

204

7	6	4	3	9	8	2	1	5
8	5	9	7	2	1	3	6	4
2	1	3	4	6	5	9	7	8
4	7	5	1	8	9	6	2	3
9	3	2	6	7	4	5	8	1
6	8	1	5	3	2	7	4	9
3	9	6	8	4	7	1	5	2
5	2	8	9	1	6	4	3	7
1	4	7	2	5	3	8	9	6

205

7	3	8	2	5	9	6	4	1
1	5	2	3	6	4	9	8	7
4	6	9	7	8	1	5	2	3
5	7	4	8	1	6	3	9	2
8	9	6	4	2	3	7	1	5
2	1	3	5	9	7	8	6	4
3	8	1	9	4	5	2	7	6
6	2	7	1	3	8	4	5	9
9	4	5	6	7	2	1	3	8

206

9	1	8	6	3	4	5	7	2
3	4	2	7	5	8	9	6	1
5	7	6	2	1	9	4	8	3
7	2	9	1	4	5	6	3	8
6	5	4	3	8	7	2	1	9
1	8	3	9	2	6	7	4	5
8	6	7	5	9	1	3	2	4
2	9	1	4	7	3	8	5	6
4	3	5	8	6	2	1	9	7

207

1	9	5	8	7	3	2	6	4
2	3	4	6	9	5	8	7	1
8	7	6	4	2	1	5	3	9
6	1	8	9	5	4	7	2	3
9	5	3	7	1	2	4	8	6
4	2	7	3	6	8	1	9	5
7	6	2	5	4	9	3	1	8
5	8	1	2	3	6	9	4	7
3	4	9	1	8	7	6	5	2

208

3	2	8	7	4	5	1	9	6
7	6	5	1	8	9	4	3	2
9	4	1	6	2	3	5	7	8
2	8	7	9	3	4	6	5	1
1	5	3	8	6	2	9	4	7
4	9	6	5	1	7	8	2	3
6	7	4	2	5	8	3	1	9
8	3	2	4	9	1	7	6	5
5	1	9	3	7	6	2	8	4

209

5	3	4	8	1	7	6	2	9
7	8	2	9	6	4	3	1	5
1	9	6	5	2	3	4	8	7
4	5	8	6	3	9	1	7	2
6	7	1	2	4	8	9	5	3
3	2	9	1	7	5	8	4	6
8	1	3	7	5	6	2	9	4
9	6	7	4	8	2	5	3	1
2	4	5	3	9	1	7	6	8

210

5	9	4	3	8	1	7	2	6
2	6	8	7	9	5	4	1	3
7	1	3	2	4	6	5	9	8
8	7	2	4	5	9	3	6	1
3	5	1	6	2	7	8	4	9
9	4	6	1	3	8	2	7	5
6	3	7	8	1	4	9	5	2
1	8	5	9	7	2	6	3	4
4	2	9	5	6	3	1	8	7

211

6	7	9	5	2	1	8	4	3
4	5	2	8	3	9	1	7	6
8	1	3	6	7	4	9	2	5
5	4	7	1	9	8	3	6	2
9	3	6	7	5	2	4	8	1
2	8	1	4	6	3	5	9	7
1	2	5	9	4	6	7	3	8
7	6	4	3	8	5	2	1	9
3	9	8	2	1	7	6	5	4

212

5	9	2	8	1	6	7	3	4
7	8	4	2	9	3	1	6	5
6	3	1	4	7	5	2	8	9
8	2	7	9	3	4	6	5	1
4	6	5	1	8	7	3	9	2
9	1	3	6	5	2	8	4	7
2	4	8	5	6	1	9	7	3
1	7	6	3	4	9	5	2	8
3	5	9	7	2	8	4	1	6

213

3	5	8	6	9	4	2	1	7
7	2	6	1	3	5	4	9	8
9	4	1	2	8	7	5	6	3
2	6	4	5	1	8	7	3	9
5	8	3	4	7	9	6	2	1
1	7	9	3	2	6	8	4	5
6	1	2	8	5	3	9	7	4
4	9	5	7	6	1	3	8	2
8	3	7	9	4	2	1	5	6

214

3	7	1	9	8	6	2	5	4
5	6	9	1	2	4	8	7	3
2	8	4	3	5	7	1	6	9
9	3	7	2	6	8	4	1	5
4	2	6	5	9	1	3	8	7
8	1	5	7	4	3	9	2	6
1	4	8	6	3	5	7	9	2
7	5	2	4	1	9	6	3	8
6	9	3	8	7	2	5	4	1

215

2	4	1	5	9	3	6	8	7
3	8	9	6	2	7	4	1	5
5	6	7	1	8	4	9	2	3
4	5	2	8	7	6	1	3	9
8	1	3	9	4	2	7	5	6
7	9	6	3	5	1	8	4	2
6	2	5	7	1	8	3	9	4
9	3	8	4	6	5	2	7	1
1	7	4	2	3	9	5	6	8

216

5	3	6	7	4	1	2	8	9
4	8	7	2	9	6	3	1	5
9	1	2	3	8	5	7	6	4
6	5	9	1	2	4	8	3	7
8	7	1	6	5	3	4	9	2
3	2	4	9	7	8	1	5	6
1	9	8	4	6	2	5	7	3
7	4	3	5	1	9	6	2	8
2	6	5	8	3	7	9	4	1

217

7	2	3	1	6	9	5	4	8
9	5	4	3	8	2	7	1	6
1	8	6	4	7	5	2	9	3
5	9	8	7	2	1	3	6	4
4	6	7	5	9	3	1	8	2
2	3	1	6	4	8	9	5	7
6	4	9	2	1	7	8	3	5
3	1	2	8	5	4	6	7	9
8	7	5	9	3	6	4	2	1

218

1	6	3	5	7	2	9	4	8
2	4	9	8	3	1	7	5	6
8	5	7	6	9	4	1	3	2
5	7	6	9	4	3	8	2	1
3	9	8	2	1	6	5	7	4
4	1	2	7	5	8	6	9	3
9	2	1	3	6	7	4	8	5
7	8	4	1	2	5	3	6	9
6	3	5	4	8	9	2	1	7

219

7	8	2	1	3	6	9	5	4
5	6	1	4	7	9	2	8	3
4	9	3	8	5	2	7	1	6
6	7	5	2	4	3	8	9	1
8	3	9	5	1	7	6	4	2
1	2	4	6	9	8	3	7	5
2	1	8	7	6	4	5	3	9
3	4	7	9	2	5	1	6	8
9	5	6	3	8	1	4	2	7

220

2	1	7	6	3	5	4	8	9
5	9	8	1	2	4	3	7	6
6	4	3	7	9	8	2	1	5
9	7	1	8	5	2	6	4	3
3	5	4	9	1	6	8	2	7
8	6	2	3	4	7	9	5	1
1	2	6	5	8	3	7	9	4
4	3	9	2	7	1	5	6	8
7	8	5	4	6	9	1	3	2

221

4	5	8	9	7	6	1	2	3
6	2	1	3	4	8	7	5	9
7	9	3	1	2	5	8	4	6
8	3	5	6	1	7	4	9	2
9	4	2	8	5	3	6	1	7
1	6	7	4	9	2	3	8	5
5	1	4	7	6	9	2	3	8
3	7	9	2	8	4	5	6	1
2	8	6	5	3	1	9	7	4

222

4	3	2	5	6	7	8	1	9
7	8	1	4	2	9	3	5	6
5	9	6	8	1	3	7	2	4
9	5	7	6	8	4	1	3	2
1	4	3	9	5	2	6	7	8
6	2	8	7	3	1	4	9	5
8	7	4	1	9	5	2	6	3
2	1	9	3	4	6	5	8	7
3	6	5	2	7	8	9	4	1

223

8	2	9	1	7	5	3	6	4
6	7	1	4	2	3	9	8	5
4	3	5	6	8	9	1	2	7
7	6	4	2	9	8	5	3	1
5	1	2	7	3	6	4	9	8
9	8	3	5	1	4	6	7	2
1	4	8	3	6	7	2	5	9
3	5	7	9	4	2	8	1	6
2	9	6	8	5	1	7	4	3

224

8	7	1	4	3	2	9	6	5
4	6	2	1	5	9	8	7	3
3	5	9	8	7	6	2	4	1
2	1	4	9	6	7	3	5	8
5	8	7	2	1	3	4	9	6
9	3	6	5	8	4	7	1	2
1	4	5	3	9	8	6	2	7
6	9	8	7	2	1	5	3	4
7	2	3	6	4	5	1	8	9

225

7	3	1	6	5	2	8	4	9
6	2	4	9	8	3	5	7	1
5	9	8	4	1	7	2	3	6
4	8	3	1	9	6	7	5	2
9	5	2	7	4	8	6	1	3
1	6	7	3	2	5	4	9	8
3	4	6	8	7	9	1	2	5
8	7	5	2	3	1	9	6	4
2	1	9	5	6	4	3	8	7

226

8	2	1	3	6	4	9	7	5
3	7	5	9	2	1	4	8	6
6	9	4	5	8	7	2	3	1
5	8	6	4	9	2	7	1	3
9	1	3	7	5	6	8	2	4
2	4	7	8	1	3	6	5	9
7	6	2	1	3	9	5	4	8
4	3	8	6	7	5	1	9	2
1	5	9	2	4	8	3	6	7

227

9	1	6	5	2	4	3	7	8
3	5	4	7	8	1	2	9	6
2	8	7	6	3	9	1	4	5
5	7	2	8	4	3	6	1	9
8	4	1	9	5	6	7	2	3
6	3	9	1	7	2	5	8	4
1	2	8	3	9	5	4	6	7
4	9	5	2	6	7	8	3	1
7	6	3	4	1	8	9	5	2

228

8	1	4	3	9	5	6	7	2
2	9	6	8	4	7	1	5	3
3	5	7	2	1	6	4	9	8
7	6	9	1	2	8	3	4	5
4	2	8	5	3	9	7	1	6
1	3	5	7	6	4	2	8	9
9	7	2	4	5	3	8	6	1
5	8	3	6	7	1	9	2	4
6	4	1	9	8	2	5	3	7

229

2	7	4	6	8	9	5	1	3
8	5	6	3	1	4	9	2	7
1	3	9	5	2	7	4	8	6
6	8	7	9	4	1	2	3	5
4	2	1	7	3	5	8	6	9
3	9	5	2	6	8	7	4	1
7	1	3	8	5	2	6	9	4
9	4	8	1	7	6	3	5	2
5	6	2	4	9	3	1	7	8

230

6	8	7	4	1	9	5	2	3
1	2	9	5	7	3	6	4	8
4	5	3	8	6	2	7	9	1
9	1	6	2	4	7	3	8	5
8	3	5	1	9	6	2	7	4
7	4	2	3	8	5	9	1	6
3	6	8	7	2	1	4	5	9
2	9	1	6	5	4	8	3	7
5	7	4	9	3	8	1	6	2

231

6	2	3	5	1	8	7	4	9
7	1	4	9	6	2	8	5	3
8	5	9	4	7	3	2	6	1
3	4	7	6	8	5	9	1	2
2	8	5	3	9	1	4	7	6
9	6	1	7	2	4	5	3	8
1	7	2	8	4	6	3	9	5
5	9	6	2	3	7	1	8	4
4	3	8	1	5	9	6	2	7

232

8	3	9	1	4	7	6	2	5
7	5	1	2	9	6	4	8	3
6	2	4	8	5	3	9	1	7
4	7	8	9	3	1	2	5	6
3	9	2	5	6	4	8	7	1
5	1	6	7	2	8	3	4	9
9	8	3	4	7	5	1	6	2
1	6	7	3	8	2	5	9	4
2	4	5	6	1	9	7	3	8

233

7	8	1	6	3	9	2	5	4
3	2	5	1	7	4	8	6	9
9	4	6	5	8	2	7	3	1
1	9	3	2	5	6	4	7	8
6	5	8	9	4	7	1	2	3
4	7	2	8	1	3	5	9	6
5	1	9	3	2	8	6	4	7
8	6	4	7	9	5	3	1	2
2	3	7	4	6	1	9	8	5

234

8	3	2	4	1	6	7	9	5
4	6	9	5	2	7	1	8	3
1	7	5	9	8	3	2	6	4
2	9	8	3	4	1	6	5	7
6	4	7	8	9	5	3	2	1
5	1	3	7	6	2	9	4	8
7	2	4	6	3	8	5	1	9
9	5	1	2	7	4	8	3	6
3	8	6	1	5	9	4	7	2

235

3	9	8	5	2	4	7	6	1
6	7	4	8	3	1	2	9	5
1	5	2	7	9	6	8	3	4
4	2	6	1	7	8	3	5	9
5	1	9	3	4	2	6	7	8
7	8	3	9	6	5	1	4	2
8	3	1	4	5	7	9	2	6
2	4	7	6	8	9	5	1	3
9	6	5	2	1	3	4	8	7

236

2	9	6	3	8	4	5	1	7
5	4	1	2	7	6	8	9	3
7	3	8	1	5	9	4	2	6
4	8	3	6	9	5	1	7	2
1	7	9	8	3	2	6	5	4
6	5	2	4	1	7	3	8	9
9	6	7	5	4	1	2	3	8
8	2	5	7	6	3	9	4	1
3	1	4	9	2	8	7	6	5

237

8	9	6	7	1	3	5	2	4
3	1	5	4	6	2	9	8	7
7	2	4	8	5	9	3	6	1
2	3	7	9	4	6	8	1	5
9	5	8	1	2	7	6	4	3
4	6	1	3	8	5	2	7	9
5	4	9	6	7	8	1	3	2
6	7	2	5	3	1	4	9	8
1	8	3	2	9	4	7	5	6

238

1	8	7	2	9	6	4	5	3
9	4	5	1	3	7	6	2	8
3	6	2	5	8	4	7	1	9
5	7	4	9	2	8	1	3	6
6	9	8	3	4	1	5	7	2
2	3	1	7	6	5	9	8	4
4	5	6	8	7	3	2	9	1
7	2	3	4	1	9	8	6	5
8	1	9	6	5	2	3	4	7

239

8	4	2	3	1	7	5	9	6
5	6	7	9	4	8	1	3	2
3	1	9	6	2	5	8	7	4
4	2	8	1	3	9	6	5	7
9	5	1	2	7	6	4	8	3
6	7	3	5	8	4	2	1	9
7	8	6	4	5	3	9	2	1
1	9	5	7	6	2	3	4	8
2	3	4	8	9	1	7	6	5

240

9	3	5	4	8	7	1	2	6
2	7	8	1	6	9	3	4	5
6	1	4	5	2	3	7	8	9
8	5	9	6	1	2	4	7	3
3	4	6	7	5	8	9	1	2
7	2	1	3	9	4	5	6	8
5	6	7	2	3	1	8	9	4
1	9	2	8	4	5	6	3	7
4	8	3	9	7	6	2	5	1

241

1	3	6	8	2	5	4	9	7
9	5	2	4	7	6	8	1	3
8	7	4	1	9	3	6	2	5
4	9	7	3	5	2	1	6	8
5	6	3	9	1	8	2	7	4
2	8	1	6	4	7	3	5	9
6	2	8	7	3	9	5	4	1
7	1	5	2	8	4	9	3	6
3	4	9	5	6	1	7	8	2

242

6	1	5	2	7	3	9	8	4
7	4	8	5	6	9	1	3	2
9	2	3	4	8	1	7	5	6
5	6	4	1	9	8	3	2	7
2	8	9	3	4	7	5	6	1
3	7	1	6	5	2	4	9	8
8	3	2	7	1	5	6	4	9
1	9	6	8	3	4	2	7	5
4	5	7	9	2	6	8	1	3

243

5	6	8	9	7	1	4	2	3
1	7	2	8	3	4	5	6	9
3	4	9	2	5	6	7	8	1
4	8	1	5	9	2	3	7	6
9	3	6	1	4	7	2	5	8
7	2	5	3	6	8	9	1	4
6	9	4	7	8	5	1	3	2
2	5	3	6	1	9	8	4	7
8	1	7	4	2	3	6	9	5

244

4	6	7	5	3	8	9	1	2
5	2	8	6	9	1	3	4	7
3	9	1	7	4	2	5	6	8
7	8	9	1	5	4	2	3	6
2	1	5	3	7	6	8	9	4
6	4	3	8	2	9	7	5	1
8	5	2	4	6	3	1	7	9
1	7	4	9	8	5	6	2	3
9	3	6	2	1	7	4	8	5

245

1	5	6	4	2	8	3	9	7
3	7	4	9	6	5	2	1	8
9	8	2	1	7	3	5	4	6
8	6	1	7	5	9	4	2	3
5	2	3	8	4	6	1	7	9
4	9	7	3	1	2	8	6	5
7	3	8	2	9	4	6	5	1
2	1	5	6	8	7	9	3	4
6	4	9	5	3	1	7	8	2

246

5	9	7	3	4	1	6	8	2
6	1	8	7	2	9	4	3	5
2	3	4	6	8	5	1	7	9
7	5	9	1	3	2	8	4	6
8	6	1	9	5	4	3	2	7
4	2	3	8	6	7	5	9	1
3	8	5	2	7	6	9	1	4
1	7	6	4	9	3	2	5	8
9	4	2	5	1	8	7	6	3

247

3	7	8	1	9	2	4	6	5
1	5	6	7	8	4	9	2	3
2	4	9	3	6	5	7	8	1
9	3	7	2	5	8	6	1	4
4	6	2	9	1	7	5	3	8
5	8	1	4	3	6	2	7	9
7	1	3	6	4	9	8	5	2
8	2	4	5	7	1	3	9	6
6	9	5	8	2	3	1	4	7

248

3	9	6	2	7	1	4	8	5
5	4	1	8	9	6	3	2	7
7	8	2	5	4	3	1	6	9
8	2	4	1	3	5	9	7	6
9	1	5	7	6	4	8	3	2
6	3	7	9	2	8	5	4	1
4	5	9	6	8	7	2	1	3
2	6	8	3	1	9	7	5	4
1	7	3	4	5	2	6	9	8

249

4	1	6	2	8	7	9	3	5
7	8	5	1	9	3	4	6	2
2	3	9	5	4	6	1	7	8
6	2	3	7	1	8	5	4	9
5	4	8	3	6	9	7	2	1
9	7	1	4	5	2	6	8	3
3	9	2	6	7	1	8	5	4
8	5	7	9	3	4	2	1	6
1	6	4	8	2	5	3	9	7

250

3	4	6	5	8	7	9	1	2
7	1	9	6	4	2	5	8	3
2	8	5	9	1	3	4	6	7
8	5	7	1	9	4	3	2	6
9	3	2	7	6	5	1	4	8
4	6	1	3	2	8	7	9	5
1	9	3	8	5	6	2	7	4
5	2	8	4	7	1	6	3	9
6	7	4	2	3	9	8	5	1

251

1	9	2	5	3	7	6	8	4
4	7	3	2	8	6	9	5	1
6	5	8	4	1	9	7	2	3
3	1	7	9	5	4	2	6	8
8	4	9	6	2	3	1	7	5
2	6	5	1	7	8	3	4	9
9	2	1	7	4	5	8	3	6
5	3	6	8	9	2	4	1	7
7	8	4	3	6	1	5	9	2

252

3	1	4	7	9	8	2	5	6
2	5	7	3	6	4	1	9	8
8	6	9	5	2	1	4	3	7
5	7	8	4	1	9	3	6	2
6	4	2	8	7	3	9	1	5
1	9	3	2	5	6	7	8	4
9	8	5	1	4	7	6	2	3
4	2	1	6	3	5	8	7	9
7	3	6	9	8	2	5	4	1

253

5	2	6	7	3	1	9	4	8
9	4	3	2	5	8	6	1	7
7	1	8	9	4	6	3	2	5
4	3	9	6	2	5	8	7	1
6	7	1	4	8	9	5	3	2
2	8	5	1	7	3	4	6	9
8	5	4	3	1	7	2	9	6
3	6	7	5	9	2	1	8	4
1	9	2	8	6	4	7	5	3

254

6	3	1	2	5	7	4	9	8
2	4	5	9	6	8	3	1	7
9	8	7	3	4	1	5	2	6
5	2	9	4	1	6	7	8	3
1	7	4	8	3	2	6	5	9
8	6	3	5	7	9	1	4	2
7	9	6	1	2	5	8	3	4
3	1	2	6	8	4	9	7	5
4	5	8	7	9	3	2	6	1

255

6	8	2	7	3	4	5	9	1
9	4	3	1	5	2	6	8	7
7	5	1	8	9	6	2	3	4
1	2	8	6	7	5	9	4	3
5	3	9	2	4	8	1	7	6
4	6	7	9	1	3	8	5	2
3	7	6	5	2	9	4	1	8
8	9	4	3	6	1	7	2	5
2	1	5	4	8	7	3	6	9

256

7	8	1	5	3	9	6	4	2
5	4	2	7	8	6	3	9	1
9	3	6	2	4	1	5	7	8
3	5	4	6	2	7	1	8	9
6	1	7	8	9	3	4	2	5
2	9	8	1	5	4	7	3	6
8	6	5	3	7	2	9	1	4
1	7	9	4	6	8	2	5	3
4	2	3	9	1	5	8	6	7

257

4	5	1	9	8	6	2	3	7
9	8	2	3	7	4	1	6	5
3	7	6	5	1	2	4	9	8
2	4	9	8	5	1	6	7	3
7	6	8	4	3	9	5	1	2
5	1	3	6	2	7	8	4	9
6	2	4	7	9	5	3	8	1
1	3	7	2	4	8	9	5	6
8	9	5	1	6	3	7	2	4

258

3	9	7	2	5	4	1	8	6
5	8	6	1	7	9	3	4	2
1	4	2	8	6	3	7	9	5
2	1	5	6	4	7	9	3	8
4	3	9	5	8	2	6	1	7
7	6	8	9	3	1	2	5	4
6	5	1	3	2	8	4	7	9
8	7	3	4	9	6	5	2	1
9	2	4	7	1	5	8	6	3

259

1	7	2	6	4	9	8	3	5
4	8	3	5	1	7	6	2	9
9	6	5	2	8	3	4	1	7
8	9	6	7	2	1	5	4	3
3	2	7	8	5	4	9	6	1
5	4	1	9	3	6	2	7	8
7	5	8	1	6	2	3	9	4
2	3	9	4	7	8	1	5	6
6	1	4	3	9	5	7	8	2

260

2	9	8	7	1	6	4	3	5
5	4	6	9	8	3	2	7	1
1	7	3	2	4	5	6	9	8
6	1	7	4	3	8	5	2	9
4	3	2	5	9	7	1	8	6
9	8	5	6	2	1	3	4	7
7	2	4	1	6	9	8	5	3
8	5	1	3	7	2	9	6	4
3	6	9	8	5	4	7	1	2

261

1	7	9	3	6	4	5	8	2
3	4	5	8	2	9	1	6	7
2	6	8	7	1	5	4	3	9
6	1	4	5	8	7	2	9	3
9	2	7	6	4	3	8	1	5
8	5	3	1	9	2	6	7	4
5	9	6	4	7	1	3	2	8
7	3	1	2	5	8	9	4	6
4	8	2	9	3	6	7	5	1

262

5	3	9	8	6	4	1	2	7
4	2	8	1	7	3	9	5	6
6	7	1	2	5	9	8	3	4
9	4	2	6	3	5	7	8	1
7	1	6	4	8	2	3	9	5
8	5	3	7	9	1	4	6	2
3	9	4	5	1	6	2	7	8
2	6	7	3	4	8	5	1	9
1	8	5	9	2	7	6	4	3

263

1	6	9	4	7	2	5	3	8
5	3	2	8	9	1	4	6	7
7	4	8	3	5	6	1	9	2
3	9	4	5	8	7	6	2	1
2	7	6	9	1	4	8	5	3
8	1	5	6	2	3	7	4	9
9	2	1	7	4	5	3	8	6
4	8	3	1	6	9	2	7	5
6	5	7	2	3	8	9	1	4

264

8	9	3	2	5	6	1	7	4
5	1	2	3	4	7	6	9	8
7	6	4	9	1	8	3	5	2
6	3	5	8	7	4	9	2	1
4	8	1	6	2	9	7	3	5
9	2	7	5	3	1	8	4	6
1	7	9	4	8	2	5	6	3
2	5	8	7	6	3	4	1	9
3	4	6	1	9	5	2	8	7

265

8	9	6	7	3	2	5	1	4
3	4	5	6	1	8	2	9	7
7	2	1	4	9	5	8	3	6
6	3	2	5	4	7	1	8	9
9	7	8	1	6	3	4	5	2
1	5	4	8	2	9	6	7	3
5	1	9	2	7	6	3	4	8
2	8	3	9	5	4	7	6	1
4	6	7	3	8	1	9	2	5

266

6	2	4	9	5	8	3	7	1
5	3	7	6	1	4	9	2	8
1	9	8	2	7	3	6	5	4
7	5	1	4	9	2	8	6	3
2	8	9	3	6	1	7	4	5
3	4	6	5	8	7	1	9	2
8	7	2	1	4	6	5	3	9
9	6	3	8	2	5	4	1	7
4	1	5	7	3	9	2	8	6

267

5	9	6	3	7	4	2	8	1
7	1	2	8	9	5	4	3	6
8	4	3	2	6	1	9	5	7
4	3	9	6	5	2	7	1	8
1	7	5	9	3	8	6	4	2
6	2	8	1	4	7	5	9	3
3	5	4	7	1	6	8	2	9
9	8	7	4	2	3	1	6	5
2	6	1	5	8	9	3	7	4

268

8	1	7	3	9	5	2	6	4
9	4	6	1	2	8	3	7	5
3	2	5	7	6	4	1	8	9
4	7	1	9	5	6	8	3	2
5	6	8	4	3	2	9	1	7
2	3	9	8	7	1	4	5	6
6	5	3	2	1	9	7	4	8
7	8	2	6	4	3	5	9	1
1	9	4	5	8	7	6	2	3

269

4	7	1	8	3	5	2	6	9
5	8	9	2	7	6	4	1	3
6	3	2	4	1	9	8	5	7
1	6	4	5	9	2	3	7	8
2	5	7	3	8	1	6	9	4
3	9	8	6	4	7	5	2	1
7	2	3	9	5	8	1	4	6
8	1	6	7	2	4	9	3	5
9	4	5	1	6	3	7	8	2

270

9	5	8	3	4	1	2	7	6
4	7	2	9	5	6	8	3	1
3	6	1	2	8	7	4	5	9
1	3	9	5	6	2	7	4	8
6	2	5	4	7	8	1	9	3
8	4	7	1	9	3	5	6	2
7	9	6	8	1	4	3	2	5
2	1	4	6	3	5	9	8	7
5	8	3	7	2	9	6	1	4

271

3	6	5	1	8	2	9	7	4
8	2	7	9	4	6	1	3	5
9	4	1	5	7	3	2	6	8
7	1	8	3	5	9	4	2	6
4	9	6	7	2	1	5	8	3
2	5	3	8	6	4	7	9	1
5	3	4	6	9	7	8	1	2
6	7	2	4	1	8	3	5	9
1	8	9	2	3	5	6	4	7

272

5	7	4	3	2	8	1	6	9
6	9	8	5	1	4	2	3	7
2	1	3	6	7	9	5	8	4
9	2	1	8	6	5	7	4	3
7	3	6	9	4	2	8	1	5
4	8	5	1	3	7	6	9	2
1	6	9	2	5	3	4	7	8
3	4	2	7	8	6	9	5	1
8	5	7	4	9	1	3	2	6

273

1	8	4	5	9	3	6	2	7
7	3	5	4	6	2	1	9	8
6	2	9	7	1	8	5	4	3
8	5	7	1	3	9	4	6	2
3	1	6	2	4	5	7	8	9
9	4	2	6	8	7	3	5	1
4	9	3	8	5	1	2	7	6
5	7	8	3	2	6	9	1	4
2	6	1	9	7	4	8	3	5

274

3	9	1	6	8	5	4	2	7
4	6	7	2	9	3	8	1	5
2	8	5	1	4	7	3	6	9
9	5	8	7	6	4	1	3	2
6	4	3	9	1	2	7	5	8
1	7	2	3	5	8	6	9	4
5	1	4	8	2	6	9	7	3
7	2	9	4	3	1	5	8	6
8	3	6	5	7	9	2	4	1

275

3	5	2	9	6	1	8	4	7
7	1	4	5	2	8	3	9	6
9	6	8	7	4	3	1	2	5
5	8	7	4	9	2	6	1	3
1	2	3	8	5	6	9	7	4
4	9	6	3	1	7	2	5	8
6	4	1	2	8	5	7	3	9
2	7	9	6	3	4	5	8	1
8	3	5	1	7	9	4	6	2

276

7	4	1	2	5	9	6	8	3
2	3	8	1	7	6	9	5	4
5	6	9	8	3	4	2	1	7
1	9	5	4	8	3	7	2	6
6	7	2	5	9	1	4	3	8
3	8	4	6	2	7	5	9	1
4	1	3	9	6	5	8	7	2
9	2	7	3	4	8	1	6	5
8	5	6	7	1	2	3	4	9

277

4	3	1	5	7	2	6	9	8
7	6	5	9	8	1	4	2	3
8	2	9	6	4	3	1	5	7
1	5	6	8	9	7	3	4	2
3	7	8	2	5	4	9	6	1
9	4	2	1	3	6	7	8	5
2	9	3	7	6	5	8	1	4
6	1	7	4	2	8	5	3	9
5	8	4	3	1	9	2	7	6

278

6	8	7	2	3	9	5	1	4
1	9	4	5	6	8	2	7	3
2	3	5	1	4	7	9	6	8
3	7	6	8	9	2	1	4	5
8	5	9	4	1	3	6	2	7
4	2	1	6	7	5	3	8	9
5	1	8	9	2	4	7	3	6
7	4	2	3	5	6	8	9	1
9	6	3	7	8	1	4	5	2

279

5	3	8	2	1	9	6	7	4
2	6	4	7	3	5	9	1	8
1	7	9	8	4	6	5	2	3
4	1	3	5	6	2	7	8	9
9	5	7	3	8	1	4	6	2
8	2	6	9	7	4	1	3	5
7	4	2	1	9	3	8	5	6
6	8	5	4	2	7	3	9	1
3	9	1	6	5	8	2	4	7

280

3	2	8	5	7	1	4	9	6
4	5	7	6	9	8	3	2	1
1	9	6	4	2	3	5	7	8
6	3	9	1	8	2	7	5	4
7	4	5	9	3	6	1	8	2
8	1	2	7	4	5	6	3	9
5	7	4	2	1	9	8	6	3
9	6	3	8	5	4	2	1	7
2	8	1	3	6	7	9	4	5

281

7	1	5	4	8	9	6	3	2
3	9	4	5	6	2	8	7	1
6	8	2	3	7	1	4	5	9
5	4	7	9	2	8	1	6	3
1	3	9	6	4	5	7	2	8
2	6	8	7	1	3	5	9	4
4	2	3	8	5	7	9	1	6
8	5	1	2	9	6	3	4	7
9	7	6	1	3	4	2	8	5

282

9	3	7	4	8	1	2	5	6
2	1	4	6	5	3	8	7	9
8	5	6	2	7	9	1	3	4
4	7	5	1	6	2	3	9	8
6	2	9	8	3	7	4	1	5
3	8	1	9	4	5	7	6	2
7	4	8	5	1	6	9	2	3
5	9	3	7	2	8	6	4	1
1	6	2	3	9	4	5	8	7

283

2	3	8	4	1	6	9	5	7
5	9	7	3	2	8	6	1	4
6	1	4	7	9	5	3	2	8
7	4	9	2	6	1	5	8	3
3	6	1	8	5	7	2	4	9
8	5	2	9	3	4	1	7	6
1	7	3	5	8	9	4	6	2
9	8	6	1	4	2	7	3	5
4	2	5	6	7	3	8	9	1

284

4	2	6	7	8	3	5	9	1
9	5	3	2	6	1	7	8	4
1	8	7	4	9	5	3	2	6
8	3	1	9	4	2	6	5	7
5	6	2	8	3	7	4	1	9
7	4	9	1	5	6	8	3	2
2	1	4	5	7	8	9	6	3
6	9	8	3	1	4	2	7	5
3	7	5	6	2	9	1	4	8

285

7	2	1	4	6	3	8	9	5
3	5	9	1	7	8	6	2	4
8	6	4	9	5	2	7	1	3
5	9	8	6	2	1	4	3	7
6	1	2	3	4	7	5	8	9
4	3	7	5	8	9	2	6	1
9	4	6	2	1	5	3	7	8
2	8	3	7	9	4	1	5	6
1	7	5	8	3	6	9	4	2

286

4	9	7	3	2	1	6	8	5
3	1	8	5	4	6	2	7	9
2	6	5	9	8	7	4	3	1
6	8	3	1	9	2	5	4	7
7	4	1	6	5	3	9	2	8
5	2	9	4	7	8	1	6	3
1	3	4	7	6	5	8	9	2
9	5	2	8	3	4	7	1	6
8	7	6	2	1	9	3	5	4

287

5	8	2	9	6	7	3	1	4
4	6	1	5	8	3	7	9	2
9	3	7	4	1	2	8	5	6
8	7	4	3	5	6	1	2	9
1	9	6	7	2	4	5	8	3
2	5	3	8	9	1	6	4	7
3	4	5	2	7	8	9	6	1
7	1	8	6	4	9	2	3	5
6	2	9	1	3	5	4	7	8

288

1	2	3	5	9	8	7	6	4
5	8	9	6	7	4	3	2	1
4	7	6	1	2	3	8	9	5
2	4	8	7	6	5	1	3	9
6	9	1	3	4	2	5	8	7
3	5	7	8	1	9	6	4	2
7	1	2	9	3	6	4	5	8
8	6	4	2	5	7	9	1	3
9	3	5	4	8	1	2	7	6

289

1	7	9	5	2	4	8	6	3
2	6	5	8	3	7	1	9	4
8	4	3	6	9	1	7	5	2
9	5	7	1	6	2	3	4	8
4	3	2	7	5	8	6	1	9
6	8	1	3	4	9	2	7	5
5	9	8	2	1	6	4	3	7
7	1	4	9	8	3	5	2	6
3	2	6	4	7	5	9	8	1

290

9	6	1	2	5	3	7	8	4
5	4	7	9	1	8	2	6	3
8	3	2	4	6	7	5	1	9
7	1	3	8	4	5	9	2	6
2	9	4	3	7	6	1	5	8
6	8	5	1	2	9	3	4	7
3	5	9	6	8	1	4	7	2
1	2	6	7	9	4	8	3	5
4	7	8	5	3	2	6	9	1

291

5	3	1	7	2	4	9	8	6
4	7	9	1	8	6	3	2	5
6	2	8	5	3	9	4	7	1
1	5	6	4	7	3	2	9	8
9	4	7	2	1	8	5	6	3
2	8	3	9	6	5	7	1	4
7	1	5	6	4	2	8	3	9
8	6	4	3	9	7	1	5	2
3	9	2	8	5	1	6	4	7

292

1	8	7	2	4	5	3	6	9
5	4	9	6	3	8	1	7	2
2	3	6	7	1	9	5	4	8
4	5	8	9	7	6	2	1	3
6	2	1	3	5	4	9	8	7
7	9	3	8	2	1	6	5	4
3	6	2	1	8	7	4	9	5
8	1	5	4	9	3	7	2	6
9	7	4	5	6	2	8	3	1

293

3	2	9	4	1	5	7	6	8
1	8	7	2	3	6	5	9	4
5	6	4	7	8	9	3	2	1
2	7	5	6	9	4	8	1	3
8	3	6	1	5	7	2	4	9
4	9	1	8	2	3	6	7	5
9	4	2	5	6	8	1	3	7
6	5	3	9	7	1	4	8	2
7	1	8	3	4	2	9	5	6

294

7	4	5	6	9	1	8	2	3
2	6	8	4	3	7	9	5	1
9	3	1	2	5	8	6	7	4
5	1	7	8	4	9	2	3	6
3	2	6	7	1	5	4	8	9
8	9	4	3	6	2	7	1	5
6	7	9	5	2	3	1	4	8
4	8	3	1	7	6	5	9	2
1	5	2	9	8	4	3	6	7

295

1	9	4	2	5	3	8	7	6
2	8	6	9	1	7	5	3	4
7	5	3	8	4	6	2	9	1
5	1	9	6	2	8	3	4	7
4	2	7	5	3	9	1	6	8
3	6	8	4	7	1	9	5	2
6	4	2	1	9	5	7	8	3
8	7	5	3	6	2	4	1	9
9	3	1	7	8	4	6	2	5

296

3	4	1	5	2	8	6	9	7
6	8	7	9	3	4	5	2	1
5	9	2	7	1	6	8	4	3
1	2	3	6	4	9	7	5	8
4	7	6	2	8	5	3	1	9
9	5	8	1	7	3	4	6	2
2	6	5	8	9	7	1	3	4
7	1	4	3	6	2	9	8	5
8	3	9	4	5	1	2	7	6

297

2	3	7	4	9	8	5	1	6
1	6	5	3	2	7	8	9	4
9	8	4	6	5	1	2	7	3
5	1	8	2	6	9	3	4	7
3	4	9	7	1	5	6	2	8
7	2	6	8	3	4	9	5	1
8	7	2	5	4	6	1	3	9
6	9	3	1	7	2	4	8	5
4	5	1	9	8	3	7	6	2

298

1	4	9	8	6	5	2	3	7
6	3	2	1	4	7	9	8	5
7	5	8	9	3	2	4	1	6
5	6	7	2	8	9	3	4	1
4	9	3	6	7	1	5	2	8
8	2	1	3	5	4	6	7	9
2	8	5	7	9	3	1	6	4
9	1	6	4	2	8	7	5	3
3	7	4	5	1	6	8	9	2

299

4	1	2	6	5	9	3	7	8
6	5	9	3	7	8	4	2	1
7	8	3	2	4	1	6	5	9
8	9	7	4	6	2	5	1	3
5	2	1	9	3	7	8	6	4
3	6	4	1	8	5	7	9	2
2	3	5	7	9	4	1	8	6
9	4	8	5	1	6	2	3	7
1	7	6	8	2	3	9	4	5

300

4	3	2	1	8	6	7	9	5
6	5	9	4	7	3	8	2	1
8	1	7	9	2	5	6	4	3
1	4	8	6	9	2	5	3	7
7	2	5	8	3	4	1	6	9
9	6	3	7	5	1	4	8	2
3	8	1	5	4	9	2	7	6
2	7	6	3	1	8	9	5	4
5	9	4	2	6	7	3	1	8

301

4	5	6	9	7	8	2	1	3
9	3	1	2	6	5	4	8	7
2	8	7	4	1	3	9	5	6
6	2	4	1	8	9	3	7	5
1	9	5	6	3	7	8	4	2
3	7	8	5	2	4	1	6	9
8	6	9	3	5	1	7	2	4
5	1	3	7	4	2	6	9	8
7	4	2	8	9	6	5	3	1

302

5	1	2	4	3	6	7	8	9
3	9	8	1	7	2	5	4	6
4	6	7	5	9	8	3	2	1
7	2	1	3	6	9	8	5	4
6	5	4	8	1	7	2	9	3
8	3	9	2	4	5	1	6	7
9	4	5	7	8	3	6	1	2
1	8	3	6	2	4	9	7	5
2	7	6	9	5	1	4	3	8

303

3	4	1	7	5	2	6	9	8
9	2	8	1	4	6	3	7	5
5	6	7	8	3	9	2	4	1
8	3	9	6	2	4	1	5	7
7	5	4	3	8	1	9	2	6
2	1	6	9	7	5	4	8	3
4	7	3	2	1	8	5	6	9
1	9	5	4	6	7	8	3	2
6	8	2	5	9	3	7	1	4

304

7	9	8	5	3	4	1	2	6
3	1	4	7	2	6	8	9	5
2	6	5	8	1	9	4	7	3
1	5	6	9	4	7	2	3	8
8	3	9	1	5	2	6	4	7
4	7	2	6	8	3	5	1	9
5	8	7	4	9	1	3	6	2
9	2	1	3	6	8	7	5	4
6	4	3	2	7	5	9	8	1

305

5	4	3	6	7	1	2	9	8
7	2	6	8	5	9	4	1	3
8	1	9	2	3	4	6	7	5
9	3	1	4	2	5	7	8	6
4	8	5	1	6	7	3	2	9
6	7	2	9	8	3	5	4	1
1	5	7	3	4	8	9	6	2
2	9	4	5	1	6	8	3	7
3	6	8	7	9	2	1	5	4

306

2	3	5	7	6	9	1	8	4
4	7	9	5	1	8	6	2	3
1	8	6	2	3	4	5	9	7
7	4	8	1	9	5	2	3	6
3	5	1	6	7	2	8	4	9
9	6	2	4	8	3	7	1	5
8	2	4	9	5	6	3	7	1
6	1	3	8	4	7	9	5	2
5	9	7	3	2	1	4	6	8

307

4	3	1	6	5	8	2	7	9
5	2	7	1	4	9	6	3	8
8	9	6	2	7	3	4	5	1
9	6	2	4	8	5	3	1	7
1	5	3	7	9	6	8	4	2
7	4	8	3	1	2	5	9	6
2	8	5	9	3	1	7	6	4
6	1	4	5	2	7	9	8	3
3	7	9	8	6	4	1	2	5

308

9	8	5	1	2	3	6	7	4
7	2	6	9	4	8	3	1	5
1	3	4	6	7	5	9	8	2
4	9	2	7	5	6	8	3	1
8	7	1	2	3	9	5	4	6
5	6	3	8	1	4	7	2	9
6	4	7	5	8	1	2	9	3
3	5	8	4	9	2	1	6	7
2	1	9	3	6	7	4	5	8

309

1	5	9	4	6	3	8	2	7
4	3	2	7	8	5	6	9	1
7	6	8	2	1	9	3	4	5
3	2	7	9	4	6	1	5	8
5	9	1	3	7	8	2	6	4
6	8	4	5	2	1	7	3	9
9	4	6	1	3	7	5	8	2
2	7	3	8	5	4	9	1	6
8	1	5	6	9	2	4	7	3

310

8	2	1	4	5	3	7	6	9
9	4	5	6	8	7	3	1	2
6	3	7	1	2	9	5	8	4
4	9	6	5	1	2	8	7	3
2	5	3	7	4	8	6	9	1
7	1	8	9	3	6	2	4	5
5	8	9	3	6	4	1	2	7
1	7	2	8	9	5	4	3	6
3	6	4	2	7	1	9	5	8

311

7	2	9	8	1	4	3	6	5
5	8	1	6	9	3	2	7	4
6	4	3	7	2	5	9	8	1
1	6	7	4	3	8	5	9	2
8	5	2	9	7	1	6	4	3
9	3	4	5	6	2	7	1	8
4	1	6	2	5	7	8	3	9
2	7	8	3	4	9	1	5	6
3	9	5	1	8	6	4	2	7

312

2	1	5	4	3	7	8	6	9
7	6	3	8	2	9	1	5	4
4	8	9	5	6	1	2	7	3
8	3	7	9	1	5	6	4	2
1	2	6	7	4	3	9	8	5
9	5	4	6	8	2	3	1	7
3	4	2	1	7	8	5	9	6
6	9	8	2	5	4	7	3	1
5	7	1	3	9	6	4	2	8

313

6	8	7	2	9	1	3	4	5
5	3	4	6	7	8	1	9	2
2	9	1	4	5	3	8	6	7
3	1	6	9	8	7	5	2	4
4	7	5	3	6	2	9	1	8
9	2	8	1	4	5	6	7	3
1	4	3	5	2	9	7	8	6
8	5	2	7	1	6	4	3	9
7	6	9	8	3	4	2	5	1

314

7	3	6	5	9	8	4	2	1
1	8	9	4	6	2	7	5	3
4	2	5	7	1	3	8	9	6
3	9	1	6	4	7	5	8	2
8	5	7	3	2	9	6	1	4
6	4	2	8	5	1	3	7	9
5	1	3	2	8	6	9	4	7
9	6	4	1	7	5	2	3	8
2	7	8	9	3	4	1	6	5

315

8	4	2	5	6	7	1	9	3
7	9	5	8	3	1	4	6	2
3	6	1	2	4	9	7	5	8
1	5	6	3	7	8	2	4	9
4	7	3	6	9	2	5	8	1
2	8	9	4	1	5	6	3	7
9	2	4	1	8	6	3	7	5
5	3	8	7	2	4	9	1	6
6	1	7	9	5	3	8	2	4

316

7	9	1	4	5	6	3	2	8
2	5	3	1	9	8	4	7	6
6	8	4	3	2	7	9	1	5
8	3	5	7	4	9	2	6	1
9	1	6	2	8	5	7	4	3
4	7	2	6	3	1	8	5	9
3	6	8	5	7	4	1	9	2
1	4	9	8	6	2	5	3	7
5	2	7	9	1	3	6	8	4

317

4	2	3	6	5	8	9	1	7
5	1	8	7	9	4	6	3	2
7	9	6	1	2	3	4	8	5
8	3	9	4	1	5	7	2	6
2	6	4	9	8	7	3	5	1
1	5	7	2	3	6	8	4	9
6	8	2	5	4	9	1	7	3
9	4	5	3	7	1	2	6	8
3	7	1	8	6	2	5	9	4

318

8	9	5	4	3	6	2	1	7
6	2	4	1	9	7	8	3	5
7	1	3	5	8	2	6	9	4
5	7	2	8	4	1	9	6	3
4	3	1	2	6	9	5	7	8
9	6	8	7	5	3	4	2	1
1	5	7	6	2	8	3	4	9
3	8	6	9	7	4	1	5	2
2	4	9	3	1	5	7	8	6

319

5	7	2	3	8	1	9	4	6
3	8	4	9	6	7	2	1	5
6	9	1	4	5	2	8	3	7
8	3	6	7	1	4	5	2	9
9	1	5	2	3	8	6	7	4
4	2	7	5	9	6	3	8	1
2	4	9	6	7	3	1	5	8
1	5	3	8	4	9	7	6	2
7	6	8	1	2	5	4	9	3

320

1	4	3	5	8	7	2	9	6
9	7	5	6	2	3	4	1	8
6	2	8	1	4	9	5	7	3
7	5	2	9	3	1	6	8	4
4	1	6	7	5	8	3	2	9
3	8	9	4	6	2	7	5	1
2	3	7	8	1	4	9	6	5
5	9	1	3	7	6	8	4	2
8	6	4	2	9	5	1	3	7

321

7	5	2	9	3	1	6	4	8
6	4	1	5	7	8	2	3	9
8	9	3	4	6	2	1	7	5
1	2	4	7	8	6	9	5	3
5	8	7	3	1	9	4	2	6
3	6	9	2	5	4	7	8	1
2	1	6	8	4	5	3	9	7
9	7	5	1	2	3	8	6	4
4	3	8	6	9	7	5	1	2

322

6	9	7	5	8	2	4	1	3
3	1	8	9	4	7	5	2	6
2	5	4	3	1	6	9	7	8
8	2	9	6	7	5	1	3	4
1	4	5	8	3	9	7	6	2
7	6	3	1	2	4	8	5	9
5	3	6	4	9	1	2	8	7
4	8	2	7	5	3	6	9	1
9	7	1	2	6	8	3	4	5

323

8	6	9	3	1	2	4	7	5
5	7	3	8	4	9	6	2	1
4	1	2	7	6	5	9	3	8
6	8	1	9	2	7	5	4	3
3	5	7	4	8	6	2	1	9
9	2	4	5	3	1	7	8	6
7	4	5	1	9	8	3	6	2
2	3	8	6	5	4	1	9	7
1	9	6	2	7	3	8	5	4

324

8	2	6	5	9	7	3	1	4
5	4	3	8	1	6	7	2	9
9	7	1	2	4	3	5	8	6
6	3	2	9	7	4	8	5	1
1	5	4	3	2	8	9	6	7
7	9	8	1	6	5	4	3	2
4	8	7	6	3	2	1	9	5
2	1	5	7	8	9	6	4	3
3	6	9	4	5	1	2	7	8

325

8	9	1	3	7	5	2	4	6
2	6	3	9	4	1	8	7	5
5	4	7	6	2	8	9	3	1
3	8	9	2	5	4	1	6	7
7	1	5	8	6	9	3	2	4
6	2	4	7	1	3	5	8	9
1	5	2	4	8	7	6	9	3
9	7	6	5	3	2	4	1	8
4	3	8	1	9	6	7	5	2

326

3	2	4	7	9	6	5	8	1
7	8	5	4	2	1	9	3	6
6	9	1	3	8	5	7	2	4
5	1	7	9	3	2	4	6	8
9	4	2	5	6	8	3	1	7
8	3	6	1	4	7	2	5	9
1	7	3	6	5	4	8	9	2
2	6	9	8	7	3	1	4	5
4	5	8	2	1	9	6	7	3

327

5	8	2	6	9	4	7	1	3
1	4	9	3	8	7	2	6	5
3	6	7	1	2	5	8	9	4
7	5	3	9	4	6	1	2	8
4	2	8	7	1	3	6	5	9
6	9	1	8	5	2	4	3	7
9	3	4	2	7	1	5	8	6
2	7	6	5	3	8	9	4	1
8	1	5	4	6	9	3	7	2

328

8	3	1	4	5	6	7	9	2
6	2	5	7	9	8	3	4	1
4	7	9	1	3	2	8	5	6
9	1	3	2	7	4	5	6	8
7	5	8	9	6	3	1	2	4
2	6	4	5	8	1	9	3	7
3	9	6	8	2	7	4	1	5
5	4	7	6	1	9	2	8	3
1	8	2	3	4	5	6	7	9

329

6	1	3	7	2	4	9	5	8
4	8	9	1	3	5	7	2	6
7	2	5	8	6	9	1	3	4
2	7	1	3	5	6	8	4	9
5	3	8	4	9	7	2	6	1
9	4	6	2	8	1	5	7	3
8	6	4	9	7	2	3	1	5
1	9	2	5	4	3	6	8	7
3	5	7	6	1	8	4	9	2

330

4	8	2	9	3	5	1	7	6
9	7	1	8	4	6	2	3	5
3	6	5	7	1	2	9	8	4
8	5	7	3	6	9	4	2	1
1	4	9	2	5	7	3	6	8
6	2	3	4	8	1	5	9	7
2	9	8	5	7	4	6	1	3
7	1	4	6	9	3	8	5	2
5	3	6	1	2	8	7	4	9

331

5	8	2	4	6	7	1	3	9
6	3	9	1	2	8	4	7	5
7	4	1	3	5	9	8	6	2
2	7	6	8	9	4	5	1	3
8	1	3	6	7	5	2	9	4
9	5	4	2	3	1	6	8	7
1	2	8	7	4	3	9	5	6
3	6	5	9	8	2	7	4	1
4	9	7	5	1	6	3	2	8

332

3	9	8	5	2	7	6	4	1
4	2	7	6	3	1	8	5	9
5	1	6	8	4	9	7	3	2
6	5	3	9	7	8	1	2	4
2	8	1	4	6	5	3	9	7
7	4	9	3	1	2	5	6	8
9	3	5	1	8	4	2	7	6
8	7	4	2	5	6	9	1	3
1	6	2	7	9	3	4	8	5

333

3	4	2	1	6	7	8	9	5
7	5	6	9	8	4	1	2	3
1	8	9	2	3	5	7	6	4
6	1	7	3	2	8	5	4	9
8	2	3	4	5	9	6	7	1
4	9	5	7	1	6	2	3	8
5	3	8	6	4	2	9	1	7
2	7	1	5	9	3	4	8	6
9	6	4	8	7	1	3	5	2

334

2	3	6	5	9	8	4	1	7
8	4	5	1	6	7	9	2	3
7	9	1	2	4	3	6	8	5
9	6	2	3	5	1	7	4	8
1	8	7	6	2	4	5	3	9
4	5	3	7	8	9	1	6	2
5	2	4	9	3	6	8	7	1
3	1	8	4	7	5	2	9	6
6	7	9	8	1	2	3	5	4

335

6	2	7	8	9	1	4	5	3
9	1	5	3	4	7	8	6	2
4	3	8	5	6	2	7	1	9
8	5	1	7	2	6	9	3	4
3	4	9	1	8	5	2	7	6
2	7	6	9	3	4	1	8	5
1	8	3	2	5	9	6	4	7
7	6	2	4	1	3	5	9	8
5	9	4	6	7	8	3	2	1

336

6	2	5	1	9	8	4	7	3
8	9	3	7	2	4	6	5	1
7	4	1	6	3	5	2	8	9
5	8	2	9	4	1	7	3	6
3	1	4	2	7	6	8	9	5
9	6	7	5	8	3	1	2	4
1	5	8	3	6	2	9	4	7
4	3	9	8	1	7	5	6	2
2	7	6	4	5	9	3	1	8

337

1	2	5	6	9	3	7	8	4
9	3	8	7	4	2	1	5	6
4	7	6	1	8	5	3	2	9
5	8	7	4	3	9	2	6	1
3	1	2	5	6	7	4	9	8
6	4	9	2	1	8	5	7	3
7	9	1	3	2	6	8	4	5
8	5	4	9	7	1	6	3	2
2	6	3	8	5	4	9	1	7

338

4	9	7	3	2	1	5	8	6
3	5	6	7	4	8	2	9	1
8	2	1	6	9	5	4	7	3
9	4	5	2	1	7	3	6	8
7	1	3	8	5	6	9	4	2
6	8	2	9	3	4	7	1	5
1	7	9	5	6	2	8	3	4
2	6	8	4	7	3	1	5	9
5	3	4	1	8	9	6	2	7

339

8	1	3	2	6	4	5	9	7
6	9	5	7	8	1	2	3	4
2	7	4	3	5	9	8	1	6
4	3	6	8	9	7	1	5	2
9	5	1	4	3	2	7	6	8
7	2	8	6	1	5	3	4	9
5	6	9	1	2	8	4	7	3
1	4	2	9	7	3	6	8	5
3	8	7	5	4	6	9	2	1

340

4	1	7	3	6	9	5	2	8
3	8	2	7	5	4	1	9	6
6	5	9	8	2	1	7	3	4
8	2	5	9	1	7	6	4	3
7	6	3	4	8	5	9	1	2
1	9	4	2	3	6	8	5	7
5	7	1	6	4	2	3	8	9
9	4	8	5	7	3	2	6	1
2	3	6	1	9	8	4	7	5

341

4	2	3	7	5	6	9	8	1
8	6	1	2	4	9	5	3	7
5	7	9	3	8	1	4	2	6
7	5	2	8	6	3	1	4	9
3	9	4	1	7	5	8	6	2
1	8	6	4	9	2	7	5	3
9	4	5	6	3	7	2	1	8
6	1	8	9	2	4	3	7	5
2	3	7	5	1	8	6	9	4

342

1	6	8	2	9	7	5	4	3
3	7	2	6	4	5	9	1	8
4	5	9	8	3	1	6	2	7
6	2	4	1	7	8	3	5	9
7	8	1	9	5	3	4	6	2
9	3	5	4	2	6	7	8	1
8	1	7	3	6	4	2	9	5
2	4	3	5	8	9	1	7	6
5	9	6	7	1	2	8	3	4

343

7	6	5	3	8	2	9	4	1
3	1	8	9	4	5	7	2	6
4	2	9	1	6	7	8	3	5
1	5	7	4	3	8	2	6	9
9	3	2	5	7	6	4	1	8
8	4	6	2	1	9	3	5	7
2	9	4	7	5	1	6	8	3
5	8	3	6	9	4	1	7	2
6	7	1	8	2	3	5	9	4

344

1	3	9	6	7	5	4	2	8
4	5	8	2	9	1	3	6	7
7	2	6	4	8	3	9	1	5
9	8	3	5	1	7	6	4	2
2	4	7	9	3	6	5	8	1
6	1	5	8	2	4	7	3	9
5	6	1	7	4	8	2	9	3
8	7	2	3	6	9	1	5	4
3	9	4	1	5	2	8	7	6

345

2	1	5	4	3	6	9	7	8
3	9	6	7	2	8	4	5	1
7	8	4	9	1	5	6	2	3
8	3	9	1	5	4	7	6	2
5	2	7	3	6	9	8	1	4
4	6	1	8	7	2	3	9	5
9	5	8	2	4	7	1	3	6
1	7	2	6	8	3	5	4	9
6	4	3	5	9	1	2	8	7

346

2	8	3	4	5	6	1	7	9
6	4	1	3	7	9	5	2	8
7	5	9	1	2	8	3	6	4
5	9	4	6	8	2	7	1	3
1	2	7	5	9	3	4	8	6
8	3	6	7	1	4	9	5	2
4	1	2	9	6	7	8	3	5
3	6	5	8	4	1	2	9	7
9	7	8	2	3	5	6	4	1

347

3	4	1	2	6	5	8	9	7
6	8	9	7	1	4	5	3	2
5	7	2	3	8	9	1	4	6
7	6	3	4	2	1	9	5	8
1	2	8	5	9	6	4	7	3
9	5	4	8	3	7	6	2	1
8	1	7	9	5	2	3	6	4
4	3	5	6	7	8	2	1	9
2	9	6	1	4	3	7	8	5

348

5	4	8	9	6	7	1	3	2
1	9	2	4	3	5	8	7	6
3	7	6	8	1	2	5	4	9
2	8	7	3	9	1	4	6	5
9	5	3	6	2	4	7	8	1
6	1	4	5	7	8	9	2	3
8	3	5	2	4	9	6	1	7
4	6	1	7	5	3	2	9	8
7	2	9	1	8	6	3	5	4

349

6	7	2	8	4	9	5	3	1
5	9	3	7	6	1	8	4	2
8	4	1	2	5	3	9	7	6
2	8	6	9	3	4	1	5	7
7	1	4	6	8	5	2	9	3
9	3	5	1	7	2	4	6	8
4	2	9	3	1	6	7	8	5
1	6	8	5	9	7	3	2	4
3	5	7	4	2	8	6	1	9

350

6	2	1	7	4	5	8	9	3
3	9	5	6	8	2	7	1	4
4	7	8	9	1	3	5	2	6
1	5	4	8	7	6	2	3	9
7	6	2	1	3	9	4	5	8
8	3	9	2	5	4	6	7	1
9	1	7	5	6	8	3	4	2
5	8	3	4	2	1	9	6	7
2	4	6	3	9	7	1	8	5

351

7	5	6	2	8	9	3	4	1
3	9	8	4	1	6	7	2	5
4	1	2	7	5	3	6	8	9
8	2	1	6	3	5	9	7	4
5	7	3	9	4	2	1	6	8
6	4	9	1	7	8	5	3	2
1	8	5	3	6	4	2	9	7
9	6	4	5	2	7	8	1	3
2	3	7	8	9	1	4	5	6

352

6	4	7	1	2	8	9	3	5
2	8	5	6	3	9	4	7	1
3	1	9	4	7	5	2	6	8
7	9	8	2	1	3	6	5	4
5	2	6	7	9	4	1	8	3
4	3	1	8	5	6	7	2	9
1	7	3	5	4	2	8	9	6
9	6	4	3	8	7	5	1	2
8	5	2	9	6	1	3	4	7

353

9	3	4	5	1	6	7	8	2
7	2	6	8	9	3	4	5	1
8	1	5	7	4	2	6	3	9
6	4	9	3	5	7	1	2	8
5	8	2	1	6	9	3	4	7
1	7	3	2	8	4	9	6	5
4	5	8	6	7	1	2	9	3
3	6	7	9	2	5	8	1	4
2	9	1	4	3	8	5	7	6

354

4	3	1	8	6	5	9	7	2
5	7	9	1	3	2	6	4	8
2	8	6	4	7	9	5	3	1
7	9	5	2	4	1	8	6	3
1	2	3	6	8	7	4	9	5
6	4	8	5	9	3	1	2	7
9	6	2	3	5	8	7	1	4
3	5	4	7	1	6	2	8	9
8	1	7	9	2	4	3	5	6

355

2	9	7	1	3	4	5	6	8
5	8	4	7	9	6	2	3	1
1	3	6	8	2	5	9	4	7
4	6	9	5	7	1	3	8	2
3	5	1	2	4	8	7	9	6
7	2	8	3	6	9	1	5	4
6	1	5	9	8	2	4	7	3
8	7	2	4	5	3	6	1	9
9	4	3	6	1	7	8	2	5

356

6	8	4	5	7	9	2	3	1
3	9	5	6	1	2	8	7	4
2	7	1	4	3	8	9	5	6
8	2	3	7	5	6	1	4	9
5	4	6	3	9	1	7	2	8
9	1	7	8	2	4	5	6	3
1	3	9	2	6	5	4	8	7
7	5	8	9	4	3	6	1	2
4	6	2	1	8	7	3	9	5

357

9	6	5	8	2	1	7	4	3
3	8	4	6	9	7	1	2	5
2	1	7	3	5	4	6	9	8
8	9	6	1	3	2	5	7	4
4	2	3	9	7	5	8	6	1
5	7	1	4	6	8	2	3	9
6	4	2	5	1	9	3	8	7
1	3	9	7	8	6	4	5	2
7	5	8	2	4	3	9	1	6

358

6	4	9	1	5	2	8	3	7
3	1	5	7	4	8	6	2	9
7	8	2	6	3	9	5	1	4
8	2	1	3	7	4	9	6	5
5	7	4	2	9	6	1	8	3
9	3	6	5	8	1	7	4	2
4	6	7	9	1	3	2	5	8
2	9	3	8	6	5	4	7	1
1	5	8	4	2	7	3	9	6

359

7	1	9	5	4	3	2	6	8
6	3	4	8	1	2	9	5	7
2	8	5	7	9	6	1	4	3
3	4	6	9	5	8	7	1	2
1	9	7	2	3	4	5	8	6
8	5	2	1	6	7	4	3	9
9	6	1	3	2	5	8	7	4
4	2	8	6	7	1	3	9	5
5	7	3	4	8	9	6	2	1

360

3	8	7	9	4	2	1	5	6
5	6	2	8	1	7	3	9	4
9	1	4	3	5	6	8	7	2
4	3	5	6	2	8	9	1	7
1	9	6	5	7	4	2	8	3
2	7	8	1	3	9	4	6	5
8	4	9	7	6	3	5	2	1
6	5	3	2	9	1	7	4	8
7	2	1	4	8	5	6	3	9

361

3	7	8	6	9	4	5	2	1
1	4	6	2	8	5	9	3	7
2	5	9	3	7	1	8	6	4
9	8	5	7	3	2	4	1	6
4	2	7	1	6	9	3	5	8
6	3	1	5	4	8	7	9	2
8	1	3	9	2	7	6	4	5
5	6	4	8	1	3	2	7	9
7	9	2	4	5	6	1	8	3

362

2	6	9	1	3	7	8	5	4
5	4	7	2	9	8	1	6	3
8	3	1	5	4	6	9	2	7
9	2	3	4	6	5	7	8	1
1	7	6	8	2	3	5	4	9
4	5	8	9	7	1	2	3	6
3	8	5	6	1	9	4	7	2
6	9	4	7	8	2	3	1	5
7	1	2	3	5	4	6	9	8

363

2	4	1	5	9	6	7	8	3
7	5	8	1	3	2	6	9	4
3	9	6	4	8	7	2	5	1
8	6	9	7	5	3	4	1	2
5	1	7	2	6	4	8	3	9
4	3	2	9	1	8	5	7	6
9	2	4	3	7	5	1	6	8
1	8	5	6	2	9	3	4	7
6	7	3	8	4	1	9	2	5

364

1	2	6	8	7	9	4	5	3
5	3	9	6	4	2	1	8	7
7	4	8	1	5	3	9	6	2
2	6	1	3	8	4	5	7	9
3	5	7	9	6	1	8	2	4
9	8	4	5	2	7	6	3	1
6	7	2	4	1	8	3	9	5
8	1	3	2	9	5	7	4	6
4	9	5	7	3	6	2	1	8

365

1	5	8	9	3	2	6	4	7
3	6	2	4	8	7	5	9	1
4	7	9	1	6	5	3	2	8
8	2	6	5	9	3	1	7	4
5	9	4	2	7	1	8	6	3
7	1	3	8	4	6	2	5	9
2	8	5	7	1	9	4	3	6
9	3	1	6	2	4	7	8	5
6	4	7	3	5	8	9	1	2

366

3	4	6	5	9	2	1	7	8
8	5	1	6	3	7	4	2	9
7	9	2	1	8	4	6	3	5
4	1	7	8	6	5	2	9	3
2	3	5	7	1	9	8	6	4
9	6	8	2	4	3	7	5	1
6	8	9	3	2	1	5	4	7
1	7	4	9	5	6	3	8	2
5	2	3	4	7	8	9	1	6

367

7	1	5	9	8	4	3	2	6
2	6	9	3	5	1	8	7	4
8	4	3	6	7	2	1	5	9
5	2	4	7	3	6	9	1	8
9	8	1	2	4	5	7	6	3
3	7	6	8	1	9	5	4	2
6	3	2	5	9	7	4	8	1
4	9	7	1	6	8	2	3	5
1	5	8	4	2	3	6	9	7

368

3	9	1	2	4	5	6	7	8
2	5	8	7	6	9	1	3	4
6	7	4	3	8	1	2	9	5
5	2	9	8	3	6	4	1	7
8	6	7	1	9	4	5	2	3
1	4	3	5	7	2	8	6	9
7	3	6	4	1	8	9	5	2
9	8	2	6	5	3	7	4	1
4	1	5	9	2	7	3	8	6

369

3	4	6	7	8	9	1	2	5
5	9	1	6	4	2	3	7	8
8	7	2	1	5	3	4	9	6
1	5	3	8	9	6	7	4	2
6	2	9	3	7	4	8	5	1
7	8	4	2	1	5	9	6	3
2	6	7	9	3	1	5	8	4
9	3	5	4	6	8	2	1	7
4	1	8	5	2	7	6	3	9

370

6	7	1	3	8	4	5	9	2
2	3	8	7	9	5	4	1	6
4	9	5	6	2	1	8	7	3
5	1	2	4	6	8	9	3	7
3	8	6	9	7	2	1	4	5
7	4	9	5	1	3	6	2	8
9	2	7	1	5	6	3	8	4
8	6	3	2	4	9	7	5	1
1	5	4	8	3	7	2	6	9

371

1	9	5	6	3	2	8	4	7
8	4	3	9	5	7	6	2	1
7	6	2	4	8	1	9	5	3
2	3	4	5	9	6	7	1	8
5	8	6	1	7	3	2	9	4
9	7	1	8	2	4	5	3	6
6	5	7	3	1	9	4	8	2
4	1	8	2	6	5	3	7	9
3	2	9	7	4	8	1	6	5

372

1	2	7	8	9	6	5	3	4
8	3	5	2	7	4	6	1	9
9	4	6	5	1	3	2	7	8
5	6	2	1	4	8	7	9	3
3	9	4	6	5	7	8	2	1
7	8	1	3	2	9	4	5	6
6	1	8	7	3	2	9	4	5
2	5	9	4	8	1	3	6	7
4	7	3	9	6	5	1	8	2

373

8	6	2	9	4	5	7	3	1
3	4	1	7	6	8	2	9	5
5	9	7	1	3	2	8	6	4
7	5	4	6	8	9	1	2	3
9	2	8	5	1	3	4	7	6
1	3	6	2	7	4	9	5	8
2	8	3	4	9	6	5	1	7
6	7	9	8	5	1	3	4	2
4	1	5	3	2	7	6	8	9

374

4	9	5	2	6	3	1	7	8
6	8	3	7	5	1	9	4	2
7	1	2	4	9	8	5	3	6
2	3	9	5	7	6	4	8	1
1	7	4	3	8	2	6	5	9
5	6	8	9	1	4	7	2	3
9	4	6	8	3	5	2	1	7
3	2	7	1	4	9	8	6	5
8	5	1	6	2	7	3	9	4

375

8	6	2	3	9	7	5	4	1
1	5	3	4	8	2	7	9	6
4	9	7	5	1	6	3	8	2
7	3	5	1	2	9	4	6	8
6	4	9	8	5	3	1	2	7
2	1	8	7	6	4	9	3	5
9	7	6	2	3	1	8	5	4
5	2	4	9	7	8	6	1	3
3	8	1	6	4	5	2	7	9

376

8	3	1	5	4	2	9	7	6
9	4	6	8	7	3	5	2	1
7	5	2	1	6	9	8	3	4
4	2	5	7	8	6	1	9	3
6	7	3	9	1	4	2	5	8
1	8	9	2	3	5	4	6	7
5	6	8	3	9	1	7	4	2
2	1	4	6	5	7	3	8	9
3	9	7	4	2	8	6	1	5

377

4	7	8	6	3	5	1	2	9
3	6	9	2	1	8	5	7	4
5	1	2	4	7	9	8	6	3
1	9	3	7	4	2	6	5	8
6	2	5	8	9	1	3	4	7
8	4	7	5	6	3	2	9	1
7	3	1	9	5	6	4	8	2
2	5	4	3	8	7	9	1	6
9	8	6	1	2	4	7	3	5

378

6	9	1	2	7	4	3	8	5
8	4	5	9	3	1	2	6	7
3	7	2	5	8	6	1	4	9
5	2	4	6	9	3	7	1	8
7	3	8	1	4	5	6	9	2
9	1	6	8	2	7	4	5	3
2	8	7	4	1	9	5	3	6
1	5	3	7	6	8	9	2	4
4	6	9	3	5	2	8	7	1

379

8	9	2	7	1	3	6	5	4
6	1	4	5	8	2	3	7	9
7	3	5	9	4	6	8	2	1
1	2	6	3	7	4	5	9	8
3	8	9	2	5	1	7	4	6
4	5	7	6	9	8	1	3	2
2	7	8	4	6	5	9	1	3
5	6	3	1	2	9	4	8	7
9	4	1	8	3	7	2	6	5

380

2	3	1	6	5	7	8	4	9
7	6	8	3	4	9	2	1	5
5	9	4	1	8	2	7	6	3
8	4	9	7	3	5	1	2	6
1	7	5	2	9	6	3	8	4
6	2	3	4	1	8	9	5	7
9	5	6	8	2	3	4	7	1
4	8	7	9	6	1	5	3	2
3	1	2	5	7	4	6	9	8

381

6	8	2	4	7	9	3	5	1
5	1	4	6	3	2	8	7	9
3	7	9	5	8	1	2	4	6
2	4	8	7	1	5	9	6	3
7	9	6	3	4	8	1	2	5
1	3	5	9	2	6	7	8	4
9	6	7	8	5	3	4	1	2
4	5	1	2	9	7	6	3	8
8	2	3	1	6	4	5	9	7

382

6	4	9	1	7	3	2	5	8
8	7	5	2	6	9	4	1	3
2	3	1	4	5	8	7	9	6
5	9	8	3	1	4	6	7	2
1	6	3	9	2	7	5	8	4
7	2	4	6	8	5	1	3	9
9	8	6	5	4	1	3	2	7
4	1	7	8	3	2	9	6	5
3	5	2	7	9	6	8	4	1

383

1	4	9	6	3	2	5	7	8
8	6	2	7	1	5	9	3	4
3	5	7	8	4	9	1	2	6
6	7	8	9	2	1	3	4	5
9	1	4	3	5	8	2	6	7
2	3	5	4	7	6	8	9	1
7	8	3	1	9	4	6	5	2
4	2	1	5	6	3	7	8	9
5	9	6	2	8	7	4	1	3

384

5	2	3	8	6	4	9	7	1
6	9	1	7	5	2	8	4	3
7	8	4	3	9	1	2	6	5
9	4	5	1	7	6	3	8	2
3	6	2	4	8	9	5	1	7
1	7	8	2	3	5	6	9	4
8	1	7	9	2	3	4	5	6
4	3	6	5	1	8	7	2	9
2	5	9	6	4	7	1	3	8

385

5	4	9	2	6	7	1	3	8
7	1	2	3	8	4	9	6	5
8	6	3	9	5	1	7	4	2
3	5	6	1	4	8	2	7	9
9	8	7	6	3	2	5	1	4
4	2	1	5	7	9	6	8	3
6	3	8	7	2	5	4	9	1
1	7	5	4	9	3	8	2	6
2	9	4	8	1	6	3	5	7

386

4	2	8	6	9	5	7	3	1
5	9	1	3	7	2	6	8	4
3	6	7	8	4	1	5	2	9
1	4	6	2	3	8	9	5	7
2	8	9	7	5	6	4	1	3
7	5	3	9	1	4	2	6	8
6	1	5	4	8	7	3	9	2
9	7	2	1	6	3	8	4	5
8	3	4	5	2	9	1	7	6

387

5	4	3	8	2	1	9	7	6
7	9	1	6	5	3	8	4	2
2	6	8	7	9	4	5	3	1
8	5	6	9	4	7	2	1	3
1	2	4	5	3	8	7	6	9
3	7	9	1	6	2	4	8	5
4	8	2	3	1	5	6	9	7
6	3	5	4	7	9	1	2	8
9	1	7	2	8	6	3	5	4

388

1	5	3	9	6	7	8	2	4
6	2	4	3	8	5	9	1	7
9	8	7	4	1	2	6	3	5
4	6	8	7	2	9	3	5	1
2	9	5	6	3	1	4	7	8
7	3	1	8	5	4	2	6	9
5	4	9	2	7	6	1	8	3
8	7	2	1	9	3	5	4	6
3	1	6	5	4	8	7	9	2

389

3	5	9	2	6	1	7	4	8
7	4	1	9	3	8	6	2	5
6	8	2	7	5	4	1	9	3
9	6	5	1	8	7	2	3	4
8	3	4	6	9	2	5	1	7
2	1	7	3	4	5	8	6	9
5	9	3	8	2	6	4	7	1
1	2	8	4	7	3	9	5	6
4	7	6	5	1	9	3	8	2

390

8	2	5	6	1	4	7	9	3
9	7	4	5	2	3	8	1	6
3	6	1	7	9	8	2	4	5
2	9	6	1	4	7	3	5	8
1	8	3	2	5	9	6	7	4
4	5	7	8	3	6	1	2	9
6	3	9	4	7	1	5	8	2
5	1	8	9	6	2	4	3	7
7	4	2	3	8	5	9	6	1

391

4	5	2	1	6	3	7	8	9
1	9	3	5	8	7	6	2	4
8	6	7	2	4	9	5	3	1
2	3	5	4	9	6	1	7	8
6	7	4	8	1	5	3	9	2
9	8	1	7	3	2	4	6	5
3	2	8	6	5	1	9	4	7
7	1	6	9	2	4	8	5	3
5	4	9	3	7	8	2	1	6

392

1	4	8	3	6	9	2	7	5
6	5	9	7	8	2	4	3	1
7	2	3	4	5	1	9	8	6
9	8	2	6	1	7	5	4	3
3	1	5	8	2	4	6	9	7
4	6	7	5	9	3	8	1	2
8	3	6	1	4	5	7	2	9
5	9	1	2	7	8	3	6	4
2	7	4	9	3	6	1	5	8

393

7	8	1	6	2	4	3	9	5
5	2	6	3	7	9	4	8	1
9	4	3	1	8	5	7	6	2
6	9	5	4	3	7	2	1	8
1	7	2	5	9	8	6	3	4
8	3	4	2	1	6	5	7	9
2	5	7	9	6	1	8	4	3
3	6	9	8	4	2	1	5	7
4	1	8	7	5	3	9	2	6

394

7	1	2	8	9	4	5	3	6
6	9	5	1	2	3	4	8	7
8	4	3	5	6	7	9	1	2
3	5	4	9	7	6	1	2	8
1	8	6	2	3	5	7	9	4
2	7	9	4	1	8	3	6	5
4	3	8	6	5	9	2	7	1
9	6	1	7	4	2	8	5	3
5	2	7	3	8	1	6	4	9

395

2	4	7	5	9	1	6	3	8
1	5	8	3	6	4	9	7	2
3	9	6	8	2	7	5	1	4
4	1	9	2	3	5	7	8	6
7	6	2	9	4	8	3	5	1
5	8	3	1	7	6	2	4	9
9	2	4	7	1	3	8	6	5
6	7	5	4	8	2	1	9	3
8	3	1	6	5	9	4	2	7

396

4	8	9	1	5	7	3	2	6
1	2	5	6	4	3	7	9	8
3	7	6	8	9	2	1	4	5
2	6	8	3	1	5	4	7	9
7	9	1	2	8	4	5	6	3
5	3	4	7	6	9	2	8	1
8	4	3	5	2	6	9	1	7
6	5	2	9	7	1	8	3	4
9	1	7	4	3	8	6	5	2

397

5	4	7	2	9	1	3	6	8
2	9	3	6	8	7	4	1	5
6	1	8	5	3	4	7	2	9
8	6	5	3	1	9	2	4	7
1	7	2	8	4	6	5	9	3
4	3	9	7	2	5	6	8	1
3	2	6	1	7	8	9	5	4
7	8	4	9	5	2	1	3	6
9	5	1	4	6	3	8	7	2

398

6	8	4	9	3	1	5	7	2
2	1	7	6	5	8	9	4	3
5	3	9	4	2	7	6	1	8
9	6	8	1	4	5	3	2	7
4	2	1	3	7	6	8	5	9
7	5	3	2	8	9	1	6	4
1	7	6	8	9	2	4	3	5
8	4	2	5	1	3	7	9	6
3	9	5	7	6	4	2	8	1

399

2	3	6	7	8	9	5	1	4
9	4	7	6	5	1	3	8	2
8	5	1	2	4	3	6	9	7
3	9	5	1	2	7	8	4	6
1	2	8	5	6	4	7	3	9
6	7	4	3	9	8	1	2	5
4	6	9	8	3	5	2	7	1
7	8	2	4	1	6	9	5	3
5	1	3	9	7	2	4	6	8

400

3	9	2	7	5	1	6	8	4
6	7	8	2	4	9	1	3	5
4	5	1	8	3	6	9	7	2
8	4	7	5	9	3	2	6	1
2	3	6	1	7	4	5	9	8
9	1	5	6	2	8	3	4	7
1	6	3	4	8	2	7	5	9
5	2	4	9	6	7	8	1	3
7	8	9	3	1	5	4	2	6

401

2	7	5	9	1	8	6	4	3
8	4	1	3	6	5	2	7	9
3	6	9	4	7	2	1	8	5
5	1	2	8	4	3	7	9	6
6	8	3	2	9	7	5	1	4
7	9	4	1	5	6	3	2	8
4	5	6	7	2	9	8	3	1
9	2	8	5	3	1	4	6	7
1	3	7	6	8	4	9	5	2

402

1	4	2	5	8	9	6	3	7
8	7	5	3	6	4	1	2	9
9	3	6	7	1	2	8	5	4
6	2	8	1	7	5	4	9	3
5	9	7	4	3	8	2	6	1
4	1	3	9	2	6	5	7	8
3	6	1	8	5	7	9	4	2
7	5	4	2	9	1	3	8	6
2	8	9	6	4	3	7	1	5

403

3	9	8	1	5	2	7	6	4
1	2	4	3	7	6	5	8	9
7	6	5	8	4	9	3	1	2
8	3	6	5	9	4	1	2	7
9	5	7	2	6	1	8	4	3
2	4	1	7	8	3	6	9	5
4	7	9	6	1	5	2	3	8
6	8	2	9	3	7	4	5	1
5	1	3	4	2	8	9	7	6

404

6	4	5	1	2	3	7	8	9
9	2	7	5	6	8	1	4	3
1	8	3	9	7	4	6	5	2
2	6	4	3	9	7	8	1	5
3	5	8	2	4	1	9	7	6
7	1	9	6	8	5	2	3	4
4	3	6	8	1	9	5	2	7
8	7	2	4	5	6	3	9	1
5	9	1	7	3	2	4	6	8

405

6	7	9	4	3	8	5	2	1
3	8	1	9	5	2	7	4	6
5	2	4	7	6	1	9	8	3
8	3	5	2	1	6	4	7	9
7	4	6	8	9	5	1	3	2
9	1	2	3	7	4	8	6	5
4	9	3	1	2	7	6	5	8
2	6	7	5	8	9	3	1	4
1	5	8	6	4	3	2	9	7

406

3	2	4	1	6	7	8	9	5
5	8	1	4	9	2	6	3	7
6	7	9	5	3	8	2	4	1
7	9	5	6	1	3	4	2	8
1	3	2	7	8	4	9	5	6
8	4	6	2	5	9	1	7	3
9	6	3	8	2	5	7	1	4
2	1	7	3	4	6	5	8	9
4	5	8	9	7	1	3	6	2

407

4	5	9	2	7	3	8	6	1
3	1	2	6	8	4	5	7	9
8	6	7	5	9	1	4	3	2
2	4	6	3	1	5	7	9	8
1	8	3	9	2	7	6	5	4
9	7	5	4	6	8	2	1	3
7	9	4	1	5	2	3	8	6
5	3	1	8	4	6	9	2	7
6	2	8	7	3	9	1	4	5

408

3	1	2	4	5	7	8	9	6
6	7	8	1	2	9	4	3	5
4	9	5	8	3	6	2	7	1
8	6	7	9	1	3	5	4	2
5	4	9	7	6	2	1	8	3
1	2	3	5	8	4	9	6	7
7	3	1	2	9	8	6	5	4
2	8	4	6	7	5	3	1	9
9	5	6	3	4	1	7	2	8

409

2	5	8	6	7	9	4	1	3
1	4	9	3	5	8	7	2	6
3	7	6	1	4	2	8	5	9
5	9	4	7	2	6	1	3	8
8	6	3	4	9	1	2	7	5
7	1	2	5	8	3	9	6	4
9	8	5	2	3	7	6	4	1
4	2	1	9	6	5	3	8	7
6	3	7	8	1	4	5	9	2

410

5	7	4	1	2	8	3	6	9
2	3	1	9	6	7	8	5	4
8	9	6	5	4	3	7	2	1
1	6	2	8	7	4	5	9	3
7	8	3	6	9	5	1	4	2
9	4	5	2	3	1	6	8	7
6	2	8	7	1	9	4	3	5
3	1	9	4	5	6	2	7	8
4	5	7	3	8	2	9	1	6

411

1	8	7	5	9	3	2	4	6
9	4	2	6	7	1	8	3	5
5	3	6	8	4	2	1	7	9
6	1	4	7	3	5	9	8	2
7	2	3	9	8	6	5	1	4
8	9	5	2	1	4	7	6	3
4	6	8	1	2	9	3	5	7
3	7	9	4	5	8	6	2	1
2	5	1	3	6	7	4	9	8

412

7	6	5	3	8	9	4	2	1
4	1	3	5	2	7	6	8	9
8	2	9	1	6	4	7	3	5
6	9	4	7	5	8	2	1	3
2	7	1	9	3	6	8	5	4
5	3	8	2	4	1	9	6	7
1	4	2	8	7	3	5	9	6
9	5	6	4	1	2	3	7	8
3	8	7	6	9	5	1	4	2

413

7	5	9	8	2	3	6	4	1
2	6	4	1	9	7	5	3	8
1	3	8	6	4	5	9	7	2
9	7	3	4	1	2	8	6	5
8	1	5	3	6	9	7	2	4
4	2	6	5	7	8	3	1	9
3	9	1	7	5	4	2	8	6
5	4	7	2	8	6	1	9	3
6	8	2	9	3	1	4	5	7

414

7	6	3	5	4	9	1	8	2
8	9	1	6	7	2	3	5	4
5	2	4	1	8	3	7	6	9
3	8	9	2	6	5	4	7	1
4	5	6	3	1	7	9	2	8
2	1	7	8	9	4	6	3	5
1	7	2	9	5	6	8	4	3
9	4	5	7	3	8	2	1	6
6	3	8	4	2	1	5	9	7

415

1	8	2	7	6	4	3	9	5
3	7	4	9	1	5	6	2	8
6	5	9	3	2	8	1	7	4
4	6	5	2	7	3	8	1	9
7	1	8	5	4	9	2	6	3
2	9	3	1	8	6	5	4	7
5	3	7	6	9	2	4	8	1
9	4	6	8	3	1	7	5	2
8	2	1	4	5	7	9	3	6

416

4	7	9	6	5	2	8	3	1
3	2	6	8	1	7	4	9	5
1	8	5	4	9	3	2	6	7
2	4	7	9	3	1	6	5	8
6	9	3	5	2	8	7	1	4
5	1	8	7	6	4	9	2	3
7	6	1	2	4	5	3	8	9
8	5	2	3	7	9	1	4	6
9	3	4	1	8	6	5	7	2

417

5	1	9	7	6	3	4	8	2
2	6	7	4	8	9	1	5	3
8	4	3	5	2	1	6	7	9
3	7	8	9	5	4	2	1	6
9	5	4	6	1	2	7	3	8
6	2	1	8	3	7	9	4	5
4	3	6	2	7	8	5	9	1
1	9	2	3	4	5	8	6	7
7	8	5	1	9	6	3	2	4

418

2	6	9	4	8	7	1	5	3
3	5	8	6	1	9	7	2	4
1	7	4	2	3	5	8	9	6
7	9	2	3	5	1	4	6	8
6	8	5	7	4	2	9	3	1
4	3	1	8	9	6	2	7	5
8	2	7	1	6	3	5	4	9
9	4	3	5	7	8	6	1	2
5	1	6	9	2	4	3	8	7

419

2	9	5	6	4	1	3	8	7
4	7	6	5	3	8	1	9	2
8	3	1	2	9	7	6	5	4
3	6	4	7	1	9	5	2	8
1	2	8	3	5	4	9	7	6
7	5	9	8	6	2	4	3	1
5	4	7	1	2	3	8	6	9
6	1	2	9	8	5	7	4	3
9	8	3	4	7	6	2	1	5

420

5	8	4	7	9	6	3	2	1
3	9	7	2	1	8	6	5	4
1	6	2	5	3	4	9	7	8
8	3	1	6	2	5	4	9	7
2	4	6	8	7	9	1	3	5
9	7	5	1	4	3	8	6	2
7	2	3	4	6	1	5	8	9
4	5	9	3	8	7	2	1	6
6	1	8	9	5	2	7	4	3

421

6	9	3	7	4	8	2	1	5
5	2	7	1	6	3	9	4	8
4	1	8	9	5	2	3	7	6
2	6	4	3	7	5	8	9	1
7	3	1	8	9	4	5	6	2
8	5	9	2	1	6	7	3	4
3	4	6	5	2	9	1	8	7
1	8	2	6	3	7	4	5	9
9	7	5	4	8	1	6	2	3

422

1	9	5	8	6	3	7	4	2
3	7	8	4	2	9	6	5	1
2	4	6	5	1	7	3	8	9
8	2	9	1	3	6	5	7	4
7	3	4	9	5	2	8	1	6
5	6	1	7	4	8	2	9	3
9	8	2	3	7	1	4	6	5
4	1	3	6	8	5	9	2	7
6	5	7	2	9	4	1	3	8

423

8	9	1	2	6	7	5	4	3
6	4	7	3	8	5	2	9	1
2	5	3	9	1	4	7	8	6
3	2	4	5	9	1	8	6	7
9	7	8	6	3	2	1	5	4
1	6	5	4	7	8	3	2	9
4	8	6	1	5	3	9	7	2
5	3	2	7	4	9	6	1	8
7	1	9	8	2	6	4	3	5

424

8	6	7	4	5	1	2	9	3
2	1	3	9	6	8	7	4	5
4	5	9	3	7	2	1	8	6
3	7	1	2	9	4	6	5	8
5	4	8	1	3	6	9	7	2
6	9	2	5	8	7	4	3	1
7	8	5	6	2	9	3	1	4
1	3	6	7	4	5	8	2	9
9	2	4	8	1	3	5	6	7

425

8	3	6	1	7	9	4	2	5
7	2	9	5	6	4	8	3	1
5	4	1	8	3	2	7	9	6
9	7	3	2	5	8	1	6	4
1	6	2	3	4	7	9	5	8
4	5	8	9	1	6	2	7	3
6	1	4	7	2	3	5	8	9
3	9	7	4	8	5	6	1	2
2	8	5	6	9	1	3	4	7

426

9	5	8	2	6	7	4	1	3
7	1	2	4	8	3	5	9	6
6	3	4	9	5	1	7	2	8
4	7	3	5	9	8	1	6	2
2	9	1	6	3	4	8	7	5
8	6	5	1	7	2	9	3	4
3	4	6	8	1	9	2	5	7
5	2	9	7	4	6	3	8	1
1	8	7	3	2	5	6	4	9

427

6	2	1	9	7	8	5	4	3
5	4	9	6	3	1	8	2	7
3	8	7	2	5	4	6	9	1
1	6	8	4	9	7	2	3	5
4	5	3	8	6	2	7	1	9
9	7	2	3	1	5	4	8	6
2	3	5	7	4	9	1	6	8
7	9	4	1	8	6	3	5	2
8	1	6	5	2	3	9	7	4

428

9	3	4	2	6	1	5	7	8
5	1	6	4	7	8	3	9	2
7	2	8	3	5	9	4	1	6
2	4	9	8	3	7	1	6	5
3	5	1	6	4	2	7	8	9
6	8	7	9	1	5	2	4	3
1	6	2	7	8	3	9	5	4
4	7	3	5	9	6	8	2	1
8	9	5	1	2	4	6	3	7

429

8	6	5	9	7	4	1	2	3
2	3	7	1	8	6	9	4	5
9	4	1	5	2	3	8	6	7
7	5	4	3	9	8	2	1	6
1	2	6	4	5	7	3	9	8
3	8	9	6	1	2	7	5	4
6	9	2	8	3	5	4	7	1
4	7	3	2	6	1	5	8	9
5	1	8	7	4	9	6	3	2

430

5	2	3	7	4	1	8	6	9
8	6	1	3	9	5	2	4	7
9	4	7	8	6	2	1	3	5
7	8	4	5	2	6	3	9	1
2	1	5	9	7	3	6	8	4
3	9	6	4	1	8	5	7	2
1	7	2	6	8	4	9	5	3
6	5	9	2	3	7	4	1	8
4	3	8	1	5	9	7	2	6

431

6	2	4	8	5	3	1	7	9
3	9	8	7	1	2	5	4	6
5	1	7	4	9	6	2	8	3
2	7	9	6	3	8	4	5	1
4	3	1	5	2	7	9	6	8
8	5	6	9	4	1	3	2	7
1	8	5	3	6	4	7	9	2
9	6	2	1	7	5	8	3	4
7	4	3	2	8	9	6	1	5

432

4	9	2	8	3	6	5	1	7
3	7	5	2	4	1	8	9	6
6	1	8	7	5	9	4	2	3
8	2	1	5	6	4	3	7	9
5	6	9	3	1	7	2	4	8
7	3	4	9	8	2	6	5	1
1	8	3	4	7	5	9	6	2
9	4	6	1	2	3	7	8	5
2	5	7	6	9	8	1	3	4

433

2	9	1	3	4	7	8	6	5
4	6	7	8	5	9	2	1	3
8	5	3	1	6	2	4	7	9
7	8	5	2	9	1	6	3	4
1	2	4	7	3	6	9	5	8
6	3	9	4	8	5	1	2	7
3	7	6	9	2	4	5	8	1
5	4	8	6	1	3	7	9	2
9	1	2	5	7	8	3	4	6

434

9	5	3	6	4	8	7	2	1
7	1	8	3	9	2	5	6	4
6	2	4	5	1	7	8	3	9
1	7	2	4	5	3	9	8	6
4	3	6	8	7	9	2	1	5
5	8	9	2	6	1	3	4	7
2	6	7	9	3	4	1	5	8
8	9	5	1	2	6	4	7	3
3	4	1	7	8	5	6	9	2

435

3	5	7	2	1	6	4	9	8
1	8	2	7	9	4	3	6	5
4	6	9	8	3	5	2	7	1
9	3	8	4	2	7	1	5	6
7	4	5	9	6	1	8	2	3
2	1	6	3	5	8	7	4	9
8	2	3	6	4	9	5	1	7
6	7	1	5	8	2	9	3	4
5	9	4	1	7	3	6	8	2

436

3	7	1	2	8	6	5	4	9
9	5	8	4	3	1	2	7	6
4	2	6	7	5	9	1	8	3
7	4	9	1	6	8	3	5	2
5	6	3	9	7	2	4	1	8
8	1	2	5	4	3	9	6	7
2	9	7	6	1	4	8	3	5
6	3	4	8	2	5	7	9	1
1	8	5	3	9	7	6	2	4

437

6	5	3	4	8	1	2	7	9
7	8	9	3	5	2	6	4	1
2	4	1	6	9	7	3	8	5
8	3	4	2	1	9	7	5	6
1	2	5	7	4	6	8	9	3
9	7	6	8	3	5	4	1	2
5	6	2	1	7	8	9	3	4
3	9	7	5	2	4	1	6	8
4	1	8	9	6	3	5	2	7

438

5	6	8	1	7	9	2	3	4
9	3	4	8	5	2	6	7	1
7	2	1	3	6	4	9	8	5
3	9	6	7	2	1	5	4	8
4	8	7	5	9	6	3	1	2
1	5	2	4	8	3	7	9	6
6	1	3	9	4	5	8	2	7
8	4	5	2	3	7	1	6	9
2	7	9	6	1	8	4	5	3

439

3	8	6	7	4	9	2	5	1
1	4	9	2	6	5	8	3	7
5	2	7	3	1	8	9	6	4
7	5	3	8	9	2	4	1	6
4	6	8	1	5	3	7	9	2
2	9	1	6	7	4	3	8	5
8	7	5	9	2	1	6	4	3
6	3	4	5	8	7	1	2	9
9	1	2	4	3	6	5	7	8

440

2	5	1	3	7	8	6	9	4
6	8	4	5	9	1	7	3	2
3	7	9	6	2	4	8	5	1
8	9	3	7	4	6	1	2	5
1	6	7	9	5	2	3	4	8
4	2	5	1	8	3	9	7	6
7	4	2	8	6	9	5	1	3
9	1	6	2	3	5	4	8	7
5	3	8	4	1	7	2	6	9

441

3	7	9	4	5	1	8	2	6
6	8	4	2	7	3	9	5	1
2	5	1	9	6	8	4	7	3
8	4	3	1	2	7	5	6	9
5	9	2	3	4	6	1	8	7
7	1	6	5	8	9	2	3	4
9	2	8	6	3	4	7	1	5
1	3	5	7	9	2	6	4	8
4	6	7	8	1	5	3	9	2

442

3	1	6	7	8	5	4	2	9
7	8	2	9	3	4	1	5	6
5	4	9	2	6	1	8	3	7
2	6	7	8	1	9	5	4	3
8	9	4	5	2	3	7	6	1
1	5	3	4	7	6	2	9	8
6	2	5	1	9	8	3	7	4
4	3	1	6	5	7	9	8	2
9	7	8	3	4	2	6	1	5

443

5	7	2	6	8	4	3	1	9
3	6	8	1	9	7	4	5	2
1	4	9	3	2	5	6	7	8
6	8	5	4	7	9	1	2	3
4	1	3	2	6	8	5	9	7
2	9	7	5	3	1	8	6	4
8	2	6	9	5	3	7	4	1
9	3	1	7	4	6	2	8	5
7	5	4	8	1	2	9	3	6

444

3	4	7	2	1	9	5	8	6
6	1	8	7	5	4	9	2	3
2	5	9	8	3	6	4	7	1
7	6	4	3	2	5	1	9	8
5	2	1	9	7	8	6	3	4
8	9	3	4	6	1	2	5	7
4	8	2	1	9	7	3	6	5
9	7	5	6	4	3	8	1	2
1	3	6	5	8	2	7	4	9

445

2	6	5	4	8	1	9	7	3
4	1	3	5	9	7	6	2	8
7	8	9	3	2	6	1	4	5
8	3	4	2	6	9	5	1	7
5	9	1	7	3	8	4	6	2
6	7	2	1	5	4	3	8	9
3	4	6	8	7	5	2	9	1
1	5	8	9	4	2	7	3	6
9	2	7	6	1	3	8	5	4

446

2	5	3	9	1	6	4	7	8
1	4	9	8	5	7	6	3	2
7	6	8	3	2	4	9	1	5
5	8	6	7	4	9	3	2	1
4	7	2	1	3	8	5	9	6
3	9	1	2	6	5	7	8	4
6	2	7	5	8	3	1	4	9
9	1	4	6	7	2	8	5	3
8	3	5	4	9	1	2	6	7

447

3	4	9	2	6	1	5	8	7
7	1	8	4	5	9	6	2	3
6	2	5	3	7	8	9	4	1
9	6	2	8	4	3	7	1	5
5	7	4	1	2	6	3	9	8
8	3	1	5	9	7	4	6	2
2	9	6	7	1	5	8	3	4
4	8	7	9	3	2	1	5	6
1	5	3	6	8	4	2	7	9

448

7	6	4	9	3	8	2	1	5
9	8	5	1	2	4	3	7	6
2	3	1	5	6	7	8	9	4
6	4	2	3	7	9	5	8	1
5	1	7	4	8	2	9	6	3
3	9	8	6	5	1	4	2	7
4	2	6	7	9	3	1	5	8
1	5	9	8	4	6	7	3	2
8	7	3	2	1	5	6	4	9

449

1	3	9	7	6	8	2	4	5
5	6	4	1	3	2	9	8	7
8	2	7	5	9	4	3	1	6
2	4	8	6	1	5	7	9	3
3	5	6	8	7	9	4	2	1
7	9	1	2	4	3	5	6	8
6	7	3	9	2	1	8	5	4
4	8	2	3	5	6	1	7	9
9	1	5	4	8	7	6	3	2

450

2	8	1	5	9	4	7	6	3
6	7	4	1	3	2	9	8	5
3	5	9	7	8	6	1	2	4
1	9	6	2	4	8	5	3	7
5	3	2	9	1	7	8	4	6
7	4	8	6	5	3	2	9	1
8	1	5	4	6	9	3	7	2
9	6	7	3	2	1	4	5	8
4	2	3	8	7	5	6	1	9

451

2	1	8	3	7	9	5	6	4
4	6	5	2	8	1	9	7	3
9	3	7	6	4	5	2	8	1
5	7	9	4	1	6	8	3	2
6	2	3	8	5	7	4	1	9
8	4	1	9	3	2	6	5	7
1	5	6	7	2	4	3	9	8
3	9	2	1	6	8	7	4	5
7	8	4	5	9	3	1	2	6

452

8	4	6	9	3	7	5	1	2
2	3	9	1	4	5	8	7	6
1	7	5	8	6	2	4	9	3
5	2	4	7	8	6	1	3	9
9	8	7	3	5	1	6	2	4
3	6	1	4	2	9	7	8	5
4	9	3	6	1	8	2	5	7
6	1	2	5	7	3	9	4	8
7	5	8	2	9	4	3	6	1

453

9	1	8	5	4	3	6	7	2
5	3	4	2	7	6	1	8	9
7	6	2	8	9	1	3	5	4
4	9	6	1	5	2	7	3	8
2	7	5	3	8	4	9	6	1
3	8	1	9	6	7	2	4	5
6	5	7	4	2	9	8	1	3
8	2	3	6	1	5	4	9	7
1	4	9	7	3	8	5	2	6

454

6	9	8	7	3	2	5	4	1
4	7	5	9	8	1	2	6	3
3	2	1	4	5	6	9	8	7
1	5	9	8	6	3	7	2	4
7	3	2	1	4	5	6	9	8
8	6	4	2	7	9	3	1	5
9	8	3	6	1	7	4	5	2
5	4	6	3	2	8	1	7	9
2	1	7	5	9	4	8	3	6

455

1	2	6	8	9	7	5	4	3
9	8	5	3	1	4	6	2	7
7	3	4	2	6	5	9	8	1
3	5	2	9	7	8	1	6	4
4	9	7	1	5	6	8	3	2
6	1	8	4	2	3	7	5	9
5	6	1	7	4	2	3	9	8
8	4	9	5	3	1	2	7	6
2	7	3	6	8	9	4	1	5

456

7	4	6	8	5	9	2	1	3
3	8	5	1	2	6	9	7	4
2	9	1	4	7	3	6	8	5
9	5	7	2	1	8	3	4	6
1	6	2	9	3	4	7	5	8
4	3	8	7	6	5	1	2	9
5	2	9	6	4	7	8	3	1
6	7	3	5	8	1	4	9	2
8	1	4	3	9	2	5	6	7

457

9	5	4	3	2	7	8	1	6
3	2	6	8	5	1	9	7	4
1	7	8	4	9	6	5	3	2
5	1	3	9	6	4	2	8	7
6	9	2	7	1	8	3	4	5
4	8	7	5	3	2	1	6	9
7	4	1	2	8	5	6	9	3
2	6	9	1	4	3	7	5	8
8	3	5	6	7	9	4	2	1

458

7	6	4	9	8	1	3	5	2
2	8	3	6	5	4	1	7	9
9	1	5	7	2	3	4	8	6
3	2	6	5	4	9	8	1	7
1	7	8	3	6	2	5	9	4
4	5	9	8	1	7	2	6	3
6	3	1	2	7	8	9	4	5
8	9	7	4	3	5	6	2	1
5	4	2	1	9	6	7	3	8

459

2	9	7	6	1	8	4	5	3
6	1	3	9	4	5	7	8	2
4	5	8	7	2	3	6	1	9
3	4	6	8	7	9	5	2	1
7	8	5	1	6	2	9	3	4
1	2	9	5	3	4	8	6	7
8	7	4	2	5	1	3	9	6
9	3	2	4	8	6	1	7	5
5	6	1	3	9	7	2	4	8

460

2	4	8	5	7	9	3	1	6
3	7	5	1	2	6	4	8	9
9	6	1	4	3	8	2	5	7
1	9	4	6	5	7	8	2	3
5	3	2	8	9	1	6	7	4
6	8	7	2	4	3	1	9	5
8	5	9	3	6	2	7	4	1
4	1	3	7	8	5	9	6	2
7	2	6	9	1	4	5	3	8

461

5	4	2	7	1	9	6	3	8
3	6	8	2	5	4	7	1	9
1	7	9	3	8	6	4	2	5
6	9	1	5	3	8	2	7	4
7	8	3	6	4	2	5	9	1
4	2	5	1	9	7	8	6	3
2	1	4	8	6	3	9	5	7
9	5	6	4	7	1	3	8	2
8	3	7	9	2	5	1	4	6

462

4	9	2	7	5	1	8	3	6
8	7	3	2	4	6	1	5	9
6	5	1	3	9	8	7	4	2
2	1	6	5	8	7	4	9	3
9	8	4	1	3	2	5	6	7
7	3	5	4	6	9	2	1	8
1	6	9	8	7	4	3	2	5
3	4	8	6	2	5	9	7	1
5	2	7	9	1	3	6	8	4

463

7	9	1	2	3	5	8	4	6
6	4	5	7	8	9	3	2	1
8	3	2	1	6	4	9	7	5
1	2	9	4	5	3	7	6	8
3	6	8	9	1	7	4	5	2
5	7	4	6	2	8	1	9	3
4	8	6	5	9	1	2	3	7
2	1	7	3	4	6	5	8	9
9	5	3	8	7	2	6	1	4

464

4	2	3	6	7	8	1	9	5
1	6	8	9	3	5	4	7	2
9	7	5	1	2	4	3	6	8
7	8	9	2	1	6	5	3	4
3	5	6	8	4	9	2	1	7
2	1	4	7	5	3	6	8	9
6	4	7	5	8	1	9	2	3
8	3	1	4	9	2	7	5	6
5	9	2	3	6	7	8	4	1

465

9	6	7	1	2	4	3	8	5
3	4	2	7	5	8	6	1	9
5	8	1	9	3	6	2	7	4
8	9	6	3	1	7	4	5	2
2	7	4	5	8	9	1	3	6
1	5	3	4	6	2	7	9	8
6	1	5	8	4	3	9	2	7
7	2	8	6	9	1	5	4	3
4	3	9	2	7	5	8	6	1

466

1	8	7	5	2	9	4	3	6
6	9	4	3	7	1	2	8	5
2	5	3	8	4	6	7	9	1
5	2	1	6	9	8	3	7	4
7	4	6	2	1	3	9	5	8
8	3	9	7	5	4	6	1	2
9	7	2	1	6	5	8	4	3
3	6	5	4	8	7	1	2	9
4	1	8	9	3	2	5	6	7

467

1	2	4	7	3	8	6	9	5
3	5	9	6	1	2	7	4	8
6	8	7	4	5	9	2	1	3
5	3	1	2	6	4	9	8	7
9	6	2	8	7	3	1	5	4
7	4	8	1	9	5	3	2	6
8	1	3	5	2	7	4	6	9
4	9	6	3	8	1	5	7	2
2	7	5	9	4	6	8	3	1

468

4	2	5	6	9	7	3	8	1
7	8	3	1	4	2	5	6	9
6	1	9	3	8	5	2	7	4
3	5	8	9	2	6	1	4	7
1	6	7	4	5	3	8	9	2
9	4	2	7	1	8	6	3	5
8	7	1	5	3	4	9	2	6
5	3	4	2	6	9	7	1	8
2	9	6	8	7	1	4	5	3

469

6	7	5	9	3	4	1	8	2
1	3	2	7	8	5	6	9	4
4	8	9	2	6	1	5	3	7
2	1	6	5	4	8	3	7	9
3	9	7	1	2	6	4	5	8
8	5	4	3	9	7	2	1	6
5	4	8	6	7	3	9	2	1
9	6	1	8	5	2	7	4	3
7	2	3	4	1	9	8	6	5

470

5	4	9	8	3	2	7	1	6
1	2	3	7	6	4	8	9	5
8	7	6	1	5	9	2	3	4
3	9	7	4	1	8	6	5	2
6	8	1	5	2	3	9	4	7
2	5	4	9	7	6	1	8	3
9	6	2	3	8	5	4	7	1
4	1	5	2	9	7	3	6	8
7	3	8	6	4	1	5	2	9

471

1	4	7	9	6	3	2	5	8
9	8	3	4	2	5	1	7	6
2	5	6	7	1	8	3	4	9
3	7	8	5	4	6	9	1	2
6	2	4	1	3	9	7	8	5
5	1	9	8	7	2	4	6	3
8	6	1	3	9	4	5	2	7
4	9	5	2	8	7	6	3	1
7	3	2	6	5	1	8	9	4

472

9	1	6	3	7	2	5	4	8
8	5	7	4	1	9	2	3	6
4	3	2	8	6	5	9	1	7
1	9	8	6	3	7	4	2	5
6	7	5	9	2	4	3	8	1
3	2	4	5	8	1	6	7	9
7	4	1	2	5	6	8	9	3
2	6	3	1	9	8	7	5	4
5	8	9	7	4	3	1	6	2

473

3	8	4	1	2	9	6	7	5
9	7	6	8	5	3	2	1	4
2	1	5	7	4	6	9	8	3
5	6	7	2	8	4	1	3	9
8	2	3	9	6	1	4	5	7
4	9	1	3	7	5	8	2	6
1	5	9	6	3	2	7	4	8
7	3	2	4	9	8	5	6	1
6	4	8	5	1	7	3	9	2

474

6	1	9	7	4	2	5	3	8
5	7	4	3	8	6	1	9	2
8	3	2	5	9	1	4	7	6
7	4	1	8	6	5	3	2	9
9	5	8	2	7	3	6	4	1
2	6	3	4	1	9	7	8	5
1	2	7	6	3	8	9	5	4
4	9	5	1	2	7	8	6	3
3	8	6	9	5	4	2	1	7

475

3	6	5	8	7	1	4	2	9
2	1	7	4	3	9	6	8	5
9	8	4	2	5	6	1	7	3
5	2	8	1	4	3	7	9	6
4	9	3	5	6	7	2	1	8
1	7	6	9	8	2	5	3	4
7	3	2	6	9	4	8	5	1
6	5	1	3	2	8	9	4	7
8	4	9	7	1	5	3	6	2

476

6	1	3	7	4	8	9	2	5
4	2	7	9	5	1	6	8	3
5	8	9	3	2	6	7	1	4
3	6	2	1	9	5	4	7	8
8	4	5	6	3	7	2	9	1
9	7	1	4	8	2	5	3	6
2	5	6	8	7	3	1	4	9
7	3	4	5	1	9	8	6	2
1	9	8	2	6	4	3	5	7

477

6	3	8	7	2	9	5	4	1
1	2	7	5	6	4	3	8	9
4	5	9	3	1	8	2	7	6
7	9	2	8	4	3	6	1	5
8	6	1	9	5	2	4	3	7
3	4	5	1	7	6	8	9	2
9	7	6	4	3	5	1	2	8
2	8	4	6	9	1	7	5	3
5	1	3	2	8	7	9	6	4

478

6	3	1	7	8	5	2	4	9
7	8	4	3	9	2	1	5	6
9	2	5	1	4	6	8	3	7
2	4	9	5	1	7	3	6	8
5	6	7	8	2	3	4	9	1
8	1	3	4	6	9	5	7	2
1	7	2	9	5	4	6	8	3
4	9	8	6	3	1	7	2	5
3	5	6	2	7	8	9	1	4

479

3	4	5	9	7	8	1	2	6
1	7	9	2	5	6	4	8	3
2	6	8	1	3	4	5	7	9
5	8	2	4	9	1	3	6	7
9	3	4	5	6	7	2	1	8
6	1	7	8	2	3	9	4	5
7	5	6	3	1	2	8	9	4
4	2	3	6	8	9	7	5	1
8	9	1	7	4	5	6	3	2

480

8	9	3	4	1	2	5	7	6
2	5	4	7	8	6	1	9	3
1	6	7	3	9	5	4	2	8
3	2	5	1	6	8	7	4	9
4	8	6	9	2	7	3	1	5
9	7	1	5	4	3	8	6	2
5	3	2	6	7	1	9	8	4
6	1	9	8	3	4	2	5	7
7	4	8	2	5	9	6	3	1

481

4	7	9	2	3	6	5	8	1
5	1	2	8	4	7	6	3	9
8	3	6	9	5	1	7	4	2
2	8	1	5	6	9	4	7	3
3	4	7	1	2	8	9	5	6
9	6	5	3	7	4	2	1	8
7	9	3	6	1	5	8	2	4
1	5	8	4	9	2	3	6	7
6	2	4	7	8	3	1	9	5

482

8	3	1	4	2	6	5	7	9
2	9	7	8	1	5	4	3	6
6	4	5	9	7	3	2	8	1
7	8	6	5	3	9	1	2	4
3	2	9	7	4	1	6	5	8
1	5	4	6	8	2	7	9	3
4	7	3	2	6	8	9	1	5
9	6	8	1	5	7	3	4	2
5	1	2	3	9	4	8	6	7

483

3	1	8	5	4	7	6	9	2
7	5	2	8	9	6	4	1	3
6	4	9	1	2	3	7	5	8
9	3	5	7	6	8	1	2	4
8	6	4	2	5	1	9	3	7
2	7	1	9	3	4	5	8	6
5	9	3	4	7	2	8	6	1
1	2	7	6	8	9	3	4	5
4	8	6	3	1	5	2	7	9

484

5	4	1	7	6	2	3	9	8
3	9	8	4	5	1	7	2	6
2	6	7	8	9	3	5	1	4
1	2	3	6	7	5	4	8	9
6	7	4	9	1	8	2	3	5
8	5	9	2	3	4	1	6	7
4	1	2	5	8	6	9	7	3
9	8	5	3	2	7	6	4	1
7	3	6	1	4	9	8	5	2

485

2	9	8	6	1	4	5	3	7
7	6	5	9	3	8	4	1	2
1	4	3	7	2	5	9	6	8
8	2	7	5	6	9	1	4	3
3	1	9	8	4	2	6	7	5
6	5	4	3	7	1	2	8	9
4	8	2	1	9	3	7	5	6
5	7	1	2	8	6	3	9	4
9	3	6	4	5	7	8	2	1

486

4	5	9	7	2	6	8	3	1
2	8	6	3	1	5	9	4	7
7	1	3	4	8	9	5	6	2
9	3	2	5	6	8	1	7	4
1	7	5	2	3	4	6	9	8
6	4	8	9	7	1	2	5	3
8	2	4	6	5	7	3	1	9
3	6	7	1	9	2	4	8	5
5	9	1	8	4	3	7	2	6

487

9	3	4	6	2	7	1	5	8
2	8	1	3	4	5	6	9	7
5	7	6	1	8	9	3	4	2
1	4	5	8	3	2	7	6	9
8	2	7	5	9	6	4	1	3
6	9	3	7	1	4	2	8	5
3	6	9	4	7	8	5	2	1
4	1	8	2	5	3	9	7	6
7	5	2	9	6	1	8	3	4

488

4	8	2	6	3	7	9	1	5
6	1	3	5	9	2	8	7	4
5	7	9	1	4	8	2	6	3
2	3	6	4	5	9	1	8	7
1	5	7	2	8	6	3	4	9
9	4	8	7	1	3	6	5	2
3	9	5	8	6	4	7	2	1
7	6	1	3	2	5	4	9	8
8	2	4	9	7	1	5	3	6

489

6	8	3	2	9	5	1	4	7
4	1	5	8	6	7	3	2	9
7	9	2	4	1	3	8	5	6
3	6	8	5	2	1	9	7	4
1	2	7	9	3	4	5	6	8
9	5	4	6	7	8	2	1	3
8	4	6	1	5	9	7	3	2
5	7	9	3	4	2	6	8	1
2	3	1	7	8	6	4	9	5

490

5	4	2	7	9	1	6	8	3
8	3	1	2	6	4	5	9	7
7	6	9	8	3	5	1	2	4
2	1	6	4	8	3	7	5	9
9	5	4	1	7	6	8	3	2
3	8	7	5	2	9	4	6	1
4	7	8	3	5	2	9	1	6
6	2	5	9	1	7	3	4	8
1	9	3	6	4	8	2	7	5

491

8	7	2	9	6	5	3	4	1
3	5	9	1	4	7	6	8	2
6	1	4	8	2	3	9	7	5
9	8	5	6	1	2	4	3	7
1	3	6	5	7	4	8	2	9
2	4	7	3	9	8	1	5	6
5	2	1	4	3	9	7	6	8
7	9	3	2	8	6	5	1	4
4	6	8	7	5	1	2	9	3

492

6	8	5	4	7	9	1	2	3
2	3	9	6	8	1	5	7	4
4	7	1	3	2	5	6	9	8
3	1	8	9	5	7	2	4	6
5	9	4	2	6	8	7	3	1
7	2	6	1	4	3	9	8	5
9	4	7	5	3	6	8	1	2
8	6	3	7	1	2	4	5	9
1	5	2	8	9	4	3	6	7

493

3	8	1	2	6	7	5	4	9
9	4	6	8	3	5	1	2	7
5	7	2	4	9	1	6	8	3
8	9	5	1	2	6	3	7	4
2	1	4	5	7	3	8	9	6
6	3	7	9	4	8	2	5	1
1	2	9	3	8	4	7	6	5
7	5	8	6	1	9	4	3	2
4	6	3	7	5	2	9	1	8

494

9	2	7	4	6	3	8	1	5
8	3	5	1	2	7	4	6	9
1	4	6	5	8	9	3	7	2
4	7	3	6	5	8	9	2	1
2	6	9	3	1	4	5	8	7
5	8	1	7	9	2	6	4	3
6	5	8	2	3	1	7	9	4
3	1	4	9	7	6	2	5	8
7	9	2	8	4	5	1	3	6

495

3	7	9	6	4	5	2	8	1
5	2	8	9	1	7	4	6	3
4	6	1	2	3	8	7	5	9
9	5	2	3	6	4	1	7	8
1	8	3	7	5	9	6	4	2
7	4	6	8	2	1	3	9	5
2	3	5	4	8	6	9	1	7
6	1	7	5	9	3	8	2	4
8	9	4	1	7	2	5	3	6

496

9	5	8	6	3	7	1	4	2
2	3	7	1	4	5	8	9	6
4	1	6	8	9	2	7	3	5
6	9	5	3	1	8	4	2	7
8	7	2	4	5	9	3	6	1
3	4	1	2	7	6	5	8	9
1	2	9	7	8	3	6	5	4
5	8	4	9	6	1	2	7	3
7	6	3	5	2	4	9	1	8

497

4	5	3	9	2	6	8	7	1
9	2	8	7	5	1	4	3	6
6	1	7	3	8	4	2	9	5
7	6	1	8	9	2	5	4	3
5	8	4	6	3	7	9	1	2
3	9	2	1	4	5	6	8	7
1	4	6	5	7	8	3	2	9
2	3	5	4	1	9	7	6	8
8	7	9	2	6	3	1	5	4

498

3	6	1	8	9	7	4	5	2
9	7	8	5	2	4	6	3	1
2	4	5	3	6	1	9	8	7
5	9	6	4	1	8	7	2	3
7	8	3	9	5	2	1	4	6
1	2	4	6	7	3	5	9	8
8	1	9	7	3	5	2	6	4
4	5	7	2	8	6	3	1	9
6	3	2	1	4	9	8	7	5

499

7	6	2	4	8	9	5	3	1
4	5	3	1	7	2	8	9	6
8	1	9	3	5	6	4	2	7
2	3	1	5	9	4	6	7	8
5	4	7	8	6	3	9	1	2
9	8	6	2	1	7	3	5	4
1	7	5	9	4	8	2	6	3
6	2	4	7	3	5	1	8	9
3	9	8	6	2	1	7	4	5

500

6	7	5	2	8	9	3	4	1
2	4	3	1	7	5	8	6	9
8	9	1	3	6	4	2	7	5
3	5	4	6	9	2	1	8	7
1	2	7	4	5	8	6	9	3
9	8	6	7	3	1	4	5	2
7	6	8	5	1	3	9	2	4
5	1	2	9	4	6	7	3	8
4	3	9	8	2	7	5	1	6

501

7	9	1	2	3	4	8	5	6
6	8	2	1	5	7	4	9	3
3	4	5	9	6	8	7	2	1
1	5	4	7	8	2	3	6	9
8	2	7	3	9	6	1	4	5
9	3	6	4	1	5	2	8	7
2	7	3	6	4	9	5	1	8
4	6	8	5	7	1	9	3	2
5	1	9	8	2	3	6	7	4

502

4	1	6	2	5	7	9	8	3
5	3	9	8	1	4	7	2	6
8	7	2	9	3	6	4	1	5
6	8	3	4	2	9	1	5	7
7	4	1	5	6	3	8	9	2
2	9	5	7	8	1	6	3	4
3	5	7	1	4	8	2	6	9
9	6	8	3	7	2	5	4	1
1	2	4	6	9	5	3	7	8

503

9	2	4	3	5	8	7	6	1
5	7	3	6	4	1	9	8	2
8	6	1	9	7	2	4	3	5
2	9	8	4	1	5	6	7	3
6	4	7	8	2	3	5	1	9
3	1	5	7	9	6	8	2	4
1	8	2	5	6	4	3	9	7
7	5	6	2	3	9	1	4	8
4	3	9	1	8	7	2	5	6

504

5	3	9	7	8	6	4	2	1
4	8	2	9	1	3	6	5	7
1	7	6	2	5	4	9	3	8
8	1	4	5	2	7	3	6	9
2	6	3	8	4	9	1	7	5
7	9	5	3	6	1	8	4	2
9	5	8	6	3	2	7	1	4
6	2	1	4	7	8	5	9	3
3	4	7	1	9	5	2	8	6

505

3	8	2	9	7	4	6	1	5
7	4	9	5	6	1	3	8	2
5	6	1	2	3	8	7	9	4
2	3	8	4	1	7	9	5	6
1	9	5	6	2	3	8	4	7
6	7	4	8	5	9	2	3	1
8	2	7	1	9	5	4	6	3
9	5	3	7	4	6	1	2	8
4	1	6	3	8	2	5	7	9

506

1	3	5	2	8	6	9	7	4
7	8	2	9	1	4	5	3	6
6	4	9	3	7	5	8	2	1
2	6	1	4	3	8	7	5	9
9	5	4	6	2	7	1	8	3
8	7	3	5	9	1	4	6	2
4	1	6	7	5	2	3	9	8
5	9	8	1	6	3	2	4	7
3	2	7	8	4	9	6	1	5

507

6	9	2	5	3	4	8	7	1
4	1	5	8	7	6	9	2	3
8	7	3	9	1	2	5	4	6
7	5	6	1	2	9	4	3	8
9	2	8	4	5	3	6	1	7
1	3	4	6	8	7	2	9	5
2	8	1	3	9	5	7	6	4
5	6	9	7	4	1	3	8	2
3	4	7	2	6	8	1	5	9

508

4	6	5	3	9	2	1	8	7
7	8	3	4	1	6	9	5	2
2	1	9	8	7	5	4	6	3
6	2	1	7	5	3	8	4	9
3	7	4	9	6	8	2	1	5
9	5	8	1	2	4	3	7	6
5	9	2	6	8	1	7	3	4
8	4	7	5	3	9	6	2	1
1	3	6	2	4	7	5	9	8

509

1	3	6	8	7	2	5	9	4
9	2	5	6	4	3	7	8	1
4	7	8	9	1	5	3	6	2
8	5	4	1	9	7	2	3	6
2	9	3	4	5	6	8	1	7
6	1	7	3	2	8	9	4	5
7	8	9	2	6	1	4	5	3
3	6	2	5	8	4	1	7	9
5	4	1	7	3	9	6	2	8

510

8	1	7	3	5	9	4	2	6
6	9	4	7	2	1	5	3	8
3	5	2	6	8	4	1	7	9
9	2	6	1	7	5	8	4	3
1	8	3	4	9	2	6	5	7
4	7	5	8	6	3	2	9	1
5	3	1	9	4	6	7	8	2
7	4	9	2	1	8	3	6	5
2	6	8	5	3	7	9	1	4

511

8	6	3	9	7	5	4	2	1
4	2	7	1	8	6	9	3	5
5	9	1	3	4	2	6	7	8
7	3	9	2	1	4	8	5	6
2	4	6	5	3	8	1	9	7
1	5	8	6	9	7	2	4	3
9	8	4	7	6	3	5	1	2
6	7	2	4	5	1	3	8	9
3	1	5	8	2	9	7	6	4

512

9	8	4	1	6	3	5	2	7
2	6	1	7	8	5	4	9	3
7	3	5	4	2	9	8	6	1
3	7	8	2	1	6	9	4	5
4	9	6	5	3	7	1	8	2
1	5	2	8	9	4	3	7	6
5	2	9	3	7	8	6	1	4
8	1	3	6	4	2	7	5	9
6	4	7	9	5	1	2	3	8

513

7	1	6	8	4	9	5	3	2
2	9	8	3	1	5	7	4	6
5	3	4	6	2	7	9	8	1
4	7	2	5	3	8	1	6	9
8	6	3	1	9	2	4	7	5
1	5	9	4	7	6	8	2	3
6	2	5	7	8	1	3	9	4
3	8	1	9	6	4	2	5	7
9	4	7	2	5	3	6	1	8

514

3	6	7	2	1	9	4	8	5
8	2	1	4	5	7	3	9	6
5	9	4	6	3	8	7	2	1
4	5	9	1	2	6	8	7	3
1	3	8	9	7	5	6	4	2
6	7	2	8	4	3	5	1	9
9	8	3	7	6	2	1	5	4
7	4	6	5	9	1	2	3	8
2	1	5	3	8	4	9	6	7

515

6	2	8	1	7	9	3	4	5
1	5	3	2	4	8	9	7	6
7	4	9	3	6	5	2	1	8
2	7	4	5	9	1	6	8	3
5	3	1	6	8	4	7	2	9
9	8	6	7	2	3	1	5	4
8	9	2	4	1	6	5	3	7
3	6	7	8	5	2	4	9	1
4	1	5	9	3	7	8	6	2

516

3	5	8	4	1	2	9	7	6
7	2	6	9	3	8	5	4	1
4	9	1	5	6	7	3	8	2
5	1	7	6	8	9	4	2	3
2	6	9	3	4	1	7	5	8
8	3	4	7	2	5	6	1	9
6	8	3	2	5	4	1	9	7
9	4	2	1	7	3	8	6	5
1	7	5	8	9	6	2	3	4

517

1	3	8	2	6	4	9	5	7
4	9	2	7	3	5	6	8	1
6	5	7	1	9	8	4	2	3
5	7	6	9	2	1	8	3	4
8	1	3	5	4	7	2	9	6
2	4	9	3	8	6	1	7	5
7	6	1	8	5	2	3	4	9
3	8	5	4	1	9	7	6	2
9	2	4	6	7	3	5	1	8

518

3	6	4	5	1	7	2	8	9
9	1	8	2	4	6	7	5	3
2	7	5	8	9	3	6	4	1
1	8	6	3	7	2	4	9	5
4	5	9	1	6	8	3	2	7
7	2	3	9	5	4	1	6	8
5	9	2	6	3	1	8	7	4
8	3	7	4	2	9	5	1	6
6	4	1	7	8	5	9	3	2

519

5	6	4	7	1	9	2	8	3
8	1	3	4	2	6	7	9	5
7	9	2	3	5	8	6	1	4
3	4	6	8	9	5	1	7	2
1	7	5	6	3	2	9	4	8
9	2	8	1	4	7	5	3	6
4	5	1	9	6	3	8	2	7
2	3	7	5	8	1	4	6	9
6	8	9	2	7	4	3	5	1

520

5	4	6	8	9	1	7	2	3
7	1	9	2	4	3	8	5	6
2	8	3	7	5	6	4	1	9
6	2	5	1	8	7	9	3	4
4	3	7	5	6	9	1	8	2
8	9	1	3	2	4	5	6	7
1	6	4	9	3	5	2	7	8
3	7	8	4	1	2	6	9	5
9	5	2	6	7	8	3	4	1

521

7	9	3	8	1	2	5	6	4
6	2	8	4	9	5	3	1	7
4	1	5	7	3	6	9	2	8
1	5	6	2	7	4	8	3	9
9	4	2	1	8	3	6	7	5
8	3	7	5	6	9	2	4	1
3	8	9	6	4	7	1	5	2
2	6	4	9	5	1	7	8	3
5	7	1	3	2	8	4	9	6

522

1	4	3	6	2	7	9	8	5
2	8	9	3	5	4	6	1	7
7	5	6	1	9	8	2	4	3
8	7	4	5	6	2	3	9	1
3	6	1	7	8	9	4	5	2
9	2	5	4	3	1	8	7	6
4	9	7	2	1	3	5	6	8
5	1	2	8	4	6	7	3	9
6	3	8	9	7	5	1	2	4

523

2	9	6	3	5	4	8	1	7
7	5	1	8	2	9	6	3	4
8	4	3	1	7	6	9	5	2
4	1	2	6	3	7	5	8	9
5	6	9	2	4	8	1	7	3
3	8	7	9	1	5	2	4	6
9	3	8	4	6	1	7	2	5
1	2	5	7	9	3	4	6	8
6	7	4	5	8	2	3	9	1

524

7	8	2	1	3	9	4	5	6
4	5	9	2	6	8	7	1	3
1	6	3	4	7	5	8	9	2
6	7	5	9	8	3	2	4	1
8	9	1	6	4	2	3	7	5
3	2	4	7	5	1	9	6	8
5	1	8	3	9	4	6	2	7
9	3	6	5	2	7	1	8	4
2	4	7	8	1	6	5	3	9

525

8	6	4	7	3	1	5	9	2
1	9	5	4	2	8	7	6	3
3	2	7	9	6	5	8	4	1
5	3	8	1	7	9	4	2	6
2	1	6	8	4	3	9	7	5
7	4	9	6	5	2	3	1	8
9	5	3	2	1	7	6	8	4
6	7	1	3	8	4	2	5	9
4	8	2	5	9	6	1	3	7

526

3	8	5	1	9	6	4	2	7
6	9	2	4	7	3	8	1	5
1	4	7	8	5	2	3	9	6
9	7	6	2	8	4	1	5	3
5	2	3	6	1	7	9	8	4
8	1	4	5	3	9	7	6	2
7	3	1	9	2	5	6	4	8
2	6	9	7	4	8	5	3	1
4	5	8	3	6	1	2	7	9

527

9	4	1	5	3	6	7	8	2
3	8	6	2	1	7	4	9	5
5	7	2	9	8	4	3	6	1
1	2	7	3	6	8	5	4	9
4	5	8	7	9	1	2	3	6
6	3	9	4	5	2	1	7	8
7	9	4	8	2	5	6	1	3
2	1	3	6	4	9	8	5	7
8	6	5	1	7	3	9	2	4

528

1	3	5	8	6	2	7	4	9
9	6	4	5	7	3	2	1	8
2	7	8	1	4	9	3	6	5
6	5	7	3	9	4	8	2	1
8	4	9	2	1	6	5	7	3
3	2	1	7	8	5	4	9	6
4	1	3	9	5	7	6	8	2
5	8	6	4	2	1	9	3	7
7	9	2	6	3	8	1	5	4

529

9	3	8	7	4	5	1	6	2
1	5	6	8	2	3	7	4	9
2	7	4	6	1	9	5	8	3
7	2	9	3	5	4	8	1	6
6	8	5	9	7	1	3	2	4
4	1	3	2	6	8	9	7	5
3	6	7	1	9	2	4	5	8
8	4	2	5	3	7	6	9	1
5	9	1	4	8	6	2	3	7

530

8	4	7	2	6	3	9	1	5
9	5	2	1	8	4	6	3	7
3	1	6	5	9	7	4	2	8
6	7	8	4	2	5	3	9	1
5	2	9	3	1	8	7	6	4
1	3	4	9	7	6	8	5	2
2	6	5	7	4	9	1	8	3
7	9	1	8	3	2	5	4	6
4	8	3	6	5	1	2	7	9

531

6	8	1	2	9	5	3	7	4
3	9	5	8	7	4	2	6	1
7	4	2	1	3	6	9	8	5
1	7	6	4	8	9	5	2	3
8	3	4	5	1	2	7	9	6
5	2	9	3	6	7	1	4	8
4	6	7	9	5	1	8	3	2
9	5	8	6	2	3	4	1	7
2	1	3	7	4	8	6	5	9

532

9	6	8	4	7	5	2	3	1
1	7	2	8	9	3	4	5	6
5	3	4	1	2	6	7	8	9
3	8	5	9	6	7	1	2	4
4	1	6	2	5	8	9	7	3
2	9	7	3	4	1	5	6	8
8	4	9	5	3	2	6	1	7
7	2	1	6	8	4	3	9	5
6	5	3	7	1	9	8	4	2

533

5	6	9	7	1	2	8	4	3
7	4	1	8	9	3	2	6	5
2	8	3	5	6	4	7	9	1
6	9	2	4	3	1	5	8	7
1	5	7	2	8	9	4	3	6
8	3	4	6	7	5	9	1	2
3	2	5	9	4	6	1	7	8
9	1	8	3	5	7	6	2	4
4	7	6	1	2	8	3	5	9

534

7	3	5	9	1	4	8	2	6
2	6	4	3	7	8	1	9	5
8	1	9	5	6	2	7	3	4
5	9	8	1	4	7	3	6	2
3	7	2	8	5	6	4	1	9
6	4	1	2	3	9	5	7	8
1	5	6	4	9	3	2	8	7
4	8	7	6	2	1	9	5	3
9	2	3	7	8	5	6	4	1

535

9	3	2	4	7	6	8	5	1
7	6	4	5	1	8	3	9	2
5	1	8	2	9	3	6	4	7
2	7	3	1	6	9	4	8	5
8	5	1	3	2	4	7	6	9
4	9	6	7	8	5	1	2	3
1	2	9	8	4	7	5	3	6
6	8	5	9	3	1	2	7	4
3	4	7	6	5	2	9	1	8

536

4	7	5	9	8	6	2	3	1
9	2	3	5	1	7	6	8	4
1	6	8	4	3	2	7	5	9
2	8	7	3	9	1	5	4	6
5	9	6	8	7	4	3	1	2
3	1	4	6	2	5	8	9	7
6	4	1	7	5	3	9	2	8
8	3	2	1	6	9	4	7	5
7	5	9	2	4	8	1	6	3

537

6	9	3	7	2	4	5	1	8
1	4	8	5	6	9	3	7	2
7	2	5	1	8	3	6	9	4
2	3	7	9	4	5	8	6	1
4	1	6	8	3	2	7	5	9
8	5	9	6	7	1	2	4	3
3	6	2	4	9	7	1	8	5
9	8	1	3	5	6	4	2	7
5	7	4	2	1	8	9	3	6

538

8	7	2	6	5	3	1	9	4
6	4	5	1	9	2	7	8	3
1	9	3	7	4	8	5	6	2
5	1	4	2	3	6	9	7	8
9	3	8	5	7	1	2	4	6
2	6	7	9	8	4	3	5	1
7	2	1	8	6	9	4	3	5
4	8	9	3	1	5	6	2	7
3	5	6	4	2	7	8	1	9

539

1	4	8	3	6	5	7	9	2
3	6	7	9	2	4	8	5	1
5	2	9	8	1	7	4	3	6
4	8	3	7	9	6	1	2	5
2	7	1	5	8	3	9	6	4
6	9	5	2	4	1	3	8	7
9	1	6	4	3	2	5	7	8
7	3	4	6	5	8	2	1	9
8	5	2	1	7	9	6	4	3

540

6	9	2	8	3	7	5	4	1
8	1	3	5	4	2	9	6	7
7	5	4	9	1	6	3	2	8
3	2	5	4	7	8	1	9	6
1	8	6	2	9	3	7	5	4
9	4	7	6	5	1	8	3	2
5	3	8	7	2	4	6	1	9
2	7	1	3	6	9	4	8	5
4	6	9	1	8	5	2	7	3

541

8	5	9	7	1	3	4	2	6
2	3	7	4	6	5	1	9	8
1	4	6	8	2	9	3	7	5
5	6	1	3	9	8	2	4	7
9	2	4	1	7	6	8	5	3
7	8	3	5	4	2	6	1	9
6	9	5	2	8	4	7	3	1
3	1	2	6	5	7	9	8	4
4	7	8	9	3	1	5	6	2

542

8	3	9	1	5	2	7	6	4
6	1	4	9	7	3	8	5	2
7	2	5	6	4	8	3	1	9
3	4	6	7	1	9	2	8	5
2	5	7	8	6	4	9	3	1
9	8	1	2	3	5	4	7	6
5	6	2	3	9	7	1	4	8
1	7	8	4	2	6	5	9	3
4	9	3	5	8	1	6	2	7

543

5	4	1	8	7	9	2	6	3
6	7	9	1	2	3	5	4	8
3	8	2	4	6	5	7	1	9
8	5	4	6	9	1	3	2	7
7	1	3	5	8	2	6	9	4
2	9	6	3	4	7	1	8	5
1	2	5	9	3	4	8	7	6
4	3	8	7	1	6	9	5	2
9	6	7	2	5	8	4	3	1

544

9	2	8	3	7	6	1	5	4
7	6	4	5	1	2	9	8	3
1	3	5	8	4	9	2	6	7
3	9	7	1	8	5	6	4	2
5	1	2	9	6	4	3	7	8
4	8	6	7	2	3	5	1	9
2	5	1	4	9	7	8	3	6
6	7	3	2	5	8	4	9	1
8	4	9	6	3	1	7	2	5

545

8	3	1	5	9	2	6	7	4
6	2	9	4	1	7	3	5	8
5	7	4	6	8	3	2	1	9
4	1	6	2	7	5	8	9	3
9	8	2	1	3	6	7	4	5
7	5	3	9	4	8	1	6	2
1	4	8	7	2	9	5	3	6
2	6	7	3	5	4	9	8	1
3	9	5	8	6	1	4	2	7

546

1	4	5	9	6	2	7	3	8
7	6	3	8	1	4	9	2	5
9	2	8	7	3	5	6	4	1
5	3	2	1	9	7	4	8	6
8	7	4	3	5	6	2	1	9
6	1	9	2	4	8	5	7	3
2	5	7	6	8	1	3	9	4
3	8	6	4	2	9	1	5	7
4	9	1	5	7	3	8	6	2

547

2	4	5	8	1	6	7	9	3
3	9	1	5	4	7	6	8	2
7	8	6	9	2	3	4	5	1
9	6	4	3	8	1	2	7	5
1	3	2	4	7	5	8	6	9
8	5	7	6	9	2	1	3	4
6	7	9	1	3	4	5	2	8
4	2	3	7	5	8	9	1	6
5	1	8	2	6	9	3	4	7

548

3	9	5	1	2	4	7	6	8
6	2	4	7	3	8	5	9	1
7	8	1	6	9	5	3	2	4
1	4	2	5	6	3	8	7	9
8	3	7	2	1	9	4	5	6
9	5	6	8	4	7	1	3	2
5	7	9	4	8	2	6	1	3
2	1	8	3	7	6	9	4	5
4	6	3	9	5	1	2	8	7

549

7	9	5	3	2	4	1	6	8
4	8	6	1	7	9	3	2	5
2	3	1	5	6	8	4	9	7
1	2	8	4	5	6	9	7	3
6	4	3	9	1	7	8	5	2
9	5	7	8	3	2	6	1	4
3	7	2	6	8	1	5	4	9
8	1	4	2	9	5	7	3	6
5	6	9	7	4	3	2	8	1

550

2	4	1	5	7	3	9	6	8
3	5	9	8	6	4	7	1	2
7	6	8	9	2	1	4	3	5
1	9	6	3	8	7	5	2	4
5	8	2	4	9	6	1	7	3
4	7	3	1	5	2	8	9	6
9	3	7	2	4	5	6	8	1
6	2	4	7	1	8	3	5	9
8	1	5	6	3	9	2	4	7

551

3	2	1	7	4	5	9	6	8
5	4	7	6	8	9	3	2	1
9	8	6	1	3	2	5	7	4
7	9	2	8	5	4	6	1	3
4	1	5	3	2	6	7	8	9
6	3	8	9	1	7	2	4	5
2	5	9	4	7	1	8	3	6
1	7	3	5	6	8	4	9	2
8	6	4	2	9	3	1	5	7

552

6	2	1	7	3	4	5	9	8
3	8	9	5	2	1	7	6	4
7	4	5	9	6	8	2	3	1
8	3	2	6	7	5	4	1	9
9	1	6	2	4	3	8	7	5
4	5	7	1	8	9	6	2	3
1	6	4	8	9	7	3	5	2
2	9	3	4	5	6	1	8	7
5	7	8	3	1	2	9	4	6

553

3	1	7	9	6	2	5	4	8
4	8	9	5	3	1	6	2	7
5	6	2	8	4	7	9	3	1
7	9	3	2	5	8	4	1	6
1	2	4	6	7	3	8	9	5
8	5	6	1	9	4	3	7	2
6	7	5	3	2	9	1	8	4
2	3	1	4	8	5	7	6	9
9	4	8	7	1	6	2	5	3

554

9	3	4	2	8	5	1	6	7
7	8	5	6	9	1	4	2	3
1	6	2	4	3	7	8	9	5
3	1	9	7	4	2	5	8	6
4	5	6	8	1	3	9	7	2
2	7	8	9	5	6	3	1	4
6	9	3	5	2	8	7	4	1
5	4	7	1	6	9	2	3	8
8	2	1	3	7	4	6	5	9

555

6	3	5	7	9	1	8	2	4
2	9	1	8	3	4	5	7	6
8	4	7	2	5	6	9	1	3
9	5	8	6	1	3	7	4	2
1	7	2	9	4	8	3	6	5
4	6	3	5	7	2	1	8	9
3	8	4	1	2	5	6	9	7
5	1	9	4	6	7	2	3	8
7	2	6	3	8	9	4	5	1

556

6	8	1	7	9	4	3	2	5
4	3	9	2	8	5	1	6	7
5	2	7	6	3	1	4	9	8
8	5	4	9	1	3	2	7	6
1	6	2	5	4	7	8	3	9
7	9	3	8	2	6	5	4	1
9	1	5	3	7	2	6	8	4
3	4	8	1	6	9	7	5	2
2	7	6	4	5	8	9	1	3

557

3	7	6	9	8	4	2	1	5
8	5	9	2	1	7	3	6	4
1	4	2	6	3	5	8	9	7
7	8	1	3	2	9	4	5	6
6	3	4	5	7	1	9	8	2
9	2	5	8	4	6	7	3	1
4	1	8	7	5	3	6	2	9
2	9	7	1	6	8	5	4	3
5	6	3	4	9	2	1	7	8

558

7	4	1	2	5	3	6	9	8
2	5	8	9	6	1	3	4	7
9	3	6	7	8	4	2	5	1
3	2	9	1	4	8	7	6	5
6	1	7	5	9	2	4	8	3
5	8	4	3	7	6	9	1	2
4	6	2	8	3	5	1	7	9
1	9	5	6	2	7	8	3	4
8	7	3	4	1	9	5	2	6

559

4	8	1	2	9	6	5	7	3
2	7	9	5	4	3	8	6	1
6	3	5	1	8	7	9	2	4
3	4	6	9	1	8	7	5	2
9	5	8	4	7	2	3	1	6
1	2	7	3	6	5	4	9	8
8	1	4	7	2	9	6	3	5
7	6	3	8	5	1	2	4	9
5	9	2	6	3	4	1	8	7

560

3	9	2	4	6	8	1	7	5
7	6	4	2	5	1	8	3	9
5	8	1	9	7	3	4	2	6
8	5	9	1	2	7	6	4	3
2	1	6	3	4	9	5	8	7
4	7	3	6	8	5	9	1	2
1	3	7	8	9	6	2	5	4
6	4	5	7	1	2	3	9	8
9	2	8	5	3	4	7	6	1

561

7	2	8	3	9	5	4	6	1
6	5	9	4	1	2	8	7	3
1	4	3	8	6	7	2	5	9
3	1	5	7	4	8	6	9	2
2	8	6	9	3	1	5	4	7
4	9	7	5	2	6	3	1	8
9	7	2	6	5	3	1	8	4
5	3	4	1	8	9	7	2	6
8	6	1	2	7	4	9	3	5

562

8	2	9	5	3	4	7	6	1
4	6	7	9	1	2	3	5	8
5	1	3	8	7	6	9	2	4
6	5	2	1	9	7	4	8	3
9	7	4	6	8	3	5	1	2
1	3	8	2	4	5	6	7	9
3	8	5	7	2	9	1	4	6
7	4	1	3	6	8	2	9	5
2	9	6	4	5	1	8	3	7

563

7	3	8	9	2	1	6	4	5
4	6	9	8	5	3	1	7	2
5	2	1	4	6	7	8	9	3
8	4	6	3	9	2	5	1	7
1	7	2	5	8	4	9	3	6
9	5	3	7	1	6	4	2	8
3	8	5	1	7	9	2	6	4
2	9	4	6	3	5	7	8	1
6	1	7	2	4	8	3	5	9

564

1	6	2	5	4	3	7	9	8
7	3	5	1	9	8	2	6	4
4	8	9	7	6	2	3	5	1
9	4	8	2	7	1	6	3	5
3	1	6	4	5	9	8	7	2
5	2	7	3	8	6	4	1	9
2	9	3	6	1	4	5	8	7
6	7	1	8	2	5	9	4	3
8	5	4	9	3	7	1	2	6

565

4	7	1	2	8	6	5	3	9
5	9	8	7	3	1	6	2	4
6	2	3	9	4	5	8	7	1
7	8	5	6	9	4	3	1	2
1	3	4	8	2	7	9	6	5
2	6	9	1	5	3	7	4	8
9	1	2	3	6	8	4	5	7
3	5	7	4	1	9	2	8	6
8	4	6	5	7	2	1	9	3

566

9	5	3	7	1	4	6	2	8
1	2	4	6	5	8	7	3	9
6	8	7	2	9	3	5	4	1
4	9	6	8	3	1	2	5	7
2	3	8	5	4	7	9	1	6
5	7	1	9	6	2	4	8	3
7	4	5	1	8	9	3	6	2
8	6	9	3	2	5	1	7	4
3	1	2	4	7	6	8	9	5

567

4	2	8	5	3	9	1	7	6
3	6	9	1	2	7	4	8	5
7	5	1	6	8	4	9	2	3
6	1	4	7	9	8	3	5	2
5	3	2	4	6	1	7	9	8
8	9	7	2	5	3	6	1	4
9	4	5	3	7	2	8	6	1
1	8	6	9	4	5	2	3	7
2	7	3	8	1	6	5	4	9

568

7	2	6	5	1	8	4	9	3
3	1	5	9	4	7	6	2	8
4	8	9	6	3	2	5	1	7
9	6	2	1	8	3	7	4	5
8	4	1	2	7	5	3	6	9
5	3	7	4	6	9	2	8	1
6	7	8	3	2	1	9	5	4
2	9	3	8	5	4	1	7	6
1	5	4	7	9	6	8	3	2

569

2	4	3	8	5	1	9	7	6
6	5	1	9	2	7	3	4	8
9	7	8	4	6	3	1	5	2
7	1	4	3	8	5	6	2	9
5	6	9	7	1	2	4	8	3
8	3	2	6	9	4	5	1	7
3	2	7	1	4	6	8	9	5
1	9	5	2	3	8	7	6	4
4	8	6	5	7	9	2	3	1

570

9	2	1	3	6	4	5	7	8
6	4	3	7	8	5	9	1	2
8	5	7	1	2	9	4	6	3
4	7	6	8	9	1	2	3	5
3	9	2	4	5	7	1	8	6
5	1	8	2	3	6	7	9	4
7	8	4	6	1	2	3	5	9
2	6	5	9	7	3	8	4	1
1	3	9	5	4	8	6	2	7

571

1	5	3	7	8	2	9	6	4
8	2	6	4	9	3	7	1	5
9	7	4	6	1	5	2	8	3
7	9	2	5	4	1	6	3	8
3	6	5	8	2	7	1	4	9
4	8	1	9	3	6	5	7	2
2	4	9	1	7	8	3	5	6
6	1	8	3	5	9	4	2	7
5	3	7	2	6	4	8	9	1

572

9	7	2	1	6	8	4	3	5
3	8	4	7	9	5	6	2	1
6	5	1	2	4	3	9	7	8
1	9	8	3	2	7	5	6	4
5	4	7	9	8	6	3	1	2
2	6	3	5	1	4	7	8	9
8	3	9	6	5	1	2	4	7
7	1	5	4	3	2	8	9	6
4	2	6	8	7	9	1	5	3

573

9	3	1	4	6	7	8	5	2
2	7	4	3	5	8	1	9	6
6	5	8	9	2	1	3	4	7
3	6	2	8	1	9	5	7	4
5	4	9	7	3	2	6	1	8
8	1	7	6	4	5	9	2	3
1	8	3	2	9	4	7	6	5
7	2	5	1	8	6	4	3	9
4	9	6	5	7	3	2	8	1

574

6	1	4	7	2	9	3	5	8
7	9	8	4	5	3	6	1	2
3	2	5	6	8	1	4	7	9
5	7	9	1	6	2	8	4	3
4	3	1	8	9	5	7	2	6
8	6	2	3	7	4	1	9	5
9	4	6	5	3	7	2	8	1
1	5	3	2	4	8	9	6	7
2	8	7	9	1	6	5	3	4

575

6	1	3	4	5	7	9	2	8
5	7	9	3	8	2	4	6	1
8	2	4	6	1	9	3	7	5
2	4	5	7	6	8	1	3	9
1	3	6	5	9	4	7	8	2
9	8	7	1	2	3	5	4	6
3	6	2	9	4	5	8	1	7
7	9	8	2	3	1	6	5	4
4	5	1	8	7	6	2	9	3

576

7	2	3	6	4	5	1	8	9
4	8	9	7	2	1	6	5	3
6	1	5	8	3	9	2	7	4
8	3	1	9	6	4	7	2	5
9	4	7	5	8	2	3	6	1
5	6	2	3	1	7	9	4	8
3	5	6	1	7	8	4	9	2
1	9	4	2	5	6	8	3	7
2	7	8	4	9	3	5	1	6

577

6	2	3	5	9	4	7	8	1
8	7	5	1	3	6	9	4	2
4	1	9	8	2	7	5	6	3
9	4	7	6	8	1	3	2	5
1	5	6	3	4	2	8	9	7
2	3	8	7	5	9	4	1	6
3	8	2	9	1	5	6	7	4
7	9	1	4	6	3	2	5	8
5	6	4	2	7	8	1	3	9

578

4	1	2	8	7	3	9	6	5
5	3	9	2	6	1	7	4	8
8	6	7	4	5	9	1	2	3
3	9	4	5	1	6	8	7	2
6	7	1	9	2	8	3	5	4
2	8	5	3	4	7	6	9	1
1	5	6	7	3	4	2	8	9
9	2	3	6	8	5	4	1	7
7	4	8	1	9	2	5	3	6

579

2	8	5	6	4	3	1	7	9
1	3	7	2	5	9	6	4	8
6	4	9	1	7	8	3	2	5
5	9	4	7	3	6	2	8	1
7	1	8	5	2	4	9	3	6
3	2	6	9	8	1	4	5	7
9	7	2	3	1	5	8	6	4
8	5	1	4	6	2	7	9	3
4	6	3	8	9	7	5	1	2

580

2	6	7	9	8	4	3	5	1
5	4	8	1	3	6	7	2	9
3	9	1	5	2	7	6	8	4
4	2	3	6	1	8	5	9	7
7	8	5	2	4	9	1	6	3
6	1	9	7	5	3	2	4	8
1	7	6	4	9	5	8	3	2
9	3	2	8	6	1	4	7	5
8	5	4	3	7	2	9	1	6

581

4	1	3	5	6	9	2	7	8
7	9	2	3	4	8	5	1	6
6	8	5	2	7	1	4	9	3
2	4	1	6	5	3	7	8	9
8	3	7	1	9	4	6	5	2
9	5	6	8	2	7	1	3	4
1	2	4	9	3	5	8	6	7
5	7	9	4	8	6	3	2	1
3	6	8	7	1	2	9	4	5

582

3	4	8	6	2	1	7	9	5
5	6	7	8	9	3	2	1	4
2	9	1	4	5	7	8	6	3
7	5	2	1	4	9	6	3	8
9	1	6	7	3	8	4	5	2
8	3	4	2	6	5	1	7	9
4	8	9	3	1	6	5	2	7
6	7	3	5	8	2	9	4	1
1	2	5	9	7	4	3	8	6

583

2	3	6	7	5	4	1	8	9
4	7	9	2	1	8	6	3	5
5	1	8	6	3	9	7	4	2
8	9	2	1	7	3	4	5	6
6	4	1	5	8	2	9	7	3
7	5	3	4	9	6	2	1	8
1	8	4	9	2	5	3	6	7
9	6	5	3	4	7	8	2	1
3	2	7	8	6	1	5	9	4

584

1	4	5	3	2	7	9	8	6
9	8	7	5	4	6	3	1	2
2	3	6	1	8	9	5	7	4
5	9	8	4	6	1	7	2	3
7	1	3	8	9	2	6	4	5
6	2	4	7	3	5	8	9	1
3	7	2	6	1	8	4	5	9
4	5	9	2	7	3	1	6	8
8	6	1	9	5	4	2	3	7

585

3	4	7	6	8	1	9	5	2
9	6	2	4	5	7	1	8	3
5	1	8	2	3	9	4	6	7
8	2	6	7	1	3	5	9	4
1	9	3	5	4	2	8	7	6
7	5	4	8	9	6	2	3	1
2	8	5	3	6	4	7	1	9
4	3	1	9	7	5	6	2	8
6	7	9	1	2	8	3	4	5

586

8	7	1	9	2	4	5	3	6
4	2	5	3	6	1	8	9	7
6	3	9	8	7	5	2	1	4
1	4	6	5	9	8	7	2	3
7	9	2	6	1	3	4	8	5
5	8	3	7	4	2	9	6	1
2	1	7	4	3	9	6	5	8
3	6	8	2	5	7	1	4	9
9	5	4	1	8	6	3	7	2

587

3	8	9	4	1	2	6	7	5
1	5	6	7	3	8	2	9	4
4	2	7	6	9	5	3	8	1
8	6	2	9	5	1	4	3	7
5	3	4	2	7	6	8	1	9
7	9	1	8	4	3	5	2	6
2	4	8	1	6	9	7	5	3
6	1	5	3	8	7	9	4	2
9	7	3	5	2	4	1	6	8

588

4	5	9	6	3	7	2	8	1
1	6	2	5	4	8	9	3	7
3	8	7	2	9	1	6	4	5
9	2	5	7	6	4	3	1	8
6	7	1	3	8	5	4	9	2
8	4	3	1	2	9	5	7	6
7	3	4	8	5	2	1	6	9
2	9	8	4	1	6	7	5	3
5	1	6	9	7	3	8	2	4

589

3	9	4	5	7	2	8	6	1
6	2	5	8	9	1	4	7	3
7	8	1	3	6	4	9	2	5
5	4	6	7	8	3	1	9	2
1	7	8	6	2	9	3	5	4
9	3	2	4	1	5	7	8	6
4	6	9	1	5	7	2	3	8
2	5	3	9	4	8	6	1	7
8	1	7	2	3	6	5	4	9

590

7	5	2	6	1	3	9	4	8
8	1	4	5	9	2	3	7	6
3	6	9	7	4	8	5	2	1
2	3	6	8	5	7	1	9	4
9	4	5	3	6	1	7	8	2
1	7	8	9	2	4	6	5	3
5	9	1	2	8	6	4	3	7
4	8	3	1	7	5	2	6	9
6	2	7	4	3	9	8	1	5

591

1	9	7	5	2	6	3	4	8
8	3	2	4	9	7	5	1	6
4	6	5	1	8	3	9	7	2
3	8	4	6	1	5	7	2	9
6	7	9	8	4	2	1	3	5
5	2	1	3	7	9	8	6	4
9	4	3	7	6	8	2	5	1
7	1	8	2	5	4	6	9	3
2	5	6	9	3	1	4	8	7

592

6	9	3	5	2	4	1	8	7
8	1	5	3	6	7	2	9	4
7	2	4	8	9	1	5	3	6
3	5	8	1	7	6	4	2	9
9	4	1	2	3	8	7	6	5
2	6	7	9	4	5	8	1	3
4	7	2	6	8	3	9	5	1
1	8	6	7	5	9	3	4	2
5	3	9	4	1	2	6	7	8

593

8	5	7	3	9	6	2	4	1
4	2	3	7	1	5	9	6	8
1	6	9	2	4	8	3	5	7
7	1	6	4	2	9	5	8	3
3	9	5	8	7	1	6	2	4
2	4	8	6	5	3	7	1	9
6	8	4	5	3	7	1	9	2
5	3	1	9	8	2	4	7	6
9	7	2	1	6	4	8	3	5

594

4	1	5	8	6	7	2	3	9
7	2	3	5	9	4	8	6	1
6	9	8	3	1	2	4	7	5
8	6	2	4	5	9	3	1	7
3	4	9	1	7	8	6	5	2
1	5	7	6	2	3	9	8	4
2	3	4	7	8	5	1	9	6
5	8	1	9	4	6	7	2	3
9	7	6	2	3	1	5	4	8

595

2	7	5	8	3	9	4	1	6
8	4	9	1	6	2	5	7	3
1	3	6	5	7	4	2	9	8
3	6	1	2	4	7	8	5	9
7	2	8	9	1	5	3	6	4
9	5	4	3	8	6	7	2	1
4	9	7	6	2	3	1	8	5
5	8	2	4	9	1	6	3	7
6	1	3	7	5	8	9	4	2

596

7	5	1	8	3	9	6	4	2
9	3	8	6	2	4	1	7	5
4	2	6	7	5	1	3	8	9
6	1	7	2	9	8	5	3	4
2	8	3	4	7	5	9	6	1
5	4	9	3	1	6	8	2	7
8	9	4	1	6	2	7	5	3
1	7	2	5	8	3	4	9	6
3	6	5	9	4	7	2	1	8

597

2	8	9	3	7	1	6	4	5
3	7	5	4	6	9	1	2	8
6	1	4	2	5	8	7	9	3
8	2	3	6	4	5	9	1	7
5	9	7	1	2	3	8	6	4
4	6	1	8	9	7	3	5	2
7	5	6	9	3	4	2	8	1
9	3	8	5	1	2	4	7	6
1	4	2	7	8	6	5	3	9

598

3	5	6	9	2	4	1	7	8
9	1	8	7	3	5	6	4	2
4	2	7	1	8	6	3	9	5
2	6	9	8	4	1	5	3	7
8	7	5	3	9	2	4	6	1
1	4	3	5	6	7	8	2	9
5	8	2	6	7	3	9	1	4
6	9	4	2	1	8	7	5	3
7	3	1	4	5	9	2	8	6

599

6	9	2	7	3	4	8	1	5
4	1	5	2	8	6	3	7	9
3	8	7	5	1	9	6	2	4
2	3	4	1	5	7	9	8	6
8	6	9	4	2	3	7	5	1
7	5	1	6	9	8	4	3	2
1	4	6	8	7	2	5	9	3
5	7	3	9	4	1	2	6	8
9	2	8	3	6	5	1	4	7

600

4	9	8	2	7	6	3	5	1
3	7	5	8	1	4	6	2	9
6	1	2	3	5	9	7	8	4
9	5	1	6	4	3	8	7	2
2	6	7	1	8	5	9	4	3
8	3	4	9	2	7	1	6	5
7	2	9	4	3	8	5	1	6
1	8	6	5	9	2	4	3	7
5	4	3	7	6	1	2	9	8

601

2	5	8	7	1	3	9	4	6
3	9	4	8	2	6	1	5	7
6	7	1	5	9	4	3	8	2
8	6	5	9	7	1	2	3	4
7	3	2	6	4	5	8	1	9
4	1	9	2	3	8	7	6	5
1	4	7	3	6	2	5	9	8
9	8	3	4	5	7	6	2	1
5	2	6	1	8	9	4	7	3

602

9	5	8	7	4	6	2	1	3
4	3	1	5	8	2	7	9	6
7	6	2	1	9	3	8	5	4
5	4	3	6	2	7	1	8	9
8	1	6	4	5	9	3	7	2
2	7	9	8	3	1	6	4	5
6	8	4	3	7	5	9	2	1
3	2	7	9	1	4	5	6	8
1	9	5	2	6	8	4	3	7

603

9	6	5	3	8	2	1	7	4
2	3	4	6	7	1	9	8	5
1	7	8	4	9	5	2	3	6
3	1	9	8	2	6	4	5	7
5	8	7	9	1	4	6	2	3
4	2	6	5	3	7	8	1	9
8	4	3	1	5	9	7	6	2
6	5	2	7	4	8	3	9	1
7	9	1	2	6	3	5	4	8

604

5	7	9	2	6	1	3	8	4
3	8	1	9	7	4	6	2	5
4	6	2	8	3	5	1	7	9
7	1	4	5	8	2	9	3	6
6	2	3	4	9	7	8	5	1
8	9	5	3	1	6	2	4	7
1	5	6	7	2	8	4	9	3
2	3	7	1	4	9	5	6	8
9	4	8	6	5	3	7	1	2

605

1	9	4	5	3	8	6	7	2
2	6	8	1	9	7	3	5	4
3	5	7	6	2	4	1	9	8
4	2	5	3	8	6	9	1	7
8	3	9	7	1	5	4	2	6
6	7	1	2	4	9	8	3	5
9	1	6	4	5	2	7	8	3
5	4	3	8	7	1	2	6	9
7	8	2	9	6	3	5	4	1

606

1	3	5	9	4	7	2	6	8
8	6	2	5	1	3	4	7	9
7	9	4	6	8	2	5	3	1
2	1	6	4	9	8	7	5	3
9	5	3	2	7	6	1	8	4
4	7	8	3	5	1	9	2	6
6	4	1	8	2	5	3	9	7
5	8	7	1	3	9	6	4	2
3	2	9	7	6	4	8	1	5

607

3	6	1	8	7	5	9	4	2
8	7	4	2	9	6	1	3	5
5	9	2	4	3	1	7	6	8
2	4	9	3	1	7	8	5	6
6	8	3	5	2	9	4	1	7
1	5	7	6	8	4	2	9	3
9	3	6	7	4	8	5	2	1
4	2	8	1	5	3	6	7	9
7	1	5	9	6	2	3	8	4

608

5	3	2	6	4	1	8	9	7
7	6	1	8	5	9	2	3	4
9	8	4	2	7	3	1	6	5
4	1	5	9	2	7	3	8	6
3	9	6	1	8	4	7	5	2
2	7	8	3	6	5	4	1	9
1	5	3	4	9	2	6	7	8
8	4	9	7	3	6	5	2	1
6	2	7	5	1	8	9	4	3

609

5	6	7	1	9	8	2	4	3
1	9	8	4	2	3	6	5	7
4	3	2	6	5	7	1	9	8
9	1	5	2	3	6	8	7	4
8	2	4	5	7	9	3	1	6
3	7	6	8	4	1	9	2	5
6	4	1	7	8	2	5	3	9
2	5	9	3	6	4	7	8	1
7	8	3	9	1	5	4	6	2

610

4	7	1	9	8	5	2	3	6
5	6	2	4	3	1	7	9	8
8	9	3	6	7	2	1	4	5
6	2	5	8	4	9	3	7	1
7	8	9	5	1	3	4	6	2
1	3	4	7	2	6	8	5	9
2	1	6	3	5	7	9	8	4
9	4	7	1	6	8	5	2	3
3	5	8	2	9	4	6	1	7

611

6	7	5	9	2	4	1	8	3
4	9	3	1	6	8	2	7	5
8	1	2	7	5	3	6	9	4
9	4	1	5	8	2	7	3	6
3	5	6	4	1	7	8	2	9
7	2	8	3	9	6	5	4	1
1	3	7	8	4	5	9	6	2
5	6	4	2	7	9	3	1	8
2	8	9	6	3	1	4	5	7

612

1	6	8	7	4	9	2	5	3
5	2	4	1	3	8	7	6	9
7	9	3	6	5	2	4	1	8
2	4	1	8	6	3	9	7	5
3	7	5	9	1	4	8	2	6
6	8	9	2	7	5	1	3	4
9	5	7	3	8	1	6	4	2
8	3	6	4	2	7	5	9	1
4	1	2	5	9	6	3	8	7

613

4	7	3	8	5	6	2	1	9
9	1	5	4	2	3	6	8	7
6	8	2	9	7	1	3	5	4
7	3	1	6	4	2	8	9	5
5	9	6	1	8	7	4	2	3
2	4	8	3	9	5	7	6	1
3	5	9	2	6	4	1	7	8
1	6	7	5	3	8	9	4	2
8	2	4	7	1	9	5	3	6

614

7	8	5	9	3	2	4	6	1
6	9	2	1	8	4	5	7	3
4	3	1	5	7	6	2	8	9
5	4	6	8	1	3	7	9	2
1	7	3	4	2	9	6	5	8
8	2	9	6	5	7	3	1	4
9	5	4	2	6	8	1	3	7
2	6	7	3	9	1	8	4	5
3	1	8	7	4	5	9	2	6

615

6	7	2	1	5	4	8	3	9
8	9	1	7	3	6	4	5	2
5	4	3	2	9	8	7	1	6
1	8	5	4	7	9	2	6	3
4	3	9	5	6	2	1	8	7
2	6	7	8	1	3	5	9	4
3	2	4	9	8	1	6	7	5
9	5	8	6	2	7	3	4	1
7	1	6	3	4	5	9	2	8

616

7	3	4	8	5	9	1	2	6
2	5	1	4	7	6	3	9	8
8	9	6	1	2	3	4	5	7
6	4	9	2	3	1	7	8	5
3	8	5	7	9	4	2	6	1
1	7	2	5	6	8	9	3	4
9	1	7	3	8	5	6	4	2
5	2	3	6	4	7	8	1	9
4	6	8	9	1	2	5	7	3

617

6	9	2	8	4	7	3	5	1
3	1	7	2	5	6	9	4	8
4	5	8	1	9	3	6	7	2
7	3	6	5	8	9	2	1	4
1	8	4	6	3	2	5	9	7
5	2	9	7	1	4	8	3	6
8	4	5	9	6	1	7	2	3
9	7	3	4	2	8	1	6	5
2	6	1	3	7	5	4	8	9

618

1	3	6	5	2	7	9	4	8
2	5	8	4	1	9	6	7	3
4	7	9	6	8	3	2	5	1
6	4	7	3	9	2	8	1	5
9	1	3	7	5	8	4	6	2
8	2	5	1	6	4	3	9	7
3	6	1	8	4	5	7	2	9
5	8	2	9	7	6	1	3	4
7	9	4	2	3	1	5	8	6

619

3	5	6	4	7	1	9	2	8
4	8	2	5	6	9	7	3	1
9	1	7	2	8	3	6	4	5
7	3	4	8	5	2	1	6	9
2	9	8	6	1	4	3	5	7
1	6	5	3	9	7	2	8	4
8	2	9	1	3	5	4	7	6
6	7	3	9	4	8	5	1	2
5	4	1	7	2	6	8	9	3

620

5	1	9	4	7	3	8	2	6
7	2	8	6	5	9	3	4	1
6	3	4	2	1	8	5	9	7
9	7	5	8	6	1	4	3	2
8	6	3	9	2	4	1	7	5
1	4	2	7	3	5	9	6	8
4	5	7	3	8	2	6	1	9
2	9	1	5	4	6	7	8	3
3	8	6	1	9	7	2	5	4

621

7	1	9	8	4	5	3	6	2
8	2	4	3	9	6	7	5	1
3	6	5	2	1	7	8	9	4
9	4	3	5	7	1	2	8	6
6	7	2	4	8	9	5	1	3
1	5	8	6	3	2	9	4	7
2	9	1	7	5	4	6	3	8
5	8	7	1	6	3	4	2	9
4	3	6	9	2	8	1	7	5

622

7	3	6	2	8	9	5	4	1
1	4	5	3	6	7	2	9	8
8	9	2	5	1	4	6	3	7
9	1	3	7	5	2	8	6	4
6	7	4	1	9	8	3	5	2
5	2	8	4	3	6	1	7	9
2	6	7	8	4	5	9	1	3
3	8	9	6	7	1	4	2	5
4	5	1	9	2	3	7	8	6

623

4	2	1	9	5	3	7	8	6
8	6	3	1	4	7	9	5	2
7	5	9	8	2	6	4	3	1
1	4	7	3	9	8	2	6	5
2	3	6	5	1	4	8	9	7
9	8	5	6	7	2	1	4	3
5	7	8	2	3	9	6	1	4
6	1	4	7	8	5	3	2	9
3	9	2	4	6	1	5	7	8

624

9	7	1	4	5	2	8	3	6
2	5	8	3	6	9	4	1	7
4	6	3	1	8	7	9	5	2
1	2	5	6	7	4	3	9	8
6	4	7	8	9	3	5	2	1
3	8	9	2	1	5	7	6	4
8	3	6	9	4	1	2	7	5
7	1	2	5	3	8	6	4	9
5	9	4	7	2	6	1	8	3

625

9	8	3	7	5	6	2	1	4
1	7	6	8	2	4	3	5	9
5	2	4	1	3	9	8	7	6
7	6	2	9	8	3	5	4	1
8	4	1	5	6	2	7	9	3
3	9	5	4	1	7	6	2	8
4	5	9	3	7	8	1	6	2
6	1	8	2	9	5	4	3	7
2	3	7	6	4	1	9	8	5

626

1	7	6	3	2	5	9	8	4
9	5	8	4	6	7	1	2	3
2	3	4	8	1	9	5	7	6
7	1	2	6	9	8	3	4	5
3	4	5	2	7	1	6	9	8
6	8	9	5	3	4	7	1	2
8	9	3	1	4	6	2	5	7
5	2	1	7	8	3	4	6	9
4	6	7	9	5	2	8	3	1

627

5	7	4	8	6	9	2	1	3
6	8	3	2	4	1	9	5	7
2	1	9	3	5	7	4	6	8
8	9	6	1	2	3	7	4	5
4	3	7	5	9	6	8	2	1
1	5	2	4	7	8	3	9	6
3	2	5	6	8	4	1	7	9
9	6	1	7	3	2	5	8	4
7	4	8	9	1	5	6	3	2

628

4	6	7	5	2	1	8	3	9
3	8	2	9	4	6	7	5	1
9	1	5	7	3	8	6	2	4
5	3	4	6	1	9	2	8	7
1	2	8	3	7	4	9	6	5
7	9	6	8	5	2	4	1	3
8	5	3	2	9	7	1	4	6
6	7	1	4	8	3	5	9	2
2	4	9	1	6	5	3	7	8

629

2	9	4	1	5	3	7	8	6
5	6	1	8	2	7	9	3	4
8	3	7	6	9	4	5	2	1
9	4	3	5	6	1	2	7	8
6	5	2	7	3	8	1	4	9
1	7	8	2	4	9	6	5	3
4	2	9	3	1	5	8	6	7
3	8	6	9	7	2	4	1	5
7	1	5	4	8	6	3	9	2

630

3	5	9	4	1	2	7	6	8
2	1	7	6	3	8	9	4	5
4	8	6	9	7	5	3	1	2
6	2	4	5	8	7	1	9	3
5	3	1	2	9	6	8	7	4
9	7	8	3	4	1	5	2	6
1	4	2	7	5	3	6	8	9
8	9	5	1	6	4	2	3	7
7	6	3	8	2	9	4	5	1

631

9	6	7	5	2	8	4	3	1
2	3	5	1	9	4	6	8	7
4	1	8	7	3	6	5	9	2
8	2	9	3	6	5	7	1	4
7	4	3	8	1	2	9	5	6
1	5	6	9	4	7	3	2	8
3	8	2	4	7	9	1	6	5
5	7	1	6	8	3	2	4	9
6	9	4	2	5	1	8	7	3

632

1	4	8	3	6	9	5	2	7
5	9	3	2	4	7	8	1	6
6	7	2	5	1	8	9	4	3
9	2	1	4	7	5	3	6	8
3	6	7	8	2	1	4	9	5
4	8	5	9	3	6	1	7	2
8	5	6	7	9	4	2	3	1
2	1	9	6	8	3	7	5	4
7	3	4	1	5	2	6	8	9

633

7	8	2	9	1	4	6	5	3
3	1	9	2	6	5	4	8	7
5	6	4	8	7	3	9	2	1
8	7	3	1	4	6	2	9	5
2	4	6	7	5	9	1	3	8
9	5	1	3	8	2	7	6	4
4	3	8	6	9	7	5	1	2
6	2	7	5	3	1	8	4	9
1	9	5	4	2	8	3	7	6

634

6	7	2	8	1	9	3	5	4
3	9	4	5	2	6	7	1	8
8	1	5	4	3	7	9	2	6
9	3	6	7	5	8	2	4	1
4	2	1	9	6	3	8	7	5
5	8	7	2	4	1	6	9	3
2	6	9	1	8	4	5	3	7
1	5	8	3	7	2	4	6	9
7	4	3	6	9	5	1	8	2

635

4	8	7	6	9	5	2	3	1
9	3	6	2	1	7	5	8	4
1	2	5	8	4	3	9	6	7
3	7	8	4	5	9	6	1	2
2	5	1	7	6	8	4	9	3
6	9	4	3	2	1	8	7	5
7	1	9	5	8	2	3	4	6
8	6	2	1	3	4	7	5	9
5	4	3	9	7	6	1	2	8

636

7	9	3	1	8	5	2	6	4
1	6	2	3	4	7	5	8	9
8	4	5	9	6	2	7	1	3
4	5	8	7	2	9	1	3	6
2	3	1	6	5	4	8	9	7
9	7	6	8	1	3	4	5	2
3	1	9	2	7	8	6	4	5
5	8	7	4	3	6	9	2	1
6	2	4	5	9	1	3	7	8

637

4	7	5	6	8	2	9	3	1
9	2	8	3	5	1	4	6	7
6	1	3	9	7	4	5	2	8
7	3	2	4	6	5	8	1	9
8	9	1	7	2	3	6	5	4
5	4	6	1	9	8	2	7	3
2	5	4	8	1	7	3	9	6
3	6	7	2	4	9	1	8	5
1	8	9	5	3	6	7	4	2

638

9	4	5	2	8	1	3	7	6
8	7	3	5	6	9	1	4	2
6	1	2	3	7	4	5	9	8
2	9	1	6	3	5	4	8	7
7	5	4	1	2	8	9	6	3
3	8	6	4	9	7	2	1	5
1	2	7	8	4	3	6	5	9
5	6	8	9	1	2	7	3	4
4	3	9	7	5	6	8	2	1

639

2	7	6	5	8	9	3	4	1
3	4	8	6	1	2	9	7	5
1	9	5	3	7	4	2	8	6
4	3	2	7	9	5	6	1	8
6	5	9	8	3	1	4	2	7
8	1	7	4	2	6	5	9	3
9	8	4	1	5	3	7	6	2
5	6	1	2	4	7	8	3	9
7	2	3	9	6	8	1	5	4

640

2	4	6	1	7	3	9	5	8
9	7	5	8	6	4	1	3	2
8	3	1	5	2	9	7	4	6
3	9	7	2	1	8	4	6	5
6	8	2	4	9	5	3	7	1
5	1	4	6	3	7	2	8	9
4	5	9	7	8	2	6	1	3
1	2	8	3	4	6	5	9	7
7	6	3	9	5	1	8	2	4

641

7	3	9	6	4	8	5	1	2
2	4	6	5	1	3	9	8	7
5	8	1	7	2	9	4	3	6
3	6	7	4	9	5	1	2	8
1	9	4	8	3	2	7	6	5
8	5	2	1	6	7	3	9	4
4	2	3	9	5	6	8	7	1
9	7	5	2	8	1	6	4	3
6	1	8	3	7	4	2	5	9

642

6	4	8	2	1	7	9	5	3
1	9	5	6	3	4	8	2	7
3	7	2	8	5	9	6	1	4
8	3	4	5	2	6	1	7	9
2	6	1	9	7	8	4	3	5
7	5	9	3	4	1	2	8	6
9	2	3	1	6	5	7	4	8
5	8	7	4	9	2	3	6	1
4	1	6	7	8	3	5	9	2

643

9	7	8	5	3	2	4	1	6
1	2	3	8	6	4	7	5	9
5	6	4	1	7	9	8	2	3
6	8	2	9	1	7	5	3	4
7	4	5	6	2	3	9	8	1
3	9	1	4	5	8	6	7	2
4	3	9	7	8	1	2	6	5
2	5	7	3	4	6	1	9	8
8	1	6	2	9	5	3	4	7

644

6	4	1	3	5	2	8	9	7
9	2	3	7	8	4	5	6	1
7	8	5	6	1	9	2	3	4
1	5	4	2	6	7	3	8	9
8	7	2	1	9	3	6	4	5
3	9	6	8	4	5	7	1	2
5	1	7	4	3	8	9	2	6
4	3	9	5	2	6	1	7	8
2	6	8	9	7	1	4	5	3

645

8	5	1	4	3	9	2	7	6
4	2	9	5	7	6	8	3	1
3	7	6	8	1	2	9	5	4
7	6	2	9	4	1	5	8	3
5	1	3	7	6	8	4	2	9
9	8	4	2	5	3	1	6	7
2	3	8	6	9	4	7	1	5
6	9	7	1	2	5	3	4	8
1	4	5	3	8	7	6	9	2

646

5	2	9	8	4	7	1	6	3
4	6	3	9	1	5	7	2	8
7	1	8	6	2	3	5	4	9
8	7	2	4	3	6	9	5	1
1	4	6	5	8	9	2	3	7
3	9	5	1	7	2	6	8	4
6	8	1	7	5	4	3	9	2
9	3	7	2	6	8	4	1	5
2	5	4	3	9	1	8	7	6

647

4	3	1	8	5	9	2	6	7
8	7	6	4	2	3	1	9	5
2	9	5	6	7	1	4	8	3
3	5	9	1	6	4	8	7	2
7	2	8	9	3	5	6	4	1
6	1	4	2	8	7	3	5	9
5	8	3	7	4	2	9	1	6
1	4	2	5	9	6	7	3	8
9	6	7	3	1	8	5	2	4

648

7	1	4	2	8	3	6	9	5
9	2	3	6	5	4	8	7	1
5	6	8	9	1	7	2	4	3
1	5	6	8	7	2	9	3	4
2	4	9	5	3	1	7	6	8
3	8	7	4	9	6	5	1	2
8	7	1	3	2	9	4	5	6
4	9	5	1	6	8	3	2	7
6	3	2	7	4	5	1	8	9

649

8	5	1	7	4	6	9	2	3
4	9	7	2	3	1	5	8	6
2	6	3	9	5	8	7	4	1
5	8	2	6	9	4	3	1	7
3	1	6	8	7	2	4	9	5
9	7	4	5	1	3	8	6	2
1	3	8	4	6	7	2	5	9
7	2	9	1	8	5	6	3	4
6	4	5	3	2	9	1	7	8

650

2	6	9	5	7	4	3	8	1
7	3	8	9	1	6	4	5	2
1	4	5	2	8	3	7	6	9
8	7	3	4	2	9	6	1	5
4	9	2	6	5	1	8	7	3
5	1	6	7	3	8	9	2	4
6	8	4	1	9	2	5	3	7
9	2	7	3	6	5	1	4	8
3	5	1	8	4	7	2	9	6

651

9	4	7	5	6	1	2	3	8
8	3	5	2	9	4	7	1	6
2	6	1	3	7	8	4	9	5
7	8	6	4	3	2	1	5	9
3	1	4	9	5	7	8	6	2
5	9	2	1	8	6	3	7	4
4	5	8	7	1	9	6	2	3
1	2	9	6	4	3	5	8	7
6	7	3	8	2	5	9	4	1

652

7	4	3	2	5	9	6	8	1
5	8	9	3	1	6	4	7	2
6	1	2	4	7	8	5	3	9
9	5	6	1	8	7	2	4	3
8	3	4	6	9	2	1	5	7
1	2	7	5	4	3	8	9	6
3	6	8	7	2	4	9	1	5
2	9	5	8	3	1	7	6	4
4	7	1	9	6	5	3	2	8

653

3	9	5	6	4	7	2	1	8
2	7	6	1	8	3	5	9	4
8	4	1	5	2	9	7	3	6
1	6	8	9	3	2	4	7	5
9	3	4	7	5	6	8	2	1
5	2	7	8	1	4	3	6	9
6	8	3	2	9	5	1	4	7
7	5	2	4	6	1	9	8	3
4	1	9	3	7	8	6	5	2

654

2	5	6	3	8	9	1	4	7
9	3	4	6	7	1	2	5	8
8	7	1	4	2	5	9	3	6
4	8	2	7	3	6	5	1	9
7	1	3	9	5	2	8	6	4
5	6	9	1	4	8	3	7	2
1	9	7	8	6	3	4	2	5
6	2	8	5	1	4	7	9	3
3	4	5	2	9	7	6	8	1

655

6	2	9	1	4	7	8	5	3
5	8	7	9	3	6	1	4	2
4	3	1	2	5	8	6	7	9
8	6	3	5	2	9	4	1	7
7	5	4	3	6	1	9	2	8
9	1	2	8	7	4	3	6	5
1	4	8	7	9	2	5	3	6
3	7	6	4	8	5	2	9	1
2	9	5	6	1	3	7	8	4

656

3	9	8	1	4	6	7	5	2
5	4	1	2	7	3	6	9	8
7	6	2	8	5	9	4	1	3
4	7	6	9	2	1	8	3	5
9	8	5	3	6	7	1	2	4
2	1	3	5	8	4	9	7	6
6	5	9	7	3	8	2	4	1
1	2	4	6	9	5	3	8	7
8	3	7	4	1	2	5	6	9

657

9	7	6	2	3	8	4	1	5
3	4	8	1	5	9	6	7	2
5	2	1	4	7	6	8	9	3
1	5	7	9	6	4	2	3	8
2	6	9	7	8	3	5	4	1
8	3	4	5	1	2	9	6	7
6	8	2	3	9	7	1	5	4
4	1	3	6	2	5	7	8	9
7	9	5	8	4	1	3	2	6

658

8	1	6	5	4	2	9	3	7
7	3	9	1	6	8	5	4	2
4	5	2	3	7	9	8	6	1
9	7	1	4	2	3	6	5	8
5	4	8	7	9	6	1	2	3
2	6	3	8	1	5	7	9	4
6	8	4	9	3	7	2	1	5
1	9	5	2	8	4	3	7	6
3	2	7	6	5	1	4	8	9

659

1	4	9	6	2	5	7	3	8
2	8	5	4	7	3	9	1	6
3	7	6	8	1	9	5	4	2
7	5	1	3	4	8	2	6	9
6	2	3	9	5	1	8	7	4
4	9	8	7	6	2	1	5	3
5	6	4	2	8	7	3	9	1
8	3	7	1	9	6	4	2	5
9	1	2	5	3	4	6	8	7

660

5	9	7	1	2	4	3	8	6
2	6	4	8	3	7	1	5	9
1	8	3	9	6	5	7	4	2
6	1	5	3	8	9	2	7	4
3	2	9	7	4	1	5	6	8
4	7	8	6	5	2	9	3	1
8	4	1	5	9	3	6	2	7
9	3	2	4	7	6	8	1	5
7	5	6	2	1	8	4	9	3

661

9	3	8	1	4	6	7	5	2
5	4	1	8	2	7	9	6	3
2	6	7	5	9	3	4	8	1
3	5	2	9	7	4	6	1	8
6	8	9	3	1	2	5	7	4
1	7	4	6	5	8	2	3	9
7	2	3	4	8	5	1	9	6
4	9	6	7	3	1	8	2	5
8	1	5	2	6	9	3	4	7

662

4	2	3	7	5	1	6	9	8
9	1	8	6	2	4	3	5	7
7	6	5	9	8	3	1	2	4
2	4	7	8	3	5	9	1	6
8	5	6	1	7	9	4	3	2
1	3	9	2	4	6	8	7	5
3	9	4	5	6	2	7	8	1
6	7	2	3	1	8	5	4	9
5	8	1	4	9	7	2	6	3

663

3	8	2	5	1	7	9	6	4
1	5	9	4	6	3	8	7	2
7	6	4	2	8	9	1	5	3
4	1	8	9	7	6	3	2	5
2	9	6	3	5	8	7	4	1
5	7	3	1	4	2	6	8	9
6	2	1	7	9	5	4	3	8
9	3	7	8	2	4	5	1	6
8	4	5	6	3	1	2	9	7

664

9	5	4	2	6	1	8	3	7
7	6	2	4	8	3	1	9	5
8	3	1	5	9	7	6	4	2
5	9	3	1	7	6	2	8	4
2	1	8	3	4	9	5	7	6
6	4	7	8	2	5	3	1	9
1	8	6	7	5	4	9	2	3
4	2	9	6	3	8	7	5	1
3	7	5	9	1	2	4	6	8

665

9	2	8	3	6	1	5	7	4
6	1	4	8	7	5	2	3	9
7	5	3	9	2	4	8	1	6
4	3	5	2	8	7	6	9	1
8	7	1	4	9	6	3	2	5
2	6	9	1	5	3	7	4	8
3	4	2	6	1	8	9	5	7
1	8	7	5	3	9	4	6	2
5	9	6	7	4	2	1	8	3

666

5	2	7	3	1	6	9	4	8
4	1	6	2	8	9	3	7	5
3	9	8	5	7	4	6	2	1
8	5	4	6	9	7	1	3	2
9	7	2	1	3	8	4	5	6
6	3	1	4	2	5	7	8	9
2	6	3	8	4	1	5	9	7
7	4	5	9	6	2	8	1	3
1	8	9	7	5	3	2	6	4

667

1	2	6	9	8	3	7	4	5
7	4	3	5	6	2	8	1	9
5	9	8	7	4	1	3	6	2
9	6	4	8	1	7	2	5	3
8	3	5	2	9	6	4	7	1
2	7	1	3	5	4	9	8	6
6	1	2	4	3	8	5	9	7
3	8	9	1	7	5	6	2	4
4	5	7	6	2	9	1	3	8

668

7	2	1	4	8	9	3	6	5
6	4	5	3	7	2	9	1	8
8	3	9	1	5	6	7	4	2
9	5	7	8	4	1	6	2	3
2	8	6	5	9	3	4	7	1
4	1	3	6	2	7	5	8	9
1	9	4	2	6	5	8	3	7
3	7	8	9	1	4	2	5	6
5	6	2	7	3	8	1	9	4

669

4	6	9	5	7	8	2	1	3
3	8	7	1	9	2	6	4	5
2	5	1	3	4	6	8	7	9
5	2	4	7	3	1	9	8	6
1	9	8	6	2	4	3	5	7
6	7	3	9	8	5	4	2	1
9	1	2	4	5	3	7	6	8
7	4	6	8	1	9	5	3	2
8	3	5	2	6	7	1	9	4

670

9	5	8	6	7	2	3	4	1
7	2	3	5	4	1	8	6	9
1	6	4	8	9	3	2	5	7
5	8	1	3	6	4	9	7	2
4	9	6	2	8	7	5	1	3
3	7	2	1	5	9	4	8	6
6	3	9	4	1	5	7	2	8
8	4	7	9	2	6	1	3	5
2	1	5	7	3	8	6	9	4

671

8	5	7	4	9	1	3	2	6
3	9	4	6	5	2	8	7	1
6	2	1	7	8	3	9	4	5
1	4	5	3	7	9	6	8	2
7	6	8	2	1	4	5	3	9
9	3	2	5	6	8	7	1	4
2	1	9	8	3	6	4	5	7
5	8	6	1	4	7	2	9	3
4	7	3	9	2	5	1	6	8

672

7	8	3	6	9	2	5	4	1
4	2	9	5	1	3	8	6	7
6	1	5	8	4	7	3	2	9
8	7	2	9	6	5	1	3	4
5	9	4	7	3	1	6	8	2
1	3	6	4	2	8	7	9	5
2	6	1	3	7	9	4	5	8
9	4	8	1	5	6	2	7	3
3	5	7	2	8	4	9	1	6

673

5	7	1	3	6	9	8	4	2
6	3	4	8	2	5	9	7	1
9	2	8	1	4	7	5	3	6
2	4	7	9	5	8	6	1	3
8	6	3	2	7	1	4	9	5
1	5	9	4	3	6	2	8	7
7	9	2	5	8	3	1	6	4
4	8	6	7	1	2	3	5	9
3	1	5	6	9	4	7	2	8

674

1	6	4	2	8	3	7	5	9
2	3	7	5	1	9	8	6	4
9	5	8	6	4	7	1	3	2
4	2	6	7	9	5	3	8	1
8	1	5	3	2	4	9	7	6
3	7	9	1	6	8	4	2	5
6	9	3	4	7	2	5	1	8
5	8	1	9	3	6	2	4	7
7	4	2	8	5	1	6	9	3

675

1	4	3	6	2	7	5	9	8
2	8	9	1	4	5	7	3	6
6	7	5	3	8	9	2	1	4
3	2	1	8	5	6	9	4	7
8	6	7	9	1	4	3	2	5
9	5	4	7	3	2	6	8	1
4	1	2	5	6	3	8	7	9
5	9	8	2	7	1	4	6	3
7	3	6	4	9	8	1	5	2

676

3	5	1	8	6	4	9	2	7
4	7	9	1	2	3	6	8	5
6	2	8	9	5	7	4	3	1
1	3	4	5	7	8	2	9	6
8	6	7	2	1	9	5	4	3
2	9	5	4	3	6	7	1	8
7	1	2	3	4	5	8	6	9
9	4	6	7	8	1	3	5	2
5	8	3	6	9	2	1	7	4

677

4	8	1	7	5	6	2	3	9
2	9	7	3	1	4	6	8	5
5	3	6	8	2	9	4	1	7
3	5	8	6	4	7	1	9	2
6	2	4	9	8	1	7	5	3
7	1	9	5	3	2	8	4	6
9	4	5	2	7	8	3	6	1
8	6	2	1	9	3	5	7	4
1	7	3	4	6	5	9	2	8

678

7	9	1	8	6	5	2	3	4
8	3	4	1	9	2	5	6	7
5	2	6	4	3	7	1	9	8
6	8	9	5	2	3	4	7	1
1	4	7	9	8	6	3	2	5
2	5	3	7	1	4	9	8	6
4	7	2	3	5	8	6	1	9
3	1	8	6	4	9	7	5	2
9	6	5	2	7	1	8	4	3

679

7	2	4	5	6	9	8	3	1
6	3	5	1	7	8	2	9	4
9	8	1	3	4	2	5	6	7
3	9	2	6	1	5	4	7	8
8	5	7	2	9	4	3	1	6
1	4	6	7	8	3	9	2	5
5	7	3	8	2	6	1	4	9
2	1	9	4	5	7	6	8	3
4	6	8	9	3	1	7	5	2

680

5	8	1	4	6	2	9	3	7
4	2	9	7	3	1	5	6	8
3	7	6	8	9	5	1	4	2
1	3	7	2	4	8	6	9	5
6	9	2	5	1	3	8	7	4
8	5	4	9	7	6	3	2	1
2	1	3	6	8	4	7	5	9
9	6	5	1	2	7	4	8	3
7	4	8	3	5	9	2	1	6

681

7	8	5	3	4	1	2	9	6
4	1	9	8	6	2	7	3	5
2	3	6	9	5	7	1	8	4
6	9	7	4	3	8	5	1	2
8	2	3	1	7	5	6	4	9
5	4	1	2	9	6	3	7	8
9	6	8	5	1	3	4	2	7
1	7	4	6	2	9	8	5	3
3	5	2	7	8	4	9	6	1

682

2	1	3	4	7	5	6	8	9
6	7	4	8	1	9	3	5	2
5	9	8	6	2	3	1	7	4
1	4	5	2	8	7	9	6	3
9	8	6	5	3	1	4	2	7
7	3	2	9	4	6	5	1	8
8	2	1	3	5	4	7	9	6
3	5	9	7	6	2	8	4	1
4	6	7	1	9	8	2	3	5

683

6	1	7	9	2	8	5	3	4
5	8	3	7	4	1	9	6	2
2	9	4	5	6	3	7	8	1
9	2	5	3	7	4	6	1	8
4	6	8	1	5	9	2	7	3
7	3	1	6	8	2	4	9	5
8	4	6	2	1	7	3	5	9
3	7	2	8	9	5	1	4	6
1	5	9	4	3	6	8	2	7

684

9	3	4	6	7	5	1	2	8
7	6	8	9	2	1	5	4	3
5	1	2	8	3	4	9	6	7
2	9	5	7	4	6	8	3	1
6	7	3	1	8	2	4	5	9
8	4	1	3	5	9	6	7	2
4	2	9	5	1	7	3	8	6
3	5	6	2	9	8	7	1	4
1	8	7	4	6	3	2	9	5

685

9	1	3	4	8	6	5	7	2
4	7	6	5	2	3	9	1	8
8	2	5	9	7	1	3	4	6
7	3	8	6	5	2	4	9	1
6	9	1	7	3	4	2	8	5
2	5	4	1	9	8	6	3	7
1	6	9	2	4	7	8	5	3
3	4	7	8	6	5	1	2	9
5	8	2	3	1	9	7	6	4

686

3	9	8	7	1	2	4	6	5
1	6	4	5	8	9	2	3	7
5	2	7	3	6	4	8	1	9
4	8	1	6	7	5	3	9	2
2	7	5	9	3	1	6	4	8
9	3	6	4	2	8	5	7	1
7	5	9	2	4	3	1	8	6
6	1	3	8	5	7	9	2	4
8	4	2	1	9	6	7	5	3

687

4	9	2	1	8	3	5	7	6
1	6	7	2	4	5	8	9	3
3	5	8	7	6	9	2	4	1
2	8	5	4	3	1	9	6	7
7	1	9	6	2	8	3	5	4
6	3	4	9	5	7	1	8	2
5	7	3	8	1	6	4	2	9
8	2	6	3	9	4	7	1	5
9	4	1	5	7	2	6	3	8

688

3	5	2	4	1	6	8	9	7
1	8	6	7	3	9	2	5	4
7	9	4	8	5	2	1	6	3
6	4	3	2	9	8	5	7	1
9	1	7	3	4	5	6	2	8
8	2	5	6	7	1	4	3	9
4	6	9	5	8	7	3	1	2
2	3	1	9	6	4	7	8	5
5	7	8	1	2	3	9	4	6

689

5	8	6	2	9	7	1	3	4
2	1	9	4	3	8	6	5	7
7	3	4	6	5	1	2	9	8
9	5	7	1	4	3	8	6	2
6	2	3	8	7	5	4	1	9
8	4	1	9	6	2	5	7	3
4	7	2	5	1	9	3	8	6
1	9	8	3	2	6	7	4	5
3	6	5	7	8	4	9	2	1

690

1	6	9	2	5	4	3	7	8
4	3	8	7	1	9	5	6	2
5	7	2	8	3	6	1	4	9
2	8	5	6	7	3	4	9	1
3	9	1	4	2	5	7	8	6
7	4	6	9	8	1	2	3	5
9	1	3	5	4	8	6	2	7
6	5	7	3	9	2	8	1	4
8	2	4	1	6	7	9	5	3

691

3	6	2	5	9	7	1	8	4
7	5	4	2	8	1	6	3	9
9	8	1	4	3	6	2	5	7
6	2	8	9	7	3	4	1	5
1	4	9	6	5	8	3	7	2
5	7	3	1	2	4	9	6	8
4	9	7	3	1	5	8	2	6
2	1	5	8	6	9	7	4	3
8	3	6	7	4	2	5	9	1

692

9	2	7	1	6	4	8	5	3
8	4	3	5	2	7	1	9	6
6	1	5	9	8	3	4	2	7
7	8	4	6	1	9	2	3	5
2	5	6	3	7	8	9	1	4
3	9	1	2	4	5	7	6	8
4	6	9	7	5	2	3	8	1
5	3	8	4	9	1	6	7	2
1	7	2	8	3	6	5	4	9

693

6	7	3	2	5	1	4	8	9
4	9	8	7	3	6	5	2	1
5	2	1	8	4	9	3	6	7
3	8	4	5	1	7	2	9	6
9	5	2	4	6	8	7	1	3
7	1	6	9	2	3	8	4	5
8	3	7	6	9	4	1	5	2
2	4	9	1	7	5	6	3	8
1	6	5	3	8	2	9	7	4

694

2	5	7	9	1	6	8	4	3
4	8	1	2	3	5	6	9	7
6	9	3	8	4	7	5	2	1
9	6	2	7	5	1	4	3	8
1	7	8	4	2	3	9	5	6
3	4	5	6	8	9	1	7	2
5	2	4	3	6	8	7	1	9
7	3	6	1	9	4	2	8	5
8	1	9	5	7	2	3	6	4

695

6	5	1	2	4	9	3	8	7
9	8	2	7	5	3	6	4	1
3	4	7	1	6	8	9	2	5
7	6	4	8	9	5	1	3	2
1	9	3	6	7	2	4	5	8
5	2	8	3	1	4	7	9	6
8	3	6	9	2	7	5	1	4
4	7	9	5	8	1	2	6	3
2	1	5	4	3	6	8	7	9

696

6	1	9	4	5	3	2	8	7
7	5	2	6	8	1	9	3	4
8	3	4	2	7	9	1	6	5
1	2	5	7	3	4	8	9	6
3	6	7	5	9	8	4	1	2
9	4	8	1	6	2	7	5	3
2	9	3	8	4	6	5	7	1
4	7	6	9	1	5	3	2	8
5	8	1	3	2	7	6	4	9

697

1	2	6	3	9	7	8	5	4
8	7	4	2	1	5	6	9	3
5	9	3	6	4	8	7	2	1
3	8	5	1	6	9	2	4	7
2	6	9	5	7	4	3	1	8
4	1	7	8	2	3	9	6	5
6	4	8	7	5	2	1	3	9
9	3	1	4	8	6	5	7	2
7	5	2	9	3	1	4	8	6

698

2	6	5	9	1	7	3	8	4
1	9	8	3	4	6	2	7	5
7	4	3	5	8	2	6	9	1
5	2	9	6	7	1	8	4	3
6	7	4	8	5	3	9	1	2
8	3	1	4	2	9	7	5	6
3	5	7	1	6	8	4	2	9
9	1	2	7	3	4	5	6	8
4	8	6	2	9	5	1	3	7

699

6	5	4	2	9	3	8	1	7
9	8	2	4	1	7	3	6	5
1	3	7	8	6	5	4	9	2
5	1	6	3	2	8	9	7	4
4	7	3	6	5	9	1	2	8
2	9	8	7	4	1	6	5	3
3	6	1	5	7	4	2	8	9
7	4	9	1	8	2	5	3	6
8	2	5	9	3	6	7	4	1

700

9	4	7	3	8	2	1	5	6
2	6	5	4	9	1	7	3	8
8	1	3	6	5	7	9	2	4
3	7	1	2	4	9	6	8	5
4	5	8	1	7	6	2	9	3
6	2	9	8	3	5	4	1	7
5	8	2	9	6	4	3	7	1
7	9	6	5	1	3	8	4	2
1	3	4	7	2	8	5	6	9

701

8	5	9	3	1	6	2	4	7
1	4	6	8	2	7	9	5	3
7	3	2	9	4	5	6	8	1
4	7	8	2	6	9	3	1	5
3	6	5	4	7	1	8	2	9
9	2	1	5	3	8	7	6	4
5	9	4	6	8	3	1	7	2
6	1	3	7	5	2	4	9	8
2	8	7	1	9	4	5	3	6

702

2	8	7	4	5	9	3	6	1
5	3	9	6	1	2	8	4	7
1	6	4	8	7	3	2	9	5
7	1	5	3	4	8	9	2	6
6	2	8	7	9	1	4	5	3
4	9	3	2	6	5	7	1	8
8	7	1	5	2	4	6	3	9
9	4	6	1	3	7	5	8	2
3	5	2	9	8	6	1	7	4

703

5	4	2	3	9	6	1	7	8
7	1	3	5	4	8	6	2	9
6	8	9	1	2	7	5	4	3
8	5	7	9	3	1	2	6	4
9	2	6	7	8	4	3	5	1
1	3	4	2	6	5	9	8	7
4	9	5	8	1	2	7	3	6
2	6	1	4	7	3	8	9	5
3	7	8	6	5	9	4	1	2

704

2	8	5	6	9	1	3	4	7
9	1	4	2	7	3	8	6	5
6	3	7	4	5	8	9	1	2
3	4	9	7	8	6	5	2	1
7	2	1	5	3	4	6	8	9
5	6	8	9	1	2	4	7	3
8	9	2	1	4	5	7	3	6
4	5	6	3	2	7	1	9	8
1	7	3	8	6	9	2	5	4

705

3	4	9	8	1	5	2	6	7
6	2	1	4	3	7	9	5	8
7	8	5	9	6	2	1	3	4
9	6	2	3	4	8	5	7	1
1	7	3	6	5	9	8	4	2
8	5	4	7	2	1	3	9	6
2	1	6	5	7	3	4	8	9
4	3	8	2	9	6	7	1	5
5	9	7	1	8	4	6	2	3

706

4	5	8	2	6	1	7	3	9
7	2	1	3	5	9	6	4	8
6	9	3	7	8	4	1	2	5
9	1	6	8	3	5	2	7	4
8	3	4	1	2	7	5	9	6
5	7	2	4	9	6	3	8	1
2	6	5	9	4	3	8	1	7
1	8	9	5	7	2	4	6	3
3	4	7	6	1	8	9	5	2

707

6	1	8	2	3	4	9	7	5
4	3	5	6	7	9	2	1	8
7	9	2	5	1	8	6	3	4
1	5	9	7	4	3	8	6	2
8	4	6	1	9	2	3	5	7
3	2	7	8	6	5	1	4	9
9	8	1	4	5	6	7	2	3
5	6	3	9	2	7	4	8	1
2	7	4	3	8	1	5	9	6

708

6	5	4	2	9	8	1	3	7
8	3	2	5	7	1	9	4	6
7	1	9	3	6	4	5	8	2
9	6	3	7	4	5	8	2	1
1	2	8	6	3	9	4	7	5
4	7	5	8	1	2	6	9	3
2	8	6	4	5	3	7	1	9
5	4	1	9	2	7	3	6	8
3	9	7	1	8	6	2	5	4

709

1	8	5	2	3	4	9	6	7
9	3	2	6	7	1	4	5	8
6	7	4	8	5	9	3	2	1
4	5	8	9	2	7	6	1	3
2	6	7	1	4	3	5	8	9
3	9	1	5	8	6	2	7	4
8	4	3	7	6	2	1	9	5
5	2	9	4	1	8	7	3	6
7	1	6	3	9	5	8	4	2

710

1	9	4	6	2	8	7	5	3
5	3	6	4	1	7	8	2	9
2	8	7	3	9	5	4	6	1
6	4	5	8	3	9	1	7	2
9	7	2	1	5	6	3	8	4
8	1	3	7	4	2	5	9	6
4	2	9	5	8	1	6	3	7
3	6	8	2	7	4	9	1	5
7	5	1	9	6	3	2	4	8

711

6	3	7	4	9	2	1	8	5
5	9	2	8	6	1	3	4	7
8	1	4	3	5	7	9	6	2
7	4	8	9	2	5	6	3	1
1	5	9	6	4	3	7	2	8
2	6	3	7	1	8	4	5	9
3	7	6	2	8	9	5	1	4
9	2	1	5	3	4	8	7	6
4	8	5	1	7	6	2	9	3

712

5	8	7	9	6	2	3	4	1
4	1	3	8	5	7	2	9	6
2	9	6	4	1	3	5	8	7
1	3	4	6	2	5	9	7	8
7	2	8	3	9	1	4	6	5
6	5	9	7	8	4	1	3	2
3	7	2	1	4	8	6	5	9
9	4	1	5	7	6	8	2	3
8	6	5	2	3	9	7	1	4

713

9	8	3	2	4	1	6	5	7
1	7	5	3	6	8	2	9	4
6	2	4	7	9	5	8	3	1
5	9	7	8	1	2	4	6	3
3	6	8	4	5	7	9	1	2
4	1	2	9	3	6	5	7	8
2	4	9	6	7	3	1	8	5
7	5	6	1	8	4	3	2	9
8	3	1	5	2	9	7	4	6

714

6	5	8	4	7	9	3	1	2
2	4	9	1	3	8	5	6	7
1	7	3	2	6	5	8	4	9
7	1	4	6	9	3	2	5	8
8	3	5	7	4	2	6	9	1
9	2	6	5	8	1	4	7	3
3	8	1	9	5	4	7	2	6
5	6	2	8	1	7	9	3	4
4	9	7	3	2	6	1	8	5

715

4	6	9	3	8	7	5	2	1
7	1	5	9	4	2	3	8	6
8	2	3	1	6	5	4	9	7
9	5	2	6	7	1	8	3	4
6	4	7	8	9	3	2	1	5
1	3	8	2	5	4	6	7	9
2	7	4	5	3	9	1	6	8
3	9	6	4	1	8	7	5	2
5	8	1	7	2	6	9	4	3

716

1	9	2	6	5	3	4	7	8
8	7	3	2	9	4	5	1	6
6	4	5	8	1	7	2	9	3
5	6	8	7	4	1	3	2	9
3	2	7	9	6	8	1	4	5
9	1	4	5	3	2	6	8	7
7	3	6	1	2	9	8	5	4
4	8	1	3	7	5	9	6	2
2	5	9	4	8	6	7	3	1

717

2	4	3	6	7	8	9	1	5
8	7	5	1	2	9	6	3	4
6	9	1	5	3	4	8	7	2
5	6	2	9	8	1	7	4	3
3	8	4	7	5	2	1	9	6
9	1	7	4	6	3	2	5	8
4	5	6	2	9	7	3	8	1
1	3	9	8	4	6	5	2	7
7	2	8	3	1	5	4	6	9

718

2	4	5	6	9	7	3	8	1
7	1	3	2	4	8	9	5	6
9	8	6	5	3	1	2	7	4
3	6	9	4	2	5	8	1	7
8	7	4	1	6	3	5	9	2
5	2	1	7	8	9	6	4	3
1	3	8	9	7	2	4	6	5
4	5	2	8	1	6	7	3	9
6	9	7	3	5	4	1	2	8

719

1	9	5	3	7	8	4	2	6
7	4	3	5	6	2	8	9	1
8	6	2	1	4	9	7	5	3
3	8	4	2	9	6	1	7	5
6	1	9	7	5	4	2	3	8
2	5	7	8	3	1	6	4	9
4	2	8	9	1	3	5	6	7
9	7	1	6	2	5	3	8	4
5	3	6	4	8	7	9	1	2

720

3	2	8	4	1	5	7	9	6
7	5	4	9	6	8	2	3	1
9	6	1	3	7	2	8	4	5
4	8	6	5	2	1	9	7	3
1	7	5	8	9	3	6	2	4
2	3	9	7	4	6	1	5	8
8	9	2	6	5	4	3	1	7
5	1	3	2	8	7	4	6	9
6	4	7	1	3	9	5	8	2

721

2	3	4	6	9	5	7	1	8
8	5	7	4	1	3	2	9	6
9	1	6	8	2	7	4	5	3
5	6	9	3	4	2	8	7	1
7	2	1	5	8	6	3	4	9
3	4	8	9	7	1	5	6	2
6	9	2	7	3	4	1	8	5
4	8	3	1	5	9	6	2	7
1	7	5	2	6	8	9	3	4

722

8	9	7	2	1	3	6	5	4
5	1	4	8	6	7	2	9	3
3	6	2	5	9	4	1	8	7
6	3	1	7	2	5	8	4	9
9	2	8	4	3	1	7	6	5
4	7	5	6	8	9	3	2	1
7	5	6	3	4	8	9	1	2
2	4	9	1	7	6	5	3	8
1	8	3	9	5	2	4	7	6

723

5	6	7	9	3	1	4	2	8
1	4	9	5	8	2	6	3	7
2	3	8	6	7	4	9	1	5
3	1	2	4	6	8	5	7	9
7	9	4	1	5	3	8	6	2
8	5	6	7	2	9	1	4	3
4	2	3	8	1	5	7	9	6
9	7	5	2	4	6	3	8	1
6	8	1	3	9	7	2	5	4

724

9	2	5	4	7	6	3	8	1
4	8	3	5	2	1	6	9	7
6	7	1	9	8	3	2	4	5
5	9	4	3	1	8	7	6	2
7	3	2	6	4	5	9	1	8
8	1	6	7	9	2	5	3	4
1	5	8	2	6	9	4	7	3
3	4	9	1	5	7	8	2	6
2	6	7	8	3	4	1	5	9

725

1	6	2	4	7	8	5	3	9
5	3	7	2	9	6	8	1	4
9	8	4	1	3	5	7	2	6
4	2	3	5	1	9	6	7	8
6	7	5	8	4	3	1	9	2
8	9	1	6	2	7	3	4	5
2	1	6	7	8	4	9	5	3
3	4	8	9	5	1	2	6	7
7	5	9	3	6	2	4	8	1

726

8	3	9	1	4	6	5	7	2
4	6	2	7	8	5	1	3	9
7	1	5	3	2	9	6	8	4
3	8	1	6	9	2	7	4	5
9	4	7	5	1	8	3	2	6
2	5	6	4	3	7	8	9	1
5	2	3	9	7	1	4	6	8
6	7	8	2	5	4	9	1	3
1	9	4	8	6	3	2	5	7

727

2	9	6	4	1	8	5	3	7
4	8	7	3	6	5	9	2	1
5	3	1	9	2	7	4	8	6
7	2	4	1	8	9	3	6	5
3	6	9	5	7	4	2	1	8
1	5	8	6	3	2	7	9	4
8	4	2	7	9	6	1	5	3
6	1	5	2	4	3	8	7	9
9	7	3	8	5	1	6	4	2

728

2	9	4	5	1	3	6	7	8
3	8	1	6	7	2	9	5	4
7	6	5	4	8	9	3	1	2
8	2	7	3	9	6	1	4	5
1	3	9	7	4	5	8	2	6
4	5	6	8	2	1	7	9	3
9	4	2	1	6	8	5	3	7
6	7	3	9	5	4	2	8	1
5	1	8	2	3	7	4	6	9

729

2	8	9	3	7	5	1	4	6
6	5	4	1	9	8	2	3	7
3	1	7	4	2	6	5	9	8
8	3	1	5	4	2	7	6	9
7	6	2	8	1	9	3	5	4
4	9	5	7	6	3	8	1	2
5	7	6	9	8	1	4	2	3
1	2	8	6	3	4	9	7	5
9	4	3	2	5	7	6	8	1

730

3	4	8	6	1	7	9	5	2
9	1	5	8	3	2	4	7	6
7	6	2	5	9	4	3	1	8
5	7	4	3	2	1	8	6	9
6	2	9	4	7	8	5	3	1
8	3	1	9	5	6	7	2	4
2	8	7	1	4	5	6	9	3
4	5	3	2	6	9	1	8	7
1	9	6	7	8	3	2	4	5

731

5	3	6	8	1	2	4	9	7
8	1	4	7	5	9	2	6	3
2	7	9	3	4	6	5	8	1
7	5	8	9	2	1	3	4	6
6	2	3	4	7	5	9	1	8
9	4	1	6	8	3	7	2	5
3	8	2	5	6	4	1	7	9
4	9	7	1	3	8	6	5	2
1	6	5	2	9	7	8	3	4

732

9	1	3	4	6	2	7	5	8
6	7	2	5	9	8	4	3	1
5	8	4	1	3	7	2	9	6
1	9	7	6	4	5	3	8	2
3	2	5	8	7	9	6	1	4
4	6	8	2	1	3	9	7	5
7	4	6	9	5	1	8	2	3
8	3	1	7	2	6	5	4	9
2	5	9	3	8	4	1	6	7

733

7	3	2	8	5	9	1	4	6
1	4	5	2	7	6	3	8	9
6	8	9	1	4	3	7	2	5
2	7	3	4	9	1	5	6	8
5	9	6	7	2	8	4	1	3
8	1	4	3	6	5	9	7	2
9	5	8	6	1	7	2	3	4
4	6	7	9	3	2	8	5	1
3	2	1	5	8	4	6	9	7

734

5	8	6	9	4	1	3	2	7
4	1	7	3	8	2	5	6	9
3	9	2	7	6	5	1	8	4
8	2	1	6	7	9	4	5	3
7	5	3	1	2	4	8	9	6
6	4	9	5	3	8	2	7	1
1	7	5	2	9	3	6	4	8
9	3	8	4	5	6	7	1	2
2	6	4	8	1	7	9	3	5

735

5	2	3	1	4	6	9	7	8
9	6	1	8	2	7	4	3	5
7	4	8	3	5	9	2	6	1
3	7	9	2	6	8	5	1	4
2	5	4	9	1	3	7	8	6
1	8	6	4	7	5	3	2	9
8	9	5	6	3	2	1	4	7
6	1	2	7	9	4	8	5	3
4	3	7	5	8	1	6	9	2

736

2	1	3	8	6	9	4	5	7
9	4	5	1	7	2	6	8	3
8	7	6	5	3	4	1	9	2
3	5	7	2	8	6	9	1	4
1	8	4	9	5	3	2	7	6
6	9	2	4	1	7	5	3	8
4	6	8	7	9	5	3	2	1
7	2	9	3	4	1	8	6	5
5	3	1	6	2	8	7	4	9

737

7	5	1	2	8	3	9	4	6
9	8	3	4	6	7	2	5	1
4	6	2	1	5	9	3	7	8
1	2	5	8	9	4	6	3	7
6	7	4	5	3	1	8	9	2
3	9	8	7	2	6	5	1	4
8	3	7	9	1	2	4	6	5
5	1	9	6	4	8	7	2	3
2	4	6	3	7	5	1	8	9

738

2	3	7	4	9	8	6	5	1
9	6	8	7	5	1	4	2	3
5	4	1	3	6	2	8	7	9
8	9	6	2	1	3	5	4	7
7	2	5	9	4	6	3	1	8
3	1	4	5	8	7	9	6	2
6	7	9	8	2	4	1	3	5
1	8	2	6	3	5	7	9	4
4	5	3	1	7	9	2	8	6

739

9	2	4	7	5	3	6	1	8
7	3	6	1	9	8	4	5	2
5	1	8	4	6	2	3	7	9
2	5	9	8	1	6	7	4	3
4	6	7	2	3	5	9	8	1
3	8	1	9	7	4	5	2	6
1	4	3	6	8	7	2	9	5
8	7	5	3	2	9	1	6	4
6	9	2	5	4	1	8	3	7

740

5	6	2	3	4	1	8	7	9
4	9	7	2	8	6	5	1	3
8	1	3	5	9	7	4	6	2
3	5	9	6	7	2	1	4	8
2	7	4	8	1	5	9	3	6
6	8	1	4	3	9	2	5	7
1	2	5	9	6	3	7	8	4
7	4	6	1	2	8	3	9	5
9	3	8	7	5	4	6	2	1

741

6	1	3	5	2	7	9	8	4
4	7	2	8	9	6	1	3	5
5	9	8	3	4	1	6	7	2
2	4	5	9	3	8	7	6	1
8	6	1	4	7	5	2	9	3
7	3	9	1	6	2	5	4	8
9	8	7	2	5	3	4	1	6
3	2	6	7	1	4	8	5	9
1	5	4	6	8	9	3	2	7

742

8	4	5	7	6	3	9	1	2
1	6	2	5	8	9	3	7	4
7	3	9	1	4	2	6	5	8
9	2	1	4	5	6	7	8	3
4	8	6	3	2	7	1	9	5
5	7	3	8	9	1	4	2	6
6	5	4	9	1	8	2	3	7
3	9	8	2	7	4	5	6	1
2	1	7	6	3	5	8	4	9

743

6	4	7	3	8	5	9	1	2
5	9	3	2	1	4	7	6	8
8	2	1	9	6	7	4	3	5
1	3	9	7	2	6	8	5	4
7	5	2	8	4	3	1	9	6
4	8	6	5	9	1	2	7	3
3	1	5	4	7	8	6	2	9
2	7	8	6	3	9	5	4	1
9	6	4	1	5	2	3	8	7

744

3	4	9	7	5	2	8	1	6
6	5	8	9	4	1	7	2	3
1	2	7	3	8	6	9	4	5
4	9	5	8	6	7	2	3	1
2	3	1	5	9	4	6	7	8
7	8	6	1	2	3	4	5	9
8	1	3	2	7	9	5	6	4
9	6	2	4	1	5	3	8	7
5	7	4	6	3	8	1	9	2

745

2	7	4	3	6	1	5	9	8
9	8	1	2	4	5	6	7	3
3	6	5	7	8	9	2	1	4
4	9	6	1	3	7	8	5	2
7	2	3	5	9	8	4	6	1
1	5	8	4	2	6	7	3	9
6	3	2	9	5	4	1	8	7
8	4	7	6	1	3	9	2	5
5	1	9	8	7	2	3	4	6

746

6	9	2	5	7	1	8	3	4
7	3	1	4	2	8	6	9	5
4	5	8	9	3	6	1	7	2
8	6	3	7	4	5	2	1	9
2	4	5	3	1	9	7	8	6
1	7	9	6	8	2	5	4	3
5	2	4	1	9	7	3	6	8
3	8	7	2	6	4	9	5	1
9	1	6	8	5	3	4	2	7

747

6	9	2	4	8	1	7	3	5
8	1	7	3	5	2	4	6	9
3	5	4	7	6	9	8	2	1
7	3	1	8	9	5	6	4	2
9	4	6	1	2	3	5	8	7
2	8	5	6	7	4	1	9	3
5	7	3	2	4	8	9	1	6
4	2	9	5	1	6	3	7	8
1	6	8	9	3	7	2	5	4

748

3	1	7	5	6	8	4	9	2
9	2	6	7	4	3	8	1	5
4	5	8	9	1	2	3	6	7
7	6	9	4	8	1	5	2	3
8	4	2	3	5	9	6	7	1
1	3	5	2	7	6	9	8	4
6	7	1	8	3	5	2	4	9
5	9	4	6	2	7	1	3	8
2	8	3	1	9	4	7	5	6

749

4	9	7	8	2	1	6	3	5
8	6	2	9	3	5	1	7	4
5	1	3	4	6	7	8	9	2
6	3	8	2	1	4	7	5	9
2	7	5	6	9	3	4	1	8
9	4	1	5	7	8	3	2	6
3	5	6	7	8	2	9	4	1
7	8	4	1	5	9	2	6	3
1	2	9	3	4	6	5	8	7

750

1	5	7	8	4	6	9	2	3
2	4	8	3	1	9	7	6	5
3	6	9	7	2	5	8	1	4
4	8	2	5	3	7	1	9	6
6	3	1	4	9	8	5	7	2
7	9	5	1	6	2	4	3	8
5	1	3	2	7	4	6	8	9
9	2	4	6	8	1	3	5	7
8	7	6	9	5	3	2	4	1

751

3	2	1	7	5	4	6	8	9
5	4	8	6	3	9	1	2	7
7	9	6	1	2	8	4	5	3
8	5	7	4	9	1	2	3	6
4	6	9	2	7	3	8	1	5
2	1	3	5	8	6	7	9	4
1	7	2	9	4	5	3	6	8
6	3	5	8	1	7	9	4	2
9	8	4	3	6	2	5	7	1

752

5	6	9	3	8	7	2	4	1
3	7	2	6	1	4	5	8	9
1	8	4	9	5	2	7	3	6
4	5	3	7	9	6	1	2	8
8	9	1	2	3	5	6	7	4
6	2	7	1	4	8	9	5	3
9	3	5	8	2	1	4	6	7
7	4	8	5	6	9	3	1	2
2	1	6	4	7	3	8	9	5

753

4	7	1	5	8	6	9	2	3
8	9	6	2	7	3	5	1	4
3	5	2	9	1	4	6	7	8
6	2	3	8	9	7	1	4	5
9	8	4	6	5	1	7	3	2
7	1	5	3	4	2	8	6	9
2	4	9	7	6	5	3	8	1
1	6	8	4	3	9	2	5	7
5	3	7	1	2	8	4	9	6

754

9	4	2	7	5	3	1	8	6
6	5	7	1	8	9	4	2	3
1	3	8	2	4	6	9	7	5
3	6	5	4	7	1	8	9	2
7	2	9	6	3	8	5	4	1
8	1	4	9	2	5	3	6	7
2	8	3	5	9	7	6	1	4
4	9	1	3	6	2	7	5	8
5	7	6	8	1	4	2	3	9

755

7	8	9	6	4	5	3	2	1
1	5	6	2	9	3	8	7	4
4	3	2	8	1	7	9	6	5
8	6	5	4	7	1	2	3	9
9	1	4	3	2	6	5	8	7
2	7	3	9	5	8	4	1	6
3	9	1	5	6	2	7	4	8
6	4	8	7	3	9	1	5	2
5	2	7	1	8	4	6	9	3

756

1	5	9	7	3	2	6	4	8
6	7	2	4	8	9	3	5	1
3	8	4	6	1	5	7	2	9
2	3	5	1	7	6	9	8	4
7	9	8	2	4	3	1	6	5
4	6	1	5	9	8	2	3	7
9	4	6	8	2	7	5	1	3
5	1	3	9	6	4	8	7	2
8	2	7	3	5	1	4	9	6

757

5	1	2	7	6	4	8	3	9
3	8	7	9	5	1	6	2	4
6	4	9	2	3	8	1	5	7
9	6	3	4	7	5	2	1	8
8	7	1	3	2	9	5	4	6
4	2	5	1	8	6	9	7	3
2	9	8	5	4	3	7	6	1
1	5	4	6	9	7	3	8	2
7	3	6	8	1	2	4	9	5

758

2	3	6	9	8	4	7	1	5
7	9	8	1	5	2	3	6	4
5	1	4	6	7	3	9	8	2
4	7	5	3	1	9	8	2	6
1	2	3	8	6	5	4	9	7
6	8	9	2	4	7	5	3	1
9	4	1	5	2	8	6	7	3
3	6	7	4	9	1	2	5	8
8	5	2	7	3	6	1	4	9

759

6	4	3	8	2	9	5	1	7
9	2	1	3	7	5	4	6	8
7	8	5	6	4	1	9	3	2
3	9	4	7	5	6	2	8	1
2	5	7	4	1	8	3	9	6
1	6	8	9	3	2	7	4	5
4	3	6	2	8	7	1	5	9
5	7	9	1	6	4	8	2	3
8	1	2	5	9	3	6	7	4

760

8	9	6	2	4	3	1	7	5
3	2	1	9	5	7	8	6	4
7	5	4	6	1	8	3	9	2
4	8	5	7	2	1	9	3	6
1	7	9	3	6	4	5	2	8
6	3	2	5	8	9	7	4	1
9	1	8	4	3	2	6	5	7
5	4	7	8	9	6	2	1	3
2	6	3	1	7	5	4	8	9

761

6	7	4	5	8	1	3	2	9
2	5	9	3	4	6	7	1	8
1	8	3	2	9	7	4	6	5
7	3	8	4	1	2	5	9	6
4	9	6	8	5	3	1	7	2
5	1	2	6	7	9	8	3	4
9	4	1	7	6	5	2	8	3
3	6	5	1	2	8	9	4	7
8	2	7	9	3	4	6	5	1

762

7	2	9	3	8	6	4	5	1
6	5	8	9	4	1	2	3	7
3	4	1	7	5	2	6	8	9
8	3	6	1	7	9	5	2	4
1	7	2	4	6	5	3	9	8
4	9	5	2	3	8	7	1	6
2	8	4	5	1	7	9	6	3
9	6	3	8	2	4	1	7	5
5	1	7	6	9	3	8	4	2

763

4	1	3	5	8	9	6	7	2
9	6	5	7	2	1	4	3	8
2	7	8	4	3	6	5	1	9
1	5	9	6	4	8	3	2	7
3	4	2	1	5	7	8	9	6
7	8	6	2	9	3	1	5	4
6	2	1	8	7	5	9	4	3
8	9	7	3	1	4	2	6	5
5	3	4	9	6	2	7	8	1

764

5	3	2	6	9	8	1	7	4
1	8	4	7	3	5	9	6	2
6	9	7	2	1	4	3	5	8
2	7	8	9	5	1	4	3	6
4	1	5	3	2	6	7	8	9
3	6	9	8	4	7	5	2	1
7	5	1	4	8	2	6	9	3
9	2	6	1	7	3	8	4	5
8	4	3	5	6	9	2	1	7

765

6	2	4	3	5	8	1	7	9
5	3	9	1	7	2	6	8	4
7	8	1	4	9	6	2	3	5
2	7	3	5	6	4	8	9	1
9	4	8	2	1	3	7	5	6
1	6	5	9	8	7	3	4	2
4	9	2	8	3	1	5	6	7
8	1	6	7	4	5	9	2	3
3	5	7	6	2	9	4	1	8

766

1	3	6	4	8	7	5	9	2
4	8	9	2	6	5	7	3	1
5	7	2	9	1	3	8	4	6
8	4	7	5	2	9	1	6	3
6	5	3	7	4	1	9	2	8
2	9	1	6	3	8	4	5	7
7	6	8	3	5	4	2	1	9
3	1	5	8	9	2	6	7	4
9	2	4	1	7	6	3	8	5

767

8	3	9	2	4	1	6	7	5
1	4	5	9	6	7	2	8	3
2	7	6	8	5	3	1	9	4
5	8	3	1	9	2	7	4	6
4	2	7	5	3	6	8	1	9
6	9	1	4	7	8	5	3	2
3	1	2	6	8	9	4	5	7
7	5	8	3	2	4	9	6	1
9	6	4	7	1	5	3	2	8

768

6	9	7	2	1	4	8	5	3
3	1	4	5	9	8	6	2	7
8	5	2	7	3	6	1	9	4
9	6	3	8	4	5	2	7	1
4	2	5	3	7	1	9	8	6
1	7	8	9	6	2	3	4	5
7	3	6	4	2	9	5	1	8
2	8	1	6	5	7	4	3	9
5	4	9	1	8	3	7	6	2

769

6	2	1	4	5	8	3	7	9
3	4	7	1	9	2	6	8	5
9	5	8	7	3	6	4	1	2
7	6	4	2	8	9	5	3	1
8	9	5	3	1	7	2	6	4
1	3	2	6	4	5	8	9	7
5	8	6	9	7	4	1	2	3
4	7	3	8	2	1	9	5	6
2	1	9	5	6	3	7	4	8

770

3	8	9	5	1	6	2	7	4
2	1	7	4	3	8	9	6	5
4	6	5	9	2	7	1	8	3
9	5	2	6	4	1	8	3	7
7	4	6	2	8	3	5	9	1
1	3	8	7	5	9	4	2	6
6	2	1	3	9	5	7	4	8
8	7	4	1	6	2	3	5	9
5	9	3	8	7	4	6	1	2

771

6	7	8	2	4	9	3	5	1
3	4	1	5	6	7	2	9	8
9	5	2	3	8	1	6	4	7
5	9	3	7	1	8	4	2	6
8	6	4	9	3	2	1	7	5
1	2	7	4	5	6	9	8	3
4	8	5	6	9	3	7	1	2
2	1	6	8	7	4	5	3	9
7	3	9	1	2	5	8	6	4

772

1	6	3	4	9	5	8	7	2
2	9	7	1	8	3	6	4	5
8	4	5	7	2	6	9	1	3
9	5	2	3	6	7	1	8	4
6	7	4	8	5	1	2	3	9
3	8	1	2	4	9	5	6	7
5	1	8	9	3	4	7	2	6
7	3	6	5	1	2	4	9	8
4	2	9	6	7	8	3	5	1

773

5	4	8	1	6	9	7	3	2
7	3	1	5	2	8	4	9	6
9	2	6	3	7	4	5	1	8
1	5	3	6	8	7	2	4	9
2	6	9	4	5	3	8	7	1
8	7	4	9	1	2	6	5	3
6	1	7	8	9	5	3	2	4
4	9	2	7	3	6	1	8	5
3	8	5	2	4	1	9	6	7

774

7	3	9	2	4	5	1	6	8
5	4	1	6	7	8	2	9	3
8	6	2	3	9	1	7	4	5
9	8	5	7	2	3	6	1	4
6	7	4	1	8	9	3	5	2
2	1	3	4	5	6	9	8	7
3	9	7	5	6	4	8	2	1
1	5	8	9	3	2	4	7	6
4	2	6	8	1	7	5	3	9

775

2	4	7	6	3	9	8	5	1
3	8	6	5	1	4	9	2	7
9	1	5	7	2	8	4	6	3
4	2	3	8	5	6	1	7	9
1	7	8	9	4	2	5	3	6
5	6	9	3	7	1	2	8	4
7	9	2	4	6	5	3	1	8
6	5	4	1	8	3	7	9	2
8	3	1	2	9	7	6	4	5

776

2	4	1	6	5	9	7	8	3
6	9	5	8	3	7	4	1	2
7	3	8	1	2	4	5	6	9
9	5	3	7	1	8	6	2	4
1	8	6	4	9	2	3	5	7
4	7	2	5	6	3	8	9	1
5	2	9	3	7	6	1	4	8
3	1	4	9	8	5	2	7	6
8	6	7	2	4	1	9	3	5

777

4	8	1	3	6	2	5	7	9
7	6	9	8	5	1	2	4	3
5	2	3	9	7	4	8	6	1
1	7	5	2	4	3	6	9	8
9	3	8	7	1	6	4	5	2
6	4	2	5	9	8	3	1	7
2	1	6	4	8	7	9	3	5
8	5	4	1	3	9	7	2	6
3	9	7	6	2	5	1	8	4

778

2	8	7	3	9	6	4	1	5
1	5	6	4	8	7	2	9	3
9	4	3	5	1	2	6	7	8
5	7	1	8	6	9	3	4	2
4	6	8	1	2	3	7	5	9
3	2	9	7	5	4	8	6	1
6	3	5	9	4	8	1	2	7
7	9	2	6	3	1	5	8	4
8	1	4	2	7	5	9	3	6

779

4	7	9	1	6	2	3	8	5
2	5	8	3	4	9	1	6	7
1	6	3	7	8	5	9	4	2
6	9	5	8	7	3	2	1	4
3	8	4	5	2	1	6	7	9
7	1	2	4	9	6	5	3	8
8	3	6	9	5	4	7	2	1
9	4	1	2	3	7	8	5	6
5	2	7	6	1	8	4	9	3

780

6	1	9	3	2	8	5	7	4
2	4	3	5	6	7	9	1	8
8	5	7	1	4	9	3	2	6
4	3	1	7	9	6	8	5	2
9	7	8	2	1	5	6	4	3
5	2	6	4	8	3	1	9	7
3	8	5	9	7	2	4	6	1
7	6	4	8	5	1	2	3	9
1	9	2	6	3	4	7	8	5

781

5	4	9	6	1	2	8	7	3
6	7	3	5	8	4	2	1	9
1	2	8	7	9	3	5	4	6
9	6	2	3	7	5	4	8	1
8	5	1	2	4	9	3	6	7
4	3	7	1	6	8	9	2	5
2	1	5	8	3	6	7	9	4
3	9	6	4	2	7	1	5	8
7	8	4	9	5	1	6	3	2

782

7	2	5	9	1	6	4	8	3
1	3	4	8	7	2	9	5	6
8	9	6	5	3	4	7	2	1
9	6	7	1	5	8	2	3	4
5	4	2	6	9	3	8	1	7
3	1	8	4	2	7	5	6	9
2	7	9	3	8	1	6	4	5
4	8	3	7	6	5	1	9	2
6	5	1	2	4	9	3	7	8

783

8	1	3	5	4	2	6	7	9
4	9	2	7	1	6	8	5	3
6	5	7	3	9	8	1	4	2
5	3	4	6	7	9	2	1	8
7	2	6	8	5	1	3	9	4
9	8	1	4	2	3	7	6	5
3	4	5	2	6	7	9	8	1
1	6	8	9	3	5	4	2	7
2	7	9	1	8	4	5	3	6

784

9	4	7	2	1	3	6	8	5
1	6	5	7	8	9	2	3	4
8	2	3	6	4	5	9	7	1
5	3	2	9	6	8	4	1	7
7	1	6	3	2	4	5	9	8
4	9	8	1	5	7	3	6	2
3	7	4	8	9	2	1	5	6
6	5	9	4	7	1	8	2	3
2	8	1	5	3	6	7	4	9

785

1	4	3	6	7	2	9	5	8
5	6	9	8	1	4	3	2	7
7	2	8	9	5	3	4	6	1
8	1	6	2	9	5	7	4	3
3	5	4	7	6	8	1	9	2
2	9	7	4	3	1	6	8	5
6	8	5	3	4	7	2	1	9
9	3	1	5	2	6	8	7	4
4	7	2	1	8	9	5	3	6

786

8	4	6	5	2	7	1	9	3
7	3	5	6	9	1	2	4	8
2	9	1	8	4	3	6	5	7
3	6	9	2	1	4	7	8	5
1	2	8	7	3	5	4	6	9
4	5	7	9	8	6	3	1	2
6	7	3	1	5	9	8	2	4
5	8	4	3	6	2	9	7	1
9	1	2	4	7	8	5	3	6

787

7	5	9	3	4	2	1	6	8
3	2	6	1	8	9	4	5	7
4	8	1	6	7	5	2	9	3
6	4	5	7	9	8	3	1	2
9	7	2	4	3	1	6	8	5
8	1	3	2	5	6	7	4	9
2	6	8	5	1	3	9	7	4
1	9	4	8	2	7	5	3	6
5	3	7	9	6	4	8	2	1

788

7	5	3	9	4	2	6	8	1
1	6	2	3	7	8	9	4	5
9	8	4	6	1	5	2	3	7
3	1	6	4	5	9	7	2	8
4	9	8	7	2	3	1	5	6
2	7	5	8	6	1	3	9	4
8	2	7	5	3	6	4	1	9
5	4	1	2	9	7	8	6	3
6	3	9	1	8	4	5	7	2

789

3	4	5	8	1	6	9	7	2
2	8	6	3	9	7	5	1	4
9	7	1	5	4	2	8	6	3
7	6	8	9	2	3	4	5	1
4	9	2	1	5	8	6	3	7
1	5	3	6	7	4	2	9	8
8	3	4	7	6	5	1	2	9
5	2	9	4	3	1	7	8	6
6	1	7	2	8	9	3	4	5

790

5	1	6	7	8	3	2	4	9
2	7	8	9	4	5	1	3	6
4	9	3	2	6	1	5	8	7
8	5	1	6	2	7	4	9	3
3	2	9	4	5	8	6	7	1
6	4	7	1	3	9	8	2	5
7	6	5	8	9	2	3	1	4
9	8	4	3	1	6	7	5	2
1	3	2	5	7	4	9	6	8

791

7	8	3	6	9	1	2	5	4
4	5	9	7	8	2	1	6	3
6	1	2	5	4	3	7	9	8
8	9	6	1	2	7	4	3	5
3	2	4	8	5	6	9	7	1
1	7	5	9	3	4	8	2	6
5	6	1	2	7	8	3	4	9
9	4	7	3	1	5	6	8	2
2	3	8	4	6	9	5	1	7

792

2	3	1	4	6	5	9	7	8
9	8	5	7	2	3	4	1	6
7	6	4	1	9	8	3	5	2
3	4	2	6	1	9	7	8	5
1	7	8	5	3	2	6	9	4
5	9	6	8	7	4	2	3	1
4	5	3	2	8	7	1	6	9
8	1	9	3	4	6	5	2	7
6	2	7	9	5	1	8	4	3

793

3	4	8	7	9	2	5	1	6
1	2	6	4	3	5	8	9	7
9	7	5	1	8	6	3	4	2
2	5	3	6	1	8	4	7	9
6	1	9	3	7	4	2	8	5
7	8	4	5	2	9	6	3	1
8	6	2	9	4	7	1	5	3
4	9	1	2	5	3	7	6	8
5	3	7	8	6	1	9	2	4

794

2	3	7	8	1	4	5	9	6
1	9	5	7	6	3	4	2	8
8	4	6	5	2	9	7	1	3
3	7	8	1	9	2	6	4	5
6	2	1	4	3	5	8	7	9
4	5	9	6	8	7	1	3	2
7	6	3	9	5	1	2	8	4
5	1	2	3	4	8	9	6	7
9	8	4	2	7	6	3	5	1

795

5	7	6	8	4	9	3	2	1
3	8	4	2	5	1	9	6	7
9	1	2	3	7	6	5	8	4
2	3	9	1	6	5	7	4	8
1	4	8	7	3	2	6	5	9
6	5	7	9	8	4	1	3	2
4	6	1	5	9	8	2	7	3
7	2	5	4	1	3	8	9	6
8	9	3	6	2	7	4	1	5

796

4	6	3	2	9	8	1	7	5
1	8	2	5	3	7	9	6	4
7	5	9	6	1	4	3	8	2
2	9	1	3	6	5	8	4	7
5	3	7	8	4	1	2	9	6
8	4	6	7	2	9	5	3	1
9	1	5	4	7	3	6	2	8
6	7	8	9	5	2	4	1	3
3	2	4	1	8	6	7	5	9

797

4	9	5	3	8	6	7	1	2
2	1	6	7	4	5	8	3	9
8	7	3	2	1	9	5	6	4
5	3	8	1	7	2	4	9	6
7	6	1	9	3	4	2	5	8
9	4	2	6	5	8	3	7	1
3	8	7	4	9	1	6	2	5
6	5	9	8	2	7	1	4	3
1	2	4	5	6	3	9	8	7

798

3	2	6	8	7	5	9	4	1
9	4	5	6	1	2	8	7	3
1	8	7	9	3	4	6	5	2
7	3	9	4	8	1	2	6	5
4	6	2	5	9	7	3	1	8
5	1	8	2	6	3	4	9	7
8	5	3	1	4	6	7	2	9
2	9	4	7	5	8	1	3	6
6	7	1	3	2	9	5	8	4

799

9	7	8	3	6	5	1	2	4
4	6	3	2	8	1	7	9	5
2	5	1	7	4	9	8	3	6
3	9	7	1	5	4	2	6	8
5	4	2	8	7	6	9	1	3
8	1	6	9	3	2	4	5	7
1	8	5	6	2	7	3	4	9
6	3	9	4	1	8	5	7	2
7	2	4	5	9	3	6	8	1

800

1	8	4	2	5	7	9	6	3
2	3	6	8	4	9	5	1	7
5	7	9	1	6	3	4	8	2
6	4	2	9	3	1	7	5	8
3	9	7	5	8	6	2	4	1
8	5	1	4	7	2	3	9	6
9	6	3	7	1	4	8	2	5
4	1	5	3	2	8	6	7	9
7	2	8	6	9	5	1	3	4

801

7	4	2	3	6	9	8	1	5
8	1	9	2	5	4	6	3	7
3	5	6	7	8	1	9	2	4
2	6	3	4	1	8	5	7	9
9	7	1	6	3	5	2	4	8
4	8	5	9	2	7	1	6	3
5	3	8	1	7	6	4	9	2
6	9	7	5	4	2	3	8	1
1	2	4	8	9	3	7	5	6

802

9	8	6	5	3	7	1	4	2
2	3	5	1	4	9	7	8	6
1	4	7	2	6	8	5	9	3
3	7	2	4	1	5	9	6	8
6	5	8	9	7	3	2	1	4
4	1	9	6	8	2	3	7	5
5	2	1	8	9	4	6	3	7
8	6	3	7	2	1	4	5	9
7	9	4	3	5	6	8	2	1

803

3	7	5	4	9	8	6	2	1
4	6	1	2	3	7	9	5	8
9	8	2	5	6	1	3	4	7
5	3	4	6	8	9	1	7	2
8	1	7	3	4	2	5	6	9
2	9	6	1	7	5	8	3	4
6	2	9	7	1	3	4	8	5
1	5	3	8	2	4	7	9	6
7	4	8	9	5	6	2	1	3

804

7	2	1	8	6	5	9	4	3
5	4	8	9	2	3	7	1	6
9	6	3	7	1	4	2	8	5
1	5	2	3	8	7	6	9	4
3	8	9	2	4	6	1	5	7
6	7	4	5	9	1	3	2	8
8	1	6	4	7	9	5	3	2
2	9	5	6	3	8	4	7	1
4	3	7	1	5	2	8	6	9

805

4	3	6	8	5	7	9	1	2
7	8	9	4	2	1	5	3	6
2	1	5	3	9	6	8	4	7
1	6	3	5	4	8	2	7	9
9	7	2	6	1	3	4	8	5
5	4	8	2	7	9	3	6	1
6	9	4	1	8	5	7	2	3
3	2	7	9	6	4	1	5	8
8	5	1	7	3	2	6	9	4

806

1	5	9	4	6	8	2	7	3
3	2	4	1	7	5	8	9	6
7	6	8	9	3	2	4	1	5
4	1	5	2	8	6	9	3	7
8	7	6	3	5	9	1	4	2
9	3	2	7	4	1	5	6	8
6	4	1	5	2	7	3	8	9
5	8	3	6	9	4	7	2	1
2	9	7	8	1	3	6	5	4

807

5	3	2	7	1	6	4	8	9
4	8	9	2	5	3	7	1	6
1	7	6	8	4	9	3	2	5
9	1	3	6	2	4	5	7	8
7	4	8	9	3	5	1	6	2
6	2	5	1	8	7	9	4	3
3	6	1	4	9	2	8	5	7
2	9	4	5	7	8	6	3	1
8	5	7	3	6	1	2	9	4

808

5	1	3	9	4	2	8	6	7
4	9	8	6	7	3	1	2	5
6	7	2	8	5	1	9	3	4
9	3	7	2	1	6	4	5	8
1	2	5	7	8	4	3	9	6
8	4	6	3	9	5	7	1	2
7	6	9	1	2	8	5	4	3
2	8	4	5	3	9	6	7	1
3	5	1	4	6	7	2	8	9

809

3	5	2	4	6	9	7	8	1
6	1	4	8	3	7	5	2	9
8	7	9	2	5	1	4	3	6
4	3	5	1	9	2	8	6	7
1	6	7	5	8	3	2	9	4
9	2	8	6	7	4	1	5	3
7	4	6	9	2	5	3	1	8
2	8	1	3	4	6	9	7	5
5	9	3	7	1	8	6	4	2

810

3	8	9	4	7	5	6	2	1
5	6	1	2	9	8	7	4	3
7	4	2	1	3	6	8	9	5
4	7	5	6	2	9	1	3	8
8	2	3	7	1	4	9	5	6
1	9	6	8	5	3	4	7	2
2	1	8	5	4	7	3	6	9
6	3	4	9	8	2	5	1	7
9	5	7	3	6	1	2	8	4

811

8	3	7	9	1	5	4	6	2
1	2	4	8	7	6	9	5	3
9	6	5	3	2	4	7	8	1
6	1	9	4	3	2	5	7	8
4	5	3	7	8	1	2	9	6
7	8	2	6	5	9	3	1	4
3	4	8	1	9	7	6	2	5
2	7	6	5	4	8	1	3	9
5	9	1	2	6	3	8	4	7

812

9	8	2	7	5	1	6	4	3
4	7	6	3	8	9	2	5	1
5	1	3	4	6	2	8	9	7
6	3	8	1	9	5	4	7	2
2	5	7	8	4	6	3	1	9
1	9	4	2	7	3	5	8	6
8	2	1	5	3	7	9	6	4
7	4	9	6	2	8	1	3	5
3	6	5	9	1	4	7	2	8

813

4	1	6	3	7	2	9	5	8
7	3	5	9	6	8	4	2	1
8	9	2	5	4	1	3	6	7
3	5	7	1	8	9	6	4	2
6	2	8	7	3	4	5	1	9
9	4	1	6	2	5	8	7	3
2	7	9	8	5	6	1	3	4
1	6	4	2	9	3	7	8	5
5	8	3	4	1	7	2	9	6

814

6	3	7	9	4	5	8	1	2
4	8	1	3	7	2	6	5	9
2	5	9	6	8	1	7	3	4
5	7	2	8	3	4	1	9	6
8	1	3	2	6	9	5	4	7
9	6	4	5	1	7	3	2	8
1	2	6	4	5	8	9	7	3
3	9	5	7	2	6	4	8	1
7	4	8	1	9	3	2	6	5

815

6	9	8	1	4	3	2	5	7
1	5	7	6	8	2	9	3	4
4	2	3	7	5	9	8	6	1
9	6	1	4	7	5	3	8	2
5	7	4	2	3	8	6	1	9
8	3	2	9	1	6	7	4	5
7	8	5	3	9	1	4	2	6
3	4	6	5	2	7	1	9	8
2	1	9	8	6	4	5	7	3

816

6	3	5	7	4	1	8	9	2
8	7	4	6	2	9	3	1	5
2	9	1	3	8	5	7	6	4
7	8	3	9	1	4	2	5	6
4	5	2	8	6	3	1	7	9
9	1	6	2	5	7	4	8	3
1	4	7	5	9	2	6	3	8
3	6	9	4	7	8	5	2	1
5	2	8	1	3	6	9	4	7

817

9	8	2	1	4	6	3	5	7
1	5	7	9	8	3	4	2	6
3	6	4	7	2	5	8	1	9
4	9	5	8	6	2	7	3	1
2	3	6	4	7	1	9	8	5
8	7	1	3	5	9	6	4	2
5	2	3	6	9	4	1	7	8
7	4	9	2	1	8	5	6	3
6	1	8	5	3	7	2	9	4

818

6	1	5	8	9	7	2	4	3
7	8	4	5	3	2	9	1	6
9	2	3	1	6	4	8	5	7
5	9	2	3	4	8	7	6	1
3	6	7	2	1	9	5	8	4
8	4	1	7	5	6	3	9	2
4	7	9	6	8	3	1	2	5
2	5	8	4	7	1	6	3	9
1	3	6	9	2	5	4	7	8

819

9	1	3	5	2	6	7	8	4
8	2	7	4	9	3	5	1	6
5	6	4	8	7	1	3	9	2
2	4	1	9	3	7	6	5	8
6	7	5	1	8	2	9	4	3
3	9	8	6	4	5	2	7	1
1	5	9	2	6	8	4	3	7
7	8	6	3	5	4	1	2	9
4	3	2	7	1	9	8	6	5

820

9	1	7	3	5	6	8	4	2
6	8	2	7	4	1	5	9	3
5	4	3	9	2	8	6	7	1
4	7	8	5	1	9	3	2	6
2	5	6	8	7	3	9	1	4
3	9	1	4	6	2	7	5	8
8	2	4	6	9	5	1	3	7
1	6	5	2	3	7	4	8	9
7	3	9	1	8	4	2	6	5

821

8	1	5	2	9	3	7	6	4
2	4	9	5	6	7	3	1	8
6	3	7	1	8	4	5	9	2
4	8	6	9	7	2	1	5	3
5	7	3	6	1	8	4	2	9
9	2	1	4	3	5	6	8	7
3	9	4	8	5	6	2	7	1
1	6	2	7	4	9	8	3	5
7	5	8	3	2	1	9	4	6

822

9	3	5	6	2	4	8	1	7
2	7	8	1	5	9	4	6	3
6	4	1	3	7	8	2	9	5
1	2	7	9	4	6	3	5	8
3	6	9	2	8	5	1	7	4
8	5	4	7	1	3	6	2	9
5	1	2	8	3	7	9	4	6
7	9	3	4	6	1	5	8	2
4	8	6	5	9	2	7	3	1

823

6	5	9	1	8	7	2	3	4
3	8	4	6	2	9	1	7	5
1	2	7	3	4	5	8	9	6
7	1	3	8	6	4	5	2	9
2	6	5	9	3	1	7	4	8
4	9	8	7	5	2	6	1	3
5	7	1	4	9	6	3	8	2
8	4	2	5	1	3	9	6	7
9	3	6	2	7	8	4	5	1

824

2	4	3	6	5	1	8	7	9
6	7	9	2	4	8	3	1	5
8	1	5	3	7	9	2	6	4
3	6	1	9	8	5	7	4	2
9	8	7	4	6	2	1	5	3
5	2	4	7	1	3	6	9	8
7	9	6	8	2	4	5	3	1
1	3	2	5	9	7	4	8	6
4	5	8	1	3	6	9	2	7

825

1	8	9	2	4	5	7	6	3
7	3	6	1	8	9	5	2	4
2	5	4	6	3	7	9	8	1
3	2	1	5	9	6	4	7	8
6	4	8	7	1	3	2	5	9
9	7	5	4	2	8	1	3	6
5	9	7	3	6	1	8	4	2
4	1	3	8	7	2	6	9	5
8	6	2	9	5	4	3	1	7

826

7	6	2	3	8	5	1	4	9
4	5	3	1	7	9	2	8	6
9	8	1	6	4	2	3	7	5
6	7	8	2	9	1	4	5	3
2	1	4	5	3	7	6	9	8
3	9	5	4	6	8	7	2	1
8	4	7	9	1	3	5	6	2
1	2	6	8	5	4	9	3	7
5	3	9	7	2	6	8	1	4

827

6	5	8	1	7	3	9	4	2
1	4	7	9	2	8	3	5	6
2	3	9	4	5	6	8	1	7
4	9	5	3	6	7	1	2	8
8	2	6	5	9	1	7	3	4
7	1	3	2	8	4	6	9	5
9	8	4	6	3	2	5	7	1
3	7	2	8	1	5	4	6	9
5	6	1	7	4	9	2	8	3

828

7	4	6	9	3	8	1	5	2
5	9	2	4	1	7	6	8	3
3	1	8	2	6	5	4	7	9
1	3	7	8	5	9	2	6	4
6	8	4	7	2	1	9	3	5
2	5	9	6	4	3	8	1	7
4	2	3	5	8	6	7	9	1
9	6	5	1	7	2	3	4	8
8	7	1	3	9	4	5	2	6

829

1	6	5	9	8	7	2	3	4
3	7	9	5	4	2	1	6	8
4	8	2	1	3	6	7	9	5
7	9	6	4	5	3	8	2	1
5	2	1	7	6	8	3	4	9
8	3	4	2	1	9	5	7	6
9	5	7	6	2	1	4	8	3
6	4	3	8	7	5	9	1	2
2	1	8	3	9	4	6	5	7

830

8	3	4	2	6	5	1	9	7
7	9	2	4	3	1	8	5	6
5	6	1	9	8	7	3	4	2
2	5	3	6	4	8	7	1	9
4	8	7	1	5	9	6	2	3
9	1	6	7	2	3	4	8	5
1	7	8	3	9	2	5	6	4
3	4	9	5	1	6	2	7	8
6	2	5	8	7	4	9	3	1

831

4	6	8	1	9	3	7	5	2
7	5	3	8	2	6	9	1	4
2	9	1	4	7	5	8	6	3
1	4	7	6	3	9	2	8	5
8	3	9	5	1	2	4	7	6
6	2	5	7	8	4	1	3	9
3	1	2	9	5	8	6	4	7
5	7	6	2	4	1	3	9	8
9	8	4	3	6	7	5	2	1

832

7	3	1	4	8	5	9	2	6
6	9	4	2	1	3	8	7	5
8	2	5	7	6	9	4	1	3
3	7	6	9	2	4	1	5	8
9	1	2	5	3	8	6	4	7
5	4	8	6	7	1	3	9	2
1	5	3	8	4	7	2	6	9
4	6	7	3	9	2	5	8	1
2	8	9	1	5	6	7	3	4

833

3	4	8	6	9	5	1	2	7
7	5	9	2	1	3	6	4	8
1	6	2	8	7	4	9	3	5
2	8	7	9	6	1	4	5	3
5	1	3	7	4	2	8	9	6
6	9	4	5	3	8	2	7	1
8	2	1	3	5	9	7	6	4
4	7	5	1	2	6	3	8	9
9	3	6	4	8	7	5	1	2

834

3	6	4	1	8	2	9	7	5
2	8	5	9	7	6	3	1	4
9	1	7	4	5	3	6	2	8
4	9	2	5	1	8	7	6	3
1	3	6	7	2	4	8	5	9
7	5	8	3	6	9	2	4	1
8	2	3	6	4	1	5	9	7
5	4	9	2	3	7	1	8	6
6	7	1	8	9	5	4	3	2

835

9	1	4	8	7	3	5	6	2
3	2	5	4	6	1	9	7	8
6	8	7	9	5	2	3	1	4
2	7	6	1	3	8	4	9	5
4	9	3	6	2	5	7	8	1
1	5	8	7	4	9	6	2	3
8	6	1	5	9	4	2	3	7
5	3	9	2	1	7	8	4	6
7	4	2	3	8	6	1	5	9

836

5	3	6	7	1	9	4	8	2
1	2	8	3	6	4	5	9	7
7	4	9	8	5	2	3	6	1
4	1	2	5	8	3	6	7	9
6	8	3	9	7	1	2	5	4
9	7	5	2	4	6	8	1	3
8	9	1	4	2	5	7	3	6
3	5	4	6	9	7	1	2	8
2	6	7	1	3	8	9	4	5

837

1	8	7	3	4	6	5	2	9
2	9	3	1	7	5	8	6	4
6	4	5	2	9	8	7	1	3
3	7	2	5	1	4	9	8	6
4	6	8	7	2	9	1	3	5
9	5	1	6	8	3	2	4	7
8	1	9	4	3	7	6	5	2
5	2	4	9	6	1	3	7	8
7	3	6	8	5	2	4	9	1

838

1	9	7	8	5	6	4	2	3
2	6	5	7	3	4	9	1	8
3	4	8	1	2	9	5	7	6
9	3	1	2	6	5	7	8	4
5	7	2	4	8	1	3	6	9
4	8	6	9	7	3	2	5	1
6	1	4	5	9	2	8	3	7
7	2	3	6	4	8	1	9	5
8	5	9	3	1	7	6	4	2

839

5	4	6	3	9	1	7	2	8
2	1	8	4	5	7	9	3	6
9	3	7	8	6	2	4	1	5
4	5	3	6	7	8	1	9	2
8	2	1	9	4	5	3	6	7
7	6	9	1	2	3	5	8	4
6	7	5	2	3	9	8	4	1
3	8	2	5	1	4	6	7	9
1	9	4	7	8	6	2	5	3

840

6	7	1	9	8	5	4	2	3
9	2	5	1	4	3	6	8	7
8	3	4	6	2	7	9	1	5
7	9	3	8	1	2	5	4	6
5	8	6	4	7	9	1	3	2
4	1	2	3	5	6	8	7	9
1	5	9	2	3	4	7	6	8
3	6	8	7	9	1	2	5	4
2	4	7	5	6	8	3	9	1

841

6	9	3	5	8	1	4	2	7
4	1	8	2	6	7	9	5	3
7	2	5	9	4	3	6	8	1
8	5	6	7	1	9	2	3	4
2	4	7	6	3	8	1	9	5
9	3	1	4	5	2	7	6	8
1	7	2	3	9	5	8	4	6
5	8	4	1	2	6	3	7	9
3	6	9	8	7	4	5	1	2

842

3	8	7	1	9	2	5	4	6
1	5	2	4	3	6	7	9	8
6	4	9	8	5	7	3	2	1
8	7	3	9	6	1	2	5	4
2	9	6	5	4	3	1	8	7
5	1	4	7	2	8	9	6	3
7	6	1	2	8	5	4	3	9
9	3	5	6	7	4	8	1	2
4	2	8	3	1	9	6	7	5

843

3	5	9	6	4	2	1	8	7
4	6	7	9	1	8	5	3	2
2	1	8	7	3	5	9	6	4
8	9	1	4	2	3	6	7	5
5	3	4	8	6	7	2	1	9
7	2	6	1	5	9	8	4	3
1	4	5	3	9	6	7	2	8
9	7	3	2	8	1	4	5	6
6	8	2	5	7	4	3	9	1

844

1	6	4	9	8	7	3	5	2
8	9	5	4	2	3	7	6	1
7	3	2	5	6	1	9	8	4
4	7	3	8	5	2	1	9	6
5	1	9	7	4	6	8	2	3
2	8	6	1	3	9	4	7	5
3	2	1	6	9	8	5	4	7
9	4	7	2	1	5	6	3	8
6	5	8	3	7	4	2	1	9

845

2	9	4	7	8	5	1	3	6
3	7	8	9	1	6	4	5	2
6	5	1	4	2	3	9	8	7
7	4	5	1	9	8	2	6	3
8	2	3	6	5	4	7	1	9
9	1	6	3	7	2	8	4	5
4	3	9	8	6	7	5	2	1
5	6	7	2	4	1	3	9	8
1	8	2	5	3	9	6	7	4

846

2	9	8	3	7	6	5	1	4
4	7	3	8	5	1	6	9	2
5	1	6	9	4	2	8	7	3
7	8	2	1	9	4	3	6	5
9	3	5	2	6	8	1	4	7
6	4	1	7	3	5	2	8	9
8	2	9	4	1	3	7	5	6
1	5	7	6	2	9	4	3	8
3	6	4	5	8	7	9	2	1

847

2	9	7	4	5	8	1	6	3
6	1	5	7	2	3	9	4	8
3	4	8	1	9	6	5	2	7
7	8	4	9	6	2	3	1	5
1	2	9	5	3	4	7	8	6
5	3	6	8	7	1	4	9	2
4	5	1	2	8	7	6	3	9
9	6	2	3	4	5	8	7	1
8	7	3	6	1	9	2	5	4

848

2	3	5	8	6	4	7	1	9
9	6	8	1	2	7	3	5	4
7	4	1	5	9	3	8	2	6
1	9	6	3	7	5	4	8	2
5	8	7	2	4	6	9	3	1
4	2	3	9	1	8	5	6	7
3	1	2	7	5	9	6	4	8
6	5	9	4	8	1	2	7	3
8	7	4	6	3	2	1	9	5

849

2	3	8	5	4	1	7	6	9
4	7	6	8	9	2	1	3	5
9	5	1	6	7	3	4	8	2
6	8	9	1	5	7	3	2	4
5	2	3	9	6	4	8	7	1
7	1	4	3	2	8	5	9	6
3	6	5	4	8	9	2	1	7
8	4	2	7	1	6	9	5	3
1	9	7	2	3	5	6	4	8

850

8	9	7	5	4	2	6	1	3
6	2	3	1	9	8	5	7	4
4	1	5	6	7	3	2	8	9
9	3	8	2	1	7	4	6	5
7	6	4	8	3	5	9	2	1
2	5	1	4	6	9	7	3	8
5	7	6	9	8	1	3	4	2
3	8	9	7	2	4	1	5	6
1	4	2	3	5	6	8	9	7

851

2	9	6	8	7	5	1	4	3
7	3	4	9	2	1	6	5	8
1	5	8	4	6	3	2	9	7
8	1	7	5	9	6	3	2	4
6	2	5	1	3	4	7	8	9
3	4	9	2	8	7	5	1	6
5	6	2	3	4	9	8	7	1
4	7	1	6	5	8	9	3	2
9	8	3	7	1	2	4	6	5

852

1	3	9	7	5	4	6	2	8
5	7	2	8	3	6	1	9	4
8	4	6	9	2	1	5	3	7
2	6	3	5	4	8	9	7	1
9	8	5	2	1	7	3	4	6
4	1	7	3	6	9	8	5	2
3	2	1	6	7	5	4	8	9
6	5	8	4	9	2	7	1	3
7	9	4	1	8	3	2	6	5

853

6	2	4	1	8	5	9	3	7
9	5	1	3	2	7	4	6	8
3	8	7	6	4	9	5	1	2
2	1	5	7	9	8	3	4	6
8	7	6	4	5	3	1	2	9
4	9	3	2	1	6	7	8	5
5	3	2	9	6	4	8	7	1
1	4	8	5	7	2	6	9	3
7	6	9	8	3	1	2	5	4

854

5	3	4	9	8	2	7	1	6
9	7	2	6	5	1	8	4	3
8	1	6	7	4	3	2	5	9
6	2	3	1	7	5	9	8	4
4	5	8	2	9	6	3	7	1
1	9	7	8	3	4	5	6	2
7	4	5	3	6	9	1	2	8
2	8	9	4	1	7	6	3	5
3	6	1	5	2	8	4	9	7

855

2	4	1	5	9	6	7	3	8
7	3	9	1	8	4	6	5	2
8	6	5	2	3	7	1	9	4
1	8	2	3	4	9	5	7	6
9	5	6	7	1	8	2	4	3
4	7	3	6	5	2	9	8	1
5	9	8	4	2	1	3	6	7
3	1	7	8	6	5	4	2	9
6	2	4	9	7	3	8	1	5

856

8	7	2	6	9	5	3	4	1
5	3	9	2	4	1	6	8	7
4	1	6	7	8	3	5	9	2
6	4	3	9	5	7	2	1	8
9	5	8	1	2	4	7	3	6
7	2	1	3	6	8	9	5	4
2	8	5	4	7	9	1	6	3
1	6	4	5	3	2	8	7	9
3	9	7	8	1	6	4	2	5

857

5	3	7	2	1	4	9	6	8
1	9	2	6	3	8	5	7	4
8	6	4	7	9	5	3	2	1
9	4	8	1	2	6	7	5	3
6	5	3	9	8	7	1	4	2
2	7	1	5	4	3	6	8	9
7	8	9	3	5	2	4	1	6
4	1	5	8	6	9	2	3	7
3	2	6	4	7	1	8	9	5

858

2	5	4	8	6	9	3	1	7
9	7	1	5	2	3	8	4	6
6	3	8	1	4	7	2	9	5
5	6	9	3	1	2	7	8	4
8	1	3	9	7	4	5	6	2
4	2	7	6	5	8	1	3	9
3	4	5	7	8	6	9	2	1
7	9	6	2	3	1	4	5	8
1	8	2	4	9	5	6	7	3

859

1	6	4	2	7	9	5	8	3
3	7	5	8	4	6	1	2	9
2	9	8	5	3	1	7	6	4
4	1	3	9	5	8	2	7	6
7	8	2	6	1	3	9	4	5
6	5	9	4	2	7	3	1	8
5	3	6	1	8	2	4	9	7
9	4	1	7	6	5	8	3	2
8	2	7	3	9	4	6	5	1

860

6	3	2	1	5	7	9	4	8
4	7	9	6	8	2	5	1	3
8	1	5	9	4	3	7	6	2
9	6	4	8	1	5	3	2	7
2	8	7	4	3	9	1	5	6
3	5	1	7	2	6	8	9	4
7	2	6	3	9	1	4	8	5
1	4	3	5	6	8	2	7	9
5	9	8	2	7	4	6	3	1

861

2	3	4	5	9	8	6	1	7
1	7	8	3	6	4	9	5	2
6	5	9	1	2	7	3	8	4
3	9	5	8	7	2	1	4	6
8	2	7	4	1	6	5	3	9
4	6	1	9	5	3	2	7	8
9	8	6	7	3	1	4	2	5
5	4	3	2	8	9	7	6	1
7	1	2	6	4	5	8	9	3

862

1	7	2	6	8	5	4	9	3
9	3	6	4	1	7	8	2	5
4	5	8	2	9	3	7	6	1
2	8	4	1	6	9	5	3	7
5	9	3	7	2	8	6	1	4
6	1	7	3	5	4	2	8	9
7	2	5	9	3	6	1	4	8
8	6	9	5	4	1	3	7	2
3	4	1	8	7	2	9	5	6

863

1	5	9	2	6	3	8	4	7
4	6	7	1	8	9	5	3	2
8	2	3	5	4	7	9	1	6
2	9	1	6	5	4	3	7	8
6	4	8	7	3	1	2	9	5
3	7	5	8	9	2	4	6	1
9	1	2	3	7	5	6	8	4
5	8	4	9	1	6	7	2	3
7	3	6	4	2	8	1	5	9

864

5	9	4	1	2	6	7	3	8
8	3	7	5	4	9	2	1	6
1	2	6	7	8	3	9	5	4
2	5	1	9	7	4	8	6	3
6	4	8	3	1	2	5	9	7
3	7	9	6	5	8	4	2	1
4	6	2	8	9	1	3	7	5
9	1	5	4	3	7	6	8	2
7	8	3	2	6	5	1	4	9

865

2	7	3	4	9	8	6	5	1
8	9	5	1	2	6	7	4	3
1	4	6	5	7	3	8	9	2
3	8	4	2	1	5	9	6	7
9	6	1	7	3	4	5	2	8
5	2	7	8	6	9	1	3	4
7	1	9	3	5	2	4	8	6
4	5	2	6	8	1	3	7	9
6	3	8	9	4	7	2	1	5

866

1	6	3	2	7	4	8	5	9
7	2	8	5	9	3	1	4	6
9	4	5	6	1	8	2	3	7
8	5	9	1	2	7	3	6	4
3	7	2	4	6	9	5	8	1
4	1	6	3	8	5	7	9	2
2	9	7	8	3	6	4	1	5
6	3	4	7	5	1	9	2	8
5	8	1	9	4	2	6	7	3

867

6	9	2	8	4	1	7	5	3
5	1	3	2	9	7	4	8	6
7	4	8	3	6	5	2	1	9
8	3	1	5	7	6	9	2	4
2	6	5	9	8	4	1	3	7
9	7	4	1	2	3	5	6	8
1	5	6	7	3	9	8	4	2
4	2	7	6	5	8	3	9	1
3	8	9	4	1	2	6	7	5

868

1	8	3	6	4	9	5	7	2
6	2	5	1	7	3	9	4	8
9	4	7	5	2	8	6	1	3
3	5	9	8	1	4	7	2	6
4	6	2	9	3	7	8	5	1
7	1	8	2	5	6	3	9	4
2	9	1	3	8	5	4	6	7
8	7	6	4	9	1	2	3	5
5	3	4	7	6	2	1	8	9

869

6	3	2	1	5	8	4	9	7
5	1	8	9	4	7	6	2	3
4	9	7	2	6	3	8	1	5
3	8	1	5	7	4	9	6	2
7	2	6	8	1	9	5	3	4
9	5	4	6	3	2	1	7	8
1	7	3	4	8	6	2	5	9
8	6	9	3	2	5	7	4	1
2	4	5	7	9	1	3	8	6

870

1	6	7	2	8	9	4	5	3
3	4	5	1	6	7	8	2	9
9	8	2	5	3	4	1	7	6
6	9	8	4	2	5	7	3	1
5	2	1	3	7	8	6	9	4
7	3	4	6	9	1	2	8	5
2	5	9	8	4	6	3	1	7
4	7	3	9	1	2	5	6	8
8	1	6	7	5	3	9	4	2

871

3	4	1	6	2	8	5	7	9
7	2	9	5	1	3	4	8	6
5	8	6	7	4	9	2	1	3
6	1	4	9	3	5	8	2	7
2	3	7	8	6	4	1	9	5
9	5	8	2	7	1	6	3	4
8	9	2	4	5	7	3	6	1
4	6	3	1	9	2	7	5	8
1	7	5	3	8	6	9	4	2

872

7	8	9	2	3	1	5	4	6
5	1	4	7	6	8	3	9	2
2	6	3	5	4	9	8	1	7
6	7	5	9	8	2	1	3	4
4	9	1	3	5	6	7	2	8
3	2	8	4	1	7	9	6	5
1	5	6	8	2	3	4	7	9
8	3	7	6	9	4	2	5	1
9	4	2	1	7	5	6	8	3

873

7	4	3	6	8	9	5	1	2
6	5	8	1	2	7	4	9	3
2	9	1	3	5	4	7	6	8
1	6	4	9	3	5	2	8	7
8	3	9	7	1	2	6	5	4
5	2	7	8	4	6	1	3	9
9	1	2	4	6	8	3	7	5
4	8	6	5	7	3	9	2	1
3	7	5	2	9	1	8	4	6

874

6	9	4	2	3	8	7	5	1
5	2	3	1	4	7	8	9	6
8	1	7	6	5	9	4	2	3
9	3	2	5	6	4	1	8	7
1	6	5	8	7	3	2	4	9
7	4	8	9	1	2	6	3	5
4	8	1	7	9	5	3	6	2
3	7	9	4	2	6	5	1	8
2	5	6	3	8	1	9	7	4

875

3	4	2	9	7	1	5	8	6
5	8	1	3	4	6	2	7	9
6	7	9	8	5	2	1	3	4
8	6	7	2	1	9	3	4	5
4	9	5	7	8	3	6	1	2
1	2	3	4	6	5	8	9	7
7	1	4	5	2	8	9	6	3
9	5	8	6	3	4	7	2	1
2	3	6	1	9	7	4	5	8

876

6	7	8	4	2	9	5	1	3
9	4	3	1	5	8	2	7	6
1	2	5	7	6	3	4	8	9
4	5	9	8	3	2	7	6	1
3	1	7	6	9	4	8	2	5
2	8	6	5	1	7	3	9	4
8	9	1	2	4	5	6	3	7
7	6	4	3	8	1	9	5	2
5	3	2	9	7	6	1	4	8

877

8	9	1	5	7	6	3	2	4
7	2	3	1	9	4	6	8	5
5	4	6	8	2	3	1	9	7
9	5	2	3	4	7	8	6	1
4	3	8	6	1	2	5	7	9
1	6	7	9	5	8	4	3	2
2	8	4	7	6	5	9	1	3
6	1	5	2	3	9	7	4	8
3	7	9	4	8	1	2	5	6

878

9	2	6	1	7	5	8	4	3
1	3	4	2	6	8	9	7	5
7	5	8	4	3	9	6	1	2
8	4	5	7	9	6	3	2	1
2	7	9	5	1	3	4	8	6
3	6	1	8	2	4	5	9	7
6	9	7	3	4	1	2	5	8
5	1	3	9	8	2	7	6	4
4	8	2	6	5	7	1	3	9

879

2	4	8	9	7	5	6	1	3
3	6	9	1	8	4	5	7	2
7	5	1	6	2	3	4	8	9
5	7	6	3	1	9	2	4	8
4	1	2	8	6	7	9	3	5
9	8	3	4	5	2	1	6	7
1	9	7	2	3	6	8	5	4
6	3	4	5	9	8	7	2	1
8	2	5	7	4	1	3	9	6

880

4	7	9	2	8	1	6	3	5
8	6	2	3	9	5	1	7	4
1	3	5	6	4	7	9	2	8
6	8	1	9	3	4	2	5	7
9	5	3	1	7	2	8	4	6
2	4	7	8	5	6	3	9	1
3	2	4	5	6	8	7	1	9
5	9	6	7	1	3	4	8	2
7	1	8	4	2	9	5	6	3

881

8	9	1	4	2	6	3	5	7
6	4	3	5	7	1	8	9	2
7	5	2	8	3	9	1	4	6
9	2	4	1	8	7	5	6	3
5	7	6	9	4	3	2	1	8
3	1	8	6	5	2	9	7	4
2	6	7	3	9	5	4	8	1
1	8	5	2	6	4	7	3	9
4	3	9	7	1	8	6	2	5

882

8	6	1	4	7	9	2	5	3
7	2	5	3	1	8	9	4	6
3	9	4	5	6	2	8	1	7
2	3	8	6	9	4	5	7	1
1	4	7	8	2	5	3	6	9
9	5	6	7	3	1	4	8	2
4	1	2	9	5	6	7	3	8
5	7	9	1	8	3	6	2	4
6	8	3	2	4	7	1	9	5

883

6	8	7	2	1	9	4	5	3
9	1	4	5	3	7	2	6	8
5	2	3	6	4	8	1	9	7
8	9	5	4	2	1	3	7	6
2	7	6	8	9	3	5	1	4
3	4	1	7	5	6	9	8	2
7	3	2	9	8	5	6	4	1
1	5	8	3	6	4	7	2	9
4	6	9	1	7	2	8	3	5

884

4	5	9	1	2	7	3	8	6
7	8	1	9	6	3	4	5	2
2	6	3	8	4	5	1	7	9
1	2	4	6	5	8	9	3	7
6	7	5	3	9	2	8	1	4
9	3	8	4	7	1	6	2	5
8	4	2	5	1	6	7	9	3
3	9	7	2	8	4	5	6	1
5	1	6	7	3	9	2	4	8

885

5	8	7	2	4	1	6	9	3
6	1	2	9	3	5	8	7	4
3	9	4	7	6	8	5	2	1
4	2	6	8	7	9	1	3	5
1	3	8	6	5	2	9	4	7
7	5	9	3	1	4	2	8	6
8	6	3	1	9	7	4	5	2
9	7	5	4	2	6	3	1	8
2	4	1	5	8	3	7	6	9

886

4	1	8	2	9	5	7	6	3
6	7	9	8	3	1	5	2	4
5	3	2	6	4	7	1	9	8
3	4	7	1	6	8	9	5	2
1	8	5	9	2	3	4	7	6
2	9	6	5	7	4	3	8	1
9	2	1	4	5	6	8	3	7
7	5	4	3	8	2	6	1	9
8	6	3	7	1	9	2	4	5

887

4	1	3	7	6	2	8	9	5
9	6	7	5	1	8	4	2	3
5	8	2	3	9	4	7	6	1
6	2	1	8	5	3	9	4	7
7	4	8	1	2	9	3	5	6
3	9	5	4	7	6	1	8	2
2	3	4	6	8	1	5	7	9
1	5	6	9	4	7	2	3	8
8	7	9	2	3	5	6	1	4

888

9	8	7	6	3	2	5	1	4
6	4	5	7	9	1	3	8	2
2	3	1	8	4	5	7	6	9
8	6	4	9	5	3	1	2	7
7	1	3	2	8	4	6	9	5
5	2	9	1	7	6	4	3	8
4	5	8	3	1	9	2	7	6
1	7	6	5	2	8	9	4	3
3	9	2	4	6	7	8	5	1

889

3	6	9	7	8	4	5	2	1
1	2	4	5	9	3	8	7	6
8	5	7	1	6	2	9	4	3
9	8	3	4	5	6	7	1	2
5	4	1	3	2	7	6	8	9
6	7	2	9	1	8	4	3	5
7	1	6	8	3	9	2	5	4
2	3	8	6	4	5	1	9	7
4	9	5	2	7	1	3	6	8

890

2	8	5	9	6	4	3	7	1
7	4	6	1	5	3	9	2	8
1	3	9	7	2	8	4	6	5
3	5	2	8	4	6	7	1	9
9	6	1	3	7	2	5	8	4
8	7	4	5	9	1	6	3	2
5	9	8	2	3	7	1	4	6
4	2	7	6	1	9	8	5	3
6	1	3	4	8	5	2	9	7

891

6	5	1	7	9	4	8	3	2
4	3	2	6	8	1	5	7	9
8	9	7	2	3	5	1	4	6
1	6	4	3	2	7	9	8	5
2	7	5	8	1	9	4	6	3
9	8	3	5	4	6	2	1	7
7	4	6	1	5	2	3	9	8
5	1	8	9	6	3	7	2	4
3	2	9	4	7	8	6	5	1

892

9	7	3	5	4	8	6	2	1
2	4	6	7	3	1	9	8	5
8	1	5	6	2	9	7	3	4
5	3	2	1	7	4	8	9	6
4	8	7	9	6	3	1	5	2
1	6	9	8	5	2	3	4	7
6	9	8	4	1	5	2	7	3
7	2	4	3	9	6	5	1	8
3	5	1	2	8	7	4	6	9

893

3	8	5	7	1	9	6	2	4
7	4	1	2	6	8	9	3	5
6	9	2	3	4	5	8	7	1
9	2	3	6	7	4	1	5	8
8	7	6	5	9	1	3	4	2
5	1	4	8	3	2	7	9	6
4	6	8	9	2	7	5	1	3
1	3	7	4	5	6	2	8	9
2	5	9	1	8	3	4	6	7

894

6	7	2	8	9	1	4	3	5
4	8	9	7	5	3	6	2	1
5	1	3	2	4	6	7	9	8
7	6	1	9	8	5	2	4	3
2	9	4	1	3	7	8	5	6
8	3	5	6	2	4	9	1	7
9	4	6	5	1	8	3	7	2
3	5	8	4	7	2	1	6	9
1	2	7	3	6	9	5	8	4

895

2	7	9	5	1	3	6	4	8
5	4	6	8	7	2	9	1	3
3	8	1	4	9	6	2	7	5
9	1	8	2	3	4	5	6	7
7	5	4	1	6	8	3	2	9
6	2	3	7	5	9	4	8	1
1	3	2	9	4	7	8	5	6
8	9	5	6	2	1	7	3	4
4	6	7	3	8	5	1	9	2

896

2	5	4	1	7	3	9	8	6
6	3	1	4	9	8	2	5	7
8	7	9	6	5	2	4	1	3
3	6	7	5	8	9	1	2	4
4	8	2	3	1	6	5	7	9
9	1	5	7	2	4	6	3	8
7	2	8	9	4	1	3	6	5
5	9	6	2	3	7	8	4	1
1	4	3	8	6	5	7	9	2

897

1	7	8	6	3	2	5	4	9
5	4	6	9	7	8	2	3	1
3	2	9	4	5	1	7	8	6
4	9	7	2	8	5	1	6	3
6	8	1	3	9	7	4	5	2
2	5	3	1	6	4	8	9	7
7	6	4	8	2	3	9	1	5
9	1	2	5	4	6	3	7	8
8	3	5	7	1	9	6	2	4

898

8	5	7	4	2	1	6	3	9
3	4	9	7	8	6	1	5	2
6	1	2	3	5	9	4	7	8
1	7	6	9	3	8	5	2	4
9	2	8	1	4	5	7	6	3
5	3	4	2	6	7	9	8	1
2	9	3	5	7	4	8	1	6
4	8	5	6	1	2	3	9	7
7	6	1	8	9	3	2	4	5

899

6	8	5	7	2	9	1	4	3
9	1	3	6	4	5	7	2	8
4	2	7	1	8	3	6	5	9
5	3	9	2	7	1	8	6	4
8	6	1	9	3	4	5	7	2
7	4	2	8	5	6	3	9	1
2	9	8	5	1	7	4	3	6
3	7	6	4	9	8	2	1	5
1	5	4	3	6	2	9	8	7

900

5	8	3	9	4	2	1	7	6
2	9	1	3	7	6	4	5	8
4	7	6	1	8	5	9	3	2
3	5	9	6	1	4	2	8	7
8	6	4	5	2	7	3	1	9
1	2	7	8	9	3	6	4	5
6	4	5	7	3	9	8	2	1
7	1	2	4	6	8	5	9	3
9	3	8	2	5	1	7	6	4

901

7	9	1	4	6	8	5	3	2
5	8	6	3	9	2	4	7	1
4	2	3	5	7	1	9	8	6
3	1	4	8	5	7	6	2	9
9	5	7	2	1	6	8	4	3
2	6	8	9	3	4	7	1	5
6	7	9	1	8	3	2	5	4
1	4	5	7	2	9	3	6	8
8	3	2	6	4	5	1	9	7

902

9	1	7	5	4	3	2	6	8
3	2	8	6	9	7	1	5	4
5	6	4	2	1	8	9	3	7
4	3	1	9	2	5	8	7	6
7	5	6	3	8	1	4	2	9
2	8	9	7	6	4	3	1	5
1	7	5	8	3	9	6	4	2
8	4	2	1	5	6	7	9	3
6	9	3	4	7	2	5	8	1

903

4	6	3	9	8	7	1	5	2
9	7	8	5	2	1	6	3	4
1	2	5	3	4	6	8	9	7
7	1	4	2	5	8	9	6	3
3	5	2	6	7	9	4	1	8
6	8	9	4	1	3	7	2	5
8	9	7	1	3	2	5	4	6
2	4	1	8	6	5	3	7	9
5	3	6	7	9	4	2	8	1

904

7	3	1	2	6	8	4	9	5
8	4	6	7	5	9	1	2	3
2	9	5	4	3	1	6	8	7
4	5	8	3	1	2	7	6	9
3	6	2	8	9	7	5	4	1
1	7	9	5	4	6	2	3	8
6	8	7	9	2	5	3	1	4
5	1	4	6	8	3	9	7	2
9	2	3	1	7	4	8	5	6

905

9	4	3	7	5	2	8	6	1
8	5	2	1	6	9	3	7	4
1	6	7	4	8	3	5	2	9
2	8	4	9	1	6	7	3	5
7	3	6	8	4	5	9	1	2
5	1	9	3	2	7	4	8	6
3	7	5	6	9	1	2	4	8
4	9	1	2	3	8	6	5	7
6	2	8	5	7	4	1	9	3

906

2	6	3	4	7	9	1	5	8
9	8	1	5	2	6	7	3	4
4	5	7	1	8	3	2	9	6
6	7	9	3	5	8	4	2	1
8	2	4	6	9	1	5	7	3
1	3	5	7	4	2	8	6	9
3	9	2	8	1	7	6	4	5
7	4	8	9	6	5	3	1	2
5	1	6	2	3	4	9	8	7

907

1	6	8	7	2	4	5	9	3
2	5	7	3	9	6	8	1	4
9	4	3	8	1	5	7	2	6
6	7	1	5	8	2	4	3	9
3	2	9	1	4	7	6	5	8
5	8	4	9	6	3	2	7	1
7	9	5	6	3	8	1	4	2
8	3	2	4	5	1	9	6	7
4	1	6	2	7	9	3	8	5

908

5	4	3	9	7	6	2	8	1
1	2	7	3	4	8	9	5	6
9	8	6	1	5	2	4	3	7
3	6	8	5	9	4	1	7	2
4	7	5	2	3	1	6	9	8
2	1	9	6	8	7	5	4	3
7	5	2	8	1	9	3	6	4
8	3	1	4	6	5	7	2	9
6	9	4	7	2	3	8	1	5

909

5	6	9	7	2	4	3	1	8
7	4	3	1	8	9	6	5	2
1	8	2	3	5	6	4	9	7
6	3	7	4	9	1	2	8	5
9	1	8	5	3	2	7	6	4
2	5	4	8	6	7	9	3	1
4	2	6	9	1	5	8	7	3
8	9	5	2	7	3	1	4	6
3	7	1	6	4	8	5	2	9

910

8	7	4	9	5	2	1	3	6
2	1	5	6	4	3	8	7	9
3	6	9	1	7	8	4	5	2
5	2	1	7	6	9	3	8	4
9	8	3	5	2	4	6	1	7
6	4	7	3	8	1	2	9	5
1	9	6	4	3	5	7	2	8
7	5	8	2	1	6	9	4	3
4	3	2	8	9	7	5	6	1

911

7	6	8	2	4	5	9	1	3
2	5	1	6	3	9	4	7	8
4	9	3	7	8	1	6	2	5
1	2	9	5	7	3	8	4	6
6	7	4	9	1	8	3	5	2
3	8	5	4	2	6	1	9	7
9	1	6	3	5	2	7	8	4
5	3	7	8	9	4	2	6	1
8	4	2	1	6	7	5	3	9

912

1	7	3	5	6	4	8	9	2
5	9	2	3	8	1	4	6	7
8	6	4	7	2	9	1	3	5
4	2	7	9	5	6	3	1	8
9	1	6	8	7	3	2	5	4
3	5	8	1	4	2	9	7	6
7	4	1	6	3	8	5	2	9
2	3	5	4	9	7	6	8	1
6	8	9	2	1	5	7	4	3

913

3	1	2	9	8	4	7	6	5
9	6	8	7	5	2	1	3	4
4	5	7	3	6	1	2	8	9
5	2	9	4	1	8	6	7	3
8	3	4	5	7	6	9	2	1
1	7	6	2	9	3	5	4	8
7	9	3	8	2	5	4	1	6
6	4	5	1	3	7	8	9	2
2	8	1	6	4	9	3	5	7

914

5	7	4	3	2	8	9	1	6
2	6	9	4	5	1	8	7	3
3	1	8	9	7	6	4	2	5
6	3	5	7	8	9	1	4	2
9	4	7	1	3	2	6	5	8
8	2	1	5	6	4	7	3	9
7	5	6	8	4	3	2	9	1
1	8	3	2	9	7	5	6	4
4	9	2	6	1	5	3	8	7

915

4	6	2	5	1	3	8	7	9
5	9	7	8	6	4	3	1	2
3	8	1	7	9	2	6	5	4
9	5	8	2	4	1	7	6	3
1	7	6	3	5	9	2	4	8
2	3	4	6	7	8	1	9	5
8	4	5	1	2	7	9	3	6
6	1	3	9	8	5	4	2	7
7	2	9	4	3	6	5	8	1

916

3	6	9	7	4	2	1	8	5
1	4	2	3	5	8	9	6	7
8	5	7	1	9	6	3	2	4
6	1	5	4	2	7	8	3	9
7	2	3	8	6	9	5	4	1
9	8	4	5	3	1	2	7	6
5	3	1	2	7	4	6	9	8
4	9	8	6	1	3	7	5	2
2	7	6	9	8	5	4	1	3

917

4	5	7	8	6	3	2	9	1
2	8	6	1	7	9	4	5	3
1	9	3	4	2	5	8	6	7
5	6	9	3	8	2	1	7	4
3	4	1	6	5	7	9	2	8
7	2	8	9	4	1	6	3	5
8	7	5	2	9	4	3	1	6
9	3	4	7	1	6	5	8	2
6	1	2	5	3	8	7	4	9

918

9	1	8	5	3	4	7	2	6
6	2	5	7	9	8	1	3	4
3	7	4	2	6	1	9	5	8
4	5	1	6	2	7	8	9	3
8	9	6	3	4	5	2	7	1
2	3	7	8	1	9	4	6	5
1	4	2	9	5	6	3	8	7
7	6	3	1	8	2	5	4	9
5	8	9	4	7	3	6	1	2

919

5	9	1	6	3	7	8	2	4
3	4	2	5	8	1	9	6	7
7	6	8	2	4	9	1	5	3
9	2	5	1	6	3	4	7	8
4	3	7	8	5	2	6	9	1
8	1	6	7	9	4	2	3	5
6	5	9	3	1	8	7	4	2
1	7	3	4	2	6	5	8	9
2	8	4	9	7	5	3	1	6

920

6	1	9	7	8	3	5	4	2
7	5	8	4	9	2	3	1	6
4	2	3	6	5	1	7	8	9
8	7	2	1	4	9	6	3	5
3	6	4	2	7	5	8	9	1
5	9	1	8	3	6	2	7	4
2	3	6	9	1	7	4	5	8
9	4	5	3	6	8	1	2	7
1	8	7	5	2	4	9	6	3

921

3	5	2	7	6	8	4	9	1
1	9	6	2	3	4	8	7	5
8	4	7	5	1	9	3	2	6
4	6	9	3	7	2	1	5	8
7	1	5	8	9	6	2	3	4
2	3	8	4	5	1	7	6	9
9	7	3	1	8	5	6	4	2
5	8	4	6	2	7	9	1	3
6	2	1	9	4	3	5	8	7

922

6	7	9	3	4	8	5	2	1
3	5	8	2	9	1	4	7	6
2	4	1	7	5	6	9	3	8
7	9	3	6	1	5	8	4	2
4	8	2	9	3	7	6	1	5
5	1	6	8	2	4	7	9	3
8	2	5	4	7	3	1	6	9
9	6	4	1	8	2	3	5	7
1	3	7	5	6	9	2	8	4

923

6	7	2	1	3	5	9	8	4
9	8	3	2	7	4	6	1	5
1	5	4	8	9	6	2	3	7
4	6	1	7	5	9	8	2	3
3	2	5	4	6	8	1	7	9
8	9	7	3	1	2	4	5	6
7	4	9	5	8	1	3	6	2
5	1	6	9	2	3	7	4	8
2	3	8	6	4	7	5	9	1

924

6	2	5	3	9	8	4	1	7
4	3	1	6	2	7	8	9	5
8	7	9	1	4	5	2	3	6
9	1	7	2	8	4	5	6	3
5	8	3	7	6	1	9	4	2
2	4	6	5	3	9	7	8	1
1	6	4	8	5	2	3	7	9
3	5	8	9	7	6	1	2	4
7	9	2	4	1	3	6	5	8

925

3	6	5	9	7	8	4	1	2
1	7	2	4	6	5	3	8	9
9	8	4	2	3	1	5	6	7
7	1	9	8	5	6	2	3	4
2	3	6	7	9	4	8	5	1
5	4	8	3	1	2	9	7	6
8	5	7	1	2	9	6	4	3
6	9	1	5	4	3	7	2	8
4	2	3	6	8	7	1	9	5

926

9	6	7	1	4	5	3	2	8
5	8	2	9	6	3	4	7	1
4	3	1	2	8	7	6	9	5
8	9	3	4	7	6	1	5	2
6	2	4	8	5	1	9	3	7
7	1	5	3	9	2	8	4	6
2	5	9	6	1	4	7	8	3
1	7	8	5	3	9	2	6	4
3	4	6	7	2	8	5	1	9

927

9	4	6	2	8	3	1	5	7
8	7	3	9	5	1	6	2	4
2	5	1	4	7	6	3	9	8
7	6	2	5	9	8	4	1	3
3	1	9	6	2	4	7	8	5
4	8	5	1	3	7	9	6	2
5	2	4	7	6	9	8	3	1
6	3	7	8	1	5	2	4	9
1	9	8	3	4	2	5	7	6

928

3	4	6	5	1	8	2	7	9
9	5	2	6	4	7	3	1	8
1	8	7	9	3	2	4	5	6
5	3	4	2	6	1	9	8	7
2	1	8	7	9	4	6	3	5
7	6	9	8	5	3	1	2	4
6	2	5	3	8	9	7	4	1
8	7	1	4	2	6	5	9	3
4	9	3	1	7	5	8	6	2

929

7	2	1	4	3	5	9	8	6
3	4	9	7	6	8	1	5	2
6	8	5	2	1	9	4	7	3
4	9	2	5	8	1	6	3	7
5	7	6	9	4	3	2	1	8
8	1	3	6	2	7	5	9	4
9	3	4	8	5	2	7	6	1
1	6	7	3	9	4	8	2	5
2	5	8	1	7	6	3	4	9

930

1	3	9	2	7	5	8	4	6
2	5	8	4	6	3	9	7	1
7	6	4	9	1	8	3	2	5
5	9	3	1	2	4	6	8	7
4	8	7	3	9	6	1	5	2
6	2	1	5	8	7	4	9	3
8	1	6	7	4	2	5	3	9
9	7	5	8	3	1	2	6	4
3	4	2	6	5	9	7	1	8

931

3	8	6	7	4	2	1	9	5
5	4	2	8	9	1	6	3	7
9	1	7	3	5	6	2	8	4
1	7	3	5	2	4	9	6	8
4	5	9	6	3	8	7	2	1
2	6	8	9	1	7	4	5	3
6	3	5	1	7	9	8	4	2
8	2	1	4	6	5	3	7	9
7	9	4	2	8	3	5	1	6

932

6	7	9	4	1	8	5	3	2
5	3	8	7	9	2	6	4	1
1	4	2	5	6	3	7	8	9
7	5	1	9	8	4	2	6	3
9	6	4	2	3	1	8	7	5
2	8	3	6	7	5	1	9	4
4	1	6	3	5	7	9	2	8
8	2	7	1	4	9	3	5	6
3	9	5	8	2	6	4	1	7

933

5	1	3	2	4	9	8	6	7
6	7	2	3	8	5	1	4	9
4	8	9	6	1	7	5	2	3
7	5	8	9	2	1	6	3	4
2	4	6	7	3	8	9	5	1
3	9	1	4	5	6	2	7	8
8	6	5	1	7	3	4	9	2
9	2	7	8	6	4	3	1	5
1	3	4	5	9	2	7	8	6

934

8	1	7	6	5	2	9	3	4
6	4	2	3	7	9	1	8	5
5	3	9	8	1	4	7	6	2
2	8	3	1	6	5	4	7	9
4	5	1	9	3	7	8	2	6
9	7	6	2	4	8	5	1	3
7	6	4	5	8	3	2	9	1
1	2	8	4	9	6	3	5	7
3	9	5	7	2	1	6	4	8

935

3	8	1	2	6	4	5	9	7
5	6	4	7	8	9	3	1	2
2	9	7	5	1	3	8	4	6
1	7	9	3	4	2	6	5	8
8	2	6	1	9	5	4	7	3
4	3	5	6	7	8	1	2	9
6	1	8	9	5	7	2	3	4
7	4	2	8	3	1	9	6	5
9	5	3	4	2	6	7	8	1

936

9	2	5	6	8	4	1	7	3
7	8	1	3	2	9	5	6	4
4	3	6	7	5	1	2	9	8
2	9	3	4	1	5	7	8	6
5	6	8	2	3	7	4	1	9
1	4	7	8	9	6	3	5	2
6	5	2	9	7	3	8	4	1
3	7	4	1	6	8	9	2	5
8	1	9	5	4	2	6	3	7

937

2	6	4	9	3	5	7	8	1
7	1	8	6	2	4	3	5	9
3	5	9	7	8	1	6	4	2
4	3	7	8	1	6	2	9	5
8	2	5	3	9	7	1	6	4
6	9	1	4	5	2	8	3	7
5	4	3	1	7	8	9	2	6
1	8	2	5	6	9	4	7	3
9	7	6	2	4	3	5	1	8

938

3	7	8	9	1	5	4	6	2
2	9	5	6	7	4	3	1	8
1	4	6	8	2	3	9	7	5
4	2	3	5	8	1	7	9	6
6	8	7	3	4	9	2	5	1
5	1	9	7	6	2	8	3	4
9	3	2	4	5	6	1	8	7
8	5	4	1	9	7	6	2	3
7	6	1	2	3	8	5	4	9

939

3	7	5	6	8	9	4	1	2
4	8	9	3	1	2	5	6	7
1	2	6	4	5	7	9	8	3
8	6	1	9	3	5	2	7	4
5	3	4	7	2	1	6	9	8
2	9	7	8	6	4	1	3	5
7	5	8	1	4	6	3	2	9
6	4	3	2	9	8	7	5	1
9	1	2	5	7	3	8	4	6

940

7	1	3	8	4	5	2	6	9
2	9	5	3	7	6	1	8	4
6	8	4	2	9	1	5	3	7
9	4	6	7	8	2	3	1	5
1	5	7	6	3	4	8	9	2
8	3	2	5	1	9	4	7	6
4	2	8	1	6	7	9	5	3
3	7	9	4	5	8	6	2	1
5	6	1	9	2	3	7	4	8

941

4	1	8	3	9	2	7	5	6
2	6	3	5	7	1	8	4	9
9	5	7	4	6	8	2	1	3
8	2	5	6	1	3	9	7	4
3	9	1	7	2	4	6	8	5
6	7	4	8	5	9	3	2	1
5	4	6	2	3	7	1	9	8
7	3	9	1	8	5	4	6	2
1	8	2	9	4	6	5	3	7

942

4	7	5	9	6	2	1	8	3
9	3	1	5	8	4	6	2	7
2	8	6	1	7	3	9	5	4
3	1	4	7	5	9	8	6	2
6	5	2	4	1	8	7	3	9
7	9	8	3	2	6	5	4	1
8	6	9	2	4	7	3	1	5
5	4	3	6	9	1	2	7	8
1	2	7	8	3	5	4	9	6

943

8	9	6	1	4	7	5	3	2
5	2	3	9	8	6	4	7	1
7	4	1	3	5	2	8	9	6
2	1	9	4	3	5	6	8	7
6	5	8	7	2	1	9	4	3
3	7	4	6	9	8	2	1	5
4	3	7	5	6	9	1	2	8
9	8	5	2	1	3	7	6	4
1	6	2	8	7	4	3	5	9

944

6	9	7	5	2	1	3	8	4
4	8	5	7	3	6	1	2	9
1	3	2	4	8	9	6	5	7
3	4	1	6	7	8	5	9	2
8	2	9	1	4	5	7	3	6
7	5	6	3	9	2	4	1	8
2	7	4	8	1	3	9	6	5
5	1	8	9	6	7	2	4	3
9	6	3	2	5	4	8	7	1

945

6	1	3	2	4	8	7	9	5
5	4	8	9	7	1	6	2	3
9	7	2	6	5	3	1	4	8
8	9	5	4	2	6	3	7	1
4	2	7	3	1	5	8	6	9
3	6	1	7	8	9	4	5	2
2	3	9	8	6	7	5	1	4
7	5	4	1	3	2	9	8	6
1	8	6	5	9	4	2	3	7

946

1	9	4	2	3	6	7	5	8
2	3	7	5	8	4	6	1	9
8	5	6	7	1	9	3	2	4
3	4	8	9	6	1	2	7	5
6	7	1	4	5	2	9	8	3
9	2	5	8	7	3	1	4	6
4	1	2	6	9	5	8	3	7
7	6	3	1	4	8	5	9	2
5	8	9	3	2	7	4	6	1

947

3	8	6	9	4	1	7	2	5
2	1	9	7	5	3	6	4	8
5	7	4	8	2	6	3	1	9
9	3	2	5	6	4	1	8	7
4	6	7	1	8	9	5	3	2
1	5	8	3	7	2	9	6	4
8	9	1	2	3	5	4	7	6
7	4	5	6	1	8	2	9	3
6	2	3	4	9	7	8	5	1

948

6	7	4	9	5	8	1	3	2
2	9	5	3	7	1	4	6	8
8	1	3	6	2	4	9	5	7
7	8	9	5	4	2	3	1	6
5	3	1	7	6	9	8	2	4
4	2	6	1	8	3	5	7	9
3	4	2	8	1	6	7	9	5
1	6	7	4	9	5	2	8	3
9	5	8	2	3	7	6	4	1

949

7	6	8	3	9	1	5	2	4
5	9	4	8	6	2	7	1	3
1	2	3	4	5	7	9	6	8
3	1	6	9	8	4	2	5	7
4	5	2	7	1	3	6	8	9
9	8	7	6	2	5	3	4	1
8	3	9	2	4	6	1	7	5
6	7	5	1	3	8	4	9	2
2	4	1	5	7	9	8	3	6

950

1	8	3	7	9	6	4	2	5
5	2	9	8	3	4	6	1	7
7	4	6	1	2	5	3	8	9
4	9	1	6	5	3	8	7	2
8	6	2	9	1	7	5	3	4
3	7	5	2	4	8	9	6	1
9	1	4	3	6	2	7	5	8
6	5	7	4	8	1	2	9	3
2	3	8	5	7	9	1	4	6

951

3	5	6	8	2	4	9	1	7
4	7	1	5	6	9	8	3	2
8	2	9	7	3	1	4	6	5
7	1	8	3	5	6	2	9	4
2	4	3	9	8	7	6	5	1
9	6	5	1	4	2	3	7	8
5	3	4	6	7	8	1	2	9
1	8	7	2	9	3	5	4	6
6	9	2	4	1	5	7	8	3

952

9	3	2	7	4	8	5	6	1
6	1	7	2	5	3	8	4	9
5	4	8	9	6	1	2	3	7
2	5	1	6	7	4	9	8	3
3	7	6	8	2	9	1	5	4
4	8	9	1	3	5	7	2	6
8	6	5	3	1	7	4	9	2
1	2	4	5	9	6	3	7	8
7	9	3	4	8	2	6	1	5

953

9	2	3	7	1	8	6	5	4
4	6	8	2	5	3	1	7	9
1	7	5	4	9	6	2	3	8
5	4	6	8	7	9	3	2	1
3	8	1	5	2	4	7	9	6
7	9	2	3	6	1	4	8	5
6	3	4	9	8	7	5	1	2
2	1	9	6	3	5	8	4	7
8	5	7	1	4	2	9	6	3

954

8	9	5	6	3	4	1	2	7
3	6	1	7	2	9	8	4	5
7	2	4	5	8	1	6	3	9
9	5	6	2	1	7	3	8	4
2	3	8	4	6	5	9	7	1
4	1	7	3	9	8	2	5	6
5	8	3	1	7	6	4	9	2
1	7	2	9	4	3	5	6	8
6	4	9	8	5	2	7	1	3

955

2	6	4	8	7	9	1	3	5
7	1	3	6	2	5	8	4	9
5	9	8	3	4	1	7	6	2
6	7	5	9	8	2	3	1	4
4	3	9	5	1	6	2	8	7
8	2	1	7	3	4	5	9	6
1	8	6	2	9	7	4	5	3
3	5	2	4	6	8	9	7	1
9	4	7	1	5	3	6	2	8

956

3	8	5	6	2	7	4	1	9
4	7	9	1	5	8	2	3	6
2	6	1	3	9	4	8	5	7
9	1	6	8	7	5	3	4	2
7	4	3	2	6	1	9	8	5
5	2	8	4	3	9	6	7	1
6	5	2	7	4	3	1	9	8
1	9	4	5	8	6	7	2	3
8	3	7	9	1	2	5	6	4

957

8	9	6	5	4	3	1	2	7
3	2	7	1	9	6	5	4	8
4	5	1	7	2	8	9	3	6
5	6	8	2	1	9	3	7	4
9	7	4	6	3	5	2	8	1
2	1	3	4	8	7	6	5	9
6	8	5	9	7	2	4	1	3
1	3	9	8	5	4	7	6	2
7	4	2	3	6	1	8	9	5

958

9	2	6	5	1	7	3	4	8
8	1	3	6	4	9	2	5	7
4	5	7	8	2	3	9	6	1
3	8	1	7	5	4	6	2	9
6	9	2	1	3	8	4	7	5
5	7	4	9	6	2	1	8	3
2	4	9	3	8	5	7	1	6
1	3	5	4	7	6	8	9	2
7	6	8	2	9	1	5	3	4

959

3	5	7	6	4	2	9	8	1
4	8	1	7	3	9	6	5	2
9	6	2	1	5	8	3	4	7
2	9	4	8	6	1	7	3	5
6	3	5	4	2	7	1	9	8
1	7	8	5	9	3	2	6	4
7	1	6	3	8	5	4	2	9
8	4	9	2	1	6	5	7	3
5	2	3	9	7	4	8	1	6

960

9	8	5	6	4	1	3	2	7
6	3	7	2	9	8	4	1	5
2	4	1	5	7	3	6	8	9
7	6	2	8	5	9	1	3	4
5	1	3	7	2	4	8	9	6
8	9	4	3	1	6	7	5	2
1	5	8	4	6	2	9	7	3
3	7	6	9	8	5	2	4	1
4	2	9	1	3	7	5	6	8

961

4	9	5	8	6	1	7	3	2
1	6	8	3	7	2	4	5	9
2	7	3	5	9	4	8	1	6
5	3	7	2	8	6	9	4	1
9	1	2	7	4	5	3	6	8
8	4	6	9	1	3	2	7	5
6	8	9	1	3	7	5	2	4
3	2	4	6	5	9	1	8	7
7	5	1	4	2	8	6	9	3

962

5	3	4	6	8	2	1	9	7
9	1	2	5	7	4	3	6	8
8	7	6	3	1	9	2	5	4
2	4	5	9	6	7	8	3	1
6	8	3	4	2	1	5	7	9
7	9	1	8	3	5	4	2	6
3	5	7	1	4	6	9	8	2
4	6	9	2	5	8	7	1	3
1	2	8	7	9	3	6	4	5

963

9	1	7	8	3	2	4	6	5
2	6	4	5	1	7	9	8	3
3	8	5	9	6	4	7	2	1
5	4	9	2	7	3	8	1	6
6	3	8	1	5	9	2	7	4
7	2	1	6	4	8	3	5	9
4	5	3	7	8	6	1	9	2
8	9	6	3	2	1	5	4	7
1	7	2	4	9	5	6	3	8

964

5	6	1	3	8	2	9	7	4
2	8	7	1	9	4	6	3	5
3	9	4	6	5	7	2	8	1
1	7	8	9	4	3	5	2	6
9	3	2	5	1	6	8	4	7
6	4	5	7	2	8	1	9	3
8	2	6	4	7	1	3	5	9
4	1	9	8	3	5	7	6	2
7	5	3	2	6	9	4	1	8

965

6	8	4	7	9	2	3	5	1
7	3	5	4	6	1	9	8	2
1	2	9	3	5	8	6	7	4
4	5	7	8	3	9	2	1	6
2	1	3	6	4	7	8	9	5
8	9	6	2	1	5	4	3	7
5	7	2	9	8	4	1	6	3
9	6	1	5	2	3	7	4	8
3	4	8	1	7	6	5	2	9

966

3	9	7	8	1	4	6	2	5
5	4	8	2	6	3	1	7	9
6	1	2	7	9	5	3	4	8
7	5	9	3	8	1	4	6	2
2	8	1	4	5	6	9	3	7
4	6	3	9	7	2	8	5	1
9	2	6	1	4	7	5	8	3
8	3	4	5	2	9	7	1	6
1	7	5	6	3	8	2	9	4

967

4	5	9	6	8	7	1	2	3
8	3	2	9	4	1	6	5	7
7	1	6	2	5	3	9	8	4
9	2	1	3	7	8	4	6	5
5	4	7	1	9	6	2	3	8
6	8	3	4	2	5	7	9	1
3	7	4	8	6	9	5	1	2
2	6	8	5	1	4	3	7	9
1	9	5	7	3	2	8	4	6

968

6	5	7	2	9	8	4	3	1
2	1	3	4	6	7	8	5	9
8	9	4	3	1	5	6	7	2
7	3	5	9	8	1	2	4	6
9	2	6	5	7	4	3	1	8
1	4	8	6	2	3	5	9	7
5	6	2	7	3	9	1	8	4
4	7	1	8	5	2	9	6	3
3	8	9	1	4	6	7	2	5

969

8	6	1	5	3	2	4	9	7
9	3	5	7	8	4	1	6	2
4	2	7	6	9	1	8	3	5
5	8	2	9	1	7	3	4	6
7	9	3	4	2	6	5	1	8
1	4	6	8	5	3	7	2	9
3	1	8	2	7	9	6	5	4
2	5	4	3	6	8	9	7	1
6	7	9	1	4	5	2	8	3

970

9	6	4	8	7	1	5	3	2
2	1	3	5	9	4	7	6	8
7	5	8	2	3	6	4	9	1
8	7	1	3	6	9	2	5	4
6	2	5	1	4	8	3	7	9
3	4	9	7	5	2	8	1	6
4	3	6	9	2	5	1	8	7
5	8	2	6	1	7	9	4	3
1	9	7	4	8	3	6	2	5

971

4	6	5	8	9	7	1	3	2
8	3	9	1	2	5	7	6	4
2	1	7	6	3	4	5	8	9
9	2	3	4	7	8	6	1	5
7	5	1	2	6	9	3	4	8
6	4	8	3	5	1	2	9	7
5	8	4	7	1	3	9	2	6
3	7	2	9	4	6	8	5	1
1	9	6	5	8	2	4	7	3

972

1	5	8	2	6	9	4	3	7
4	9	2	3	5	7	6	8	1
6	7	3	1	4	8	5	2	9
7	6	9	8	1	4	3	5	2
3	8	5	6	7	2	1	9	4
2	1	4	9	3	5	8	7	6
9	4	1	5	2	3	7	6	8
5	2	6	7	8	1	9	4	3
8	3	7	4	9	6	2	1	5

973

4	9	2	6	3	7	8	1	5
7	5	3	8	1	4	2	6	9
1	6	8	5	9	2	4	7	3
8	3	6	9	2	1	7	5	4
5	4	9	7	6	3	1	2	8
2	1	7	4	5	8	3	9	6
6	2	1	3	4	9	5	8	7
3	7	5	2	8	6	9	4	1
9	8	4	1	7	5	6	3	2

974

4	7	2	5	6	1	8	3	9
8	1	3	4	7	9	5	6	2
5	6	9	8	3	2	1	4	7
7	2	6	9	1	5	3	8	4
9	8	4	6	2	3	7	5	1
3	5	1	7	4	8	2	9	6
2	4	7	3	8	6	9	1	5
1	9	8	2	5	4	6	7	3
6	3	5	1	9	7	4	2	8

975

9	8	4	3	6	5	7	2	1
7	2	6	4	9	1	8	5	3
3	1	5	7	8	2	9	4	6
6	4	9	8	3	7	2	1	5
2	3	1	9	5	6	4	8	7
5	7	8	1	2	4	6	3	9
8	6	2	5	1	9	3	7	4
1	9	7	2	4	3	5	6	8
4	5	3	6	7	8	1	9	2

976

5	9	1	3	4	8	2	6	7
6	8	4	7	9	2	1	3	5
7	2	3	6	1	5	9	8	4
8	7	5	2	6	1	4	9	3
3	6	9	8	7	4	5	2	1
1	4	2	5	3	9	8	7	6
2	3	8	1	5	6	7	4	9
4	1	6	9	2	7	3	5	8
9	5	7	4	8	3	6	1	2

977

6	9	2	1	3	4	5	7	8
3	1	8	7	9	5	4	2	6
4	7	5	2	8	6	1	9	3
7	2	9	3	1	8	6	5	4
5	3	4	9	6	2	7	8	1
1	8	6	5	4	7	2	3	9
8	5	1	6	2	3	9	4	7
9	4	7	8	5	1	3	6	2
2	6	3	4	7	9	8	1	5

978

1	3	4	6	2	7	8	5	9
7	9	5	1	4	8	6	2	3
6	8	2	5	9	3	1	7	4
8	5	9	2	6	4	3	1	7
2	1	6	7	3	9	5	4	8
3	4	7	8	5	1	9	6	2
4	7	8	9	1	5	2	3	6
5	6	3	4	8	2	7	9	1
9	2	1	3	7	6	4	8	5

979

4	9	1	3	6	2	7	5	8
2	6	3	7	5	8	4	1	9
5	8	7	1	9	4	2	6	3
6	7	8	5	4	9	1	3	2
1	2	4	8	7	3	5	9	6
3	5	9	2	1	6	8	7	4
7	3	2	9	8	1	6	4	5
9	4	5	6	2	7	3	8	1
8	1	6	4	3	5	9	2	7

980

3	9	1	6	4	7	5	8	2
4	2	6	8	3	5	9	7	1
5	8	7	1	9	2	6	4	3
1	3	5	2	6	4	8	9	7
2	6	9	5	7	8	3	1	4
7	4	8	9	1	3	2	5	6
8	5	3	7	2	1	4	6	9
9	1	4	3	5	6	7	2	8
6	7	2	4	8	9	1	3	5

981

1	8	2	5	7	6	3	9	4
7	4	6	9	3	2	8	5	1
3	9	5	8	1	4	6	2	7
6	5	8	4	2	9	1	7	3
4	3	9	7	6	1	2	8	5
2	1	7	3	8	5	9	4	6
5	2	1	6	9	7	4	3	8
8	6	4	2	5	3	7	1	9
9	7	3	1	4	8	5	6	2

982

8	6	7	9	4	1	5	2	3
9	3	2	5	7	6	4	8	1
4	1	5	3	8	2	6	7	9
3	4	8	1	6	5	7	9	2
7	2	6	4	9	8	1	3	5
1	5	9	2	3	7	8	6	4
5	7	3	6	2	4	9	1	8
2	8	4	7	1	9	3	5	6
6	9	1	8	5	3	2	4	7

983

9	5	6	7	4	8	2	1	3
4	8	1	5	2	3	7	9	6
2	3	7	6	9	1	8	5	4
6	2	4	8	1	7	5	3	9
1	7	5	4	3	9	6	2	8
3	9	8	2	5	6	4	7	1
5	6	3	9	8	2	1	4	7
7	4	9	1	6	5	3	8	2
8	1	2	3	7	4	9	6	5

984

7	2	3	1	4	8	9	5	6
4	9	1	3	6	5	2	7	8
8	5	6	7	9	2	3	1	4
9	3	5	2	1	4	8	6	7
1	7	2	8	5	6	4	9	3
6	4	8	9	7	3	5	2	1
3	8	7	6	2	9	1	4	5
5	6	9	4	8	1	7	3	2
2	1	4	5	3	7	6	8	9

985

1	9	2	8	6	5	4	3	7
3	8	7	2	9	4	5	6	1
5	6	4	7	1	3	9	8	2
8	4	6	5	3	7	1	2	9
2	5	1	9	4	6	3	7	8
7	3	9	1	2	8	6	5	4
4	7	5	6	8	1	2	9	3
9	1	8	3	5	2	7	4	6
6	2	3	4	7	9	8	1	5

986

2	3	1	5	7	4	6	9	8
6	7	5	9	2	8	4	3	1
8	4	9	3	6	1	5	2	7
1	6	2	8	4	5	9	7	3
3	9	7	6	1	2	8	4	5
4	5	8	7	3	9	1	6	2
7	2	4	1	8	6	3	5	9
5	1	3	4	9	7	2	8	6
9	8	6	2	5	3	7	1	4

987

8	1	7	3	5	9	6	2	4
9	2	5	1	4	6	7	3	8
6	3	4	7	8	2	9	5	1
5	9	3	4	2	7	8	1	6
1	4	6	9	3	8	2	7	5
7	8	2	5	6	1	4	9	3
2	6	9	8	1	5	3	4	7
3	5	8	2	7	4	1	6	9
4	7	1	6	9	3	5	8	2

988

3	7	9	6	2	1	4	8	5
2	1	8	4	7	5	9	3	6
4	5	6	3	8	9	7	1	2
7	4	5	8	1	6	3	2	9
9	8	2	5	3	4	6	7	1
6	3	1	7	9	2	5	4	8
5	9	3	1	4	8	2	6	7
1	2	7	9	6	3	8	5	4
8	6	4	2	5	7	1	9	3

989

8	5	2	4	1	7	9	6	3
7	6	4	3	8	9	2	1	5
3	9	1	2	6	5	4	8	7
5	7	6	8	4	2	1	3	9
1	8	3	5	9	6	7	4	2
4	2	9	7	3	1	6	5	8
9	4	8	1	2	3	5	7	6
6	1	5	9	7	8	3	2	4
2	3	7	6	5	4	8	9	1

990

3	2	4	9	5	8	7	1	6
7	9	8	6	2	1	3	5	4
6	1	5	7	4	3	8	2	9
5	8	6	1	9	2	4	3	7
4	7	9	3	8	5	2	6	1
2	3	1	4	6	7	9	8	5
9	5	2	8	1	4	6	7	3
1	6	3	2	7	9	5	4	8
8	4	7	5	3	6	1	9	2

991

4	1	2	3	8	7	5	9	6
6	3	8	9	5	1	7	4	2
7	5	9	4	2	6	1	8	3
3	7	1	2	9	5	8	6	4
2	8	6	7	4	3	9	1	5
5	9	4	6	1	8	3	2	7
1	2	3	5	6	9	4	7	8
9	4	5	8	7	2	6	3	1
8	6	7	1	3	4	2	5	9

992

4	7	6	5	1	8	2	3	9
3	2	8	7	4	9	6	5	1
5	9	1	2	3	6	7	8	4
7	3	9	4	6	1	8	2	5
6	1	5	3	8	2	4	9	7
8	4	2	9	7	5	3	1	6
2	5	7	6	9	3	1	4	8
1	6	3	8	5	4	9	7	2
9	8	4	1	2	7	5	6	3

993

1	8	6	7	5	9	3	4	2
2	4	9	1	3	8	7	6	5
5	3	7	6	2	4	1	8	9
7	2	4	8	9	5	6	1	3
8	9	3	4	1	6	5	2	7
6	5	1	2	7	3	4	9	8
4	1	5	3	8	2	9	7	6
9	7	8	5	6	1	2	3	4
3	6	2	9	4	7	8	5	1

994

8	2	5	9	4	3	6	1	7
6	7	4	1	2	8	9	5	3
9	3	1	5	6	7	4	8	2
4	6	3	8	7	9	5	2	1
5	9	7	4	1	2	8	3	6
1	8	2	3	5	6	7	4	9
7	1	8	6	3	5	2	9	4
3	5	6	2	9	4	1	7	8
2	4	9	7	8	1	3	6	5

995

3	4	8	6	9	2	7	1	5
9	1	6	5	7	4	2	8	3
7	5	2	3	1	8	4	6	9
4	3	9	7	6	5	1	2	8
6	8	7	2	3	1	5	9	4
5	2	1	4	8	9	6	3	7
2	6	3	9	4	7	8	5	1
1	9	4	8	5	6	3	7	2
8	7	5	1	2	3	9	4	6

996

4	9	5	1	6	2	8	3	7
7	8	6	9	3	4	2	1	5
3	1	2	7	8	5	9	6	4
6	2	3	5	7	1	4	8	9
1	5	8	4	9	6	3	7	2
9	4	7	3	2	8	6	5	1
2	3	9	6	1	7	5	4	8
5	6	1	8	4	9	7	2	3
8	7	4	2	5	3	1	9	6

997

8	9	4	2	7	1	6	3	5
2	6	5	3	4	8	1	9	7
7	1	3	9	5	6	8	4	2
5	2	1	6	8	9	3	7	4
9	3	6	7	1	4	2	5	8
4	8	7	5	3	2	9	6	1
1	7	2	4	6	3	5	8	9
3	4	8	1	9	5	7	2	6
6	5	9	8	2	7	4	1	3

998

7	5	6	4	2	9	8	1	3
3	8	9	6	5	1	7	2	4
1	2	4	8	3	7	9	6	5
8	4	3	7	6	2	5	9	1
5	7	1	9	4	3	2	8	6
6	9	2	5	1	8	3	4	7
4	1	7	2	9	5	6	3	8
9	3	5	1	8	6	4	7	2
2	6	8	3	7	4	1	5	9

999

9	8	2	3	1	5	7	4	6
6	5	3	2	7	4	9	8	1
1	7	4	8	9	6	5	3	2
8	1	7	5	4	9	2	6	3
3	9	6	7	8	2	1	5	4
2	4	5	6	3	1	8	7	9
7	2	1	4	5	3	6	9	8
5	3	9	1	6	8	4	2	7
4	6	8	9	2	7	3	1	5

1000

7	3	8	1	4	2	5	6	9
5	4	6	9	7	3	2	1	8
2	1	9	6	8	5	7	4	3
3	7	4	8	1	9	6	5	2
8	2	5	3	6	7	4	9	1
9	6	1	5	2	4	3	8	7
4	9	3	2	5	8	1	7	6
6	5	2	7	9	1	8	3	4
1	8	7	4	3	6	9	2	5

1001

6	2	3	8	5	7	1	9	4
5	8	9	1	4	3	7	2	6
7	4	1	9	6	2	8	5	3
8	9	7	5	3	4	6	1	2
4	1	6	2	8	9	3	7	5
3	5	2	6	7	1	4	8	9
1	6	5	3	2	8	9	4	7
2	7	8	4	9	6	5	3	1
9	3	4	7	1	5	2	6	8

1002

5	3	1	2	6	4	9	7	8
6	4	2	9	8	7	3	5	1
9	7	8	1	5	3	4	2	6
4	2	5	8	3	1	7	6	9
3	9	6	4	7	5	1	8	2
1	8	7	6	2	9	5	4	3
7	6	9	3	4	8	2	1	5
2	1	4	5	9	6	8	3	7
8	5	3	7	1	2	6	9	4

Patrick Traumüller's
Creative Laboratory ©

Imprint

Patrick Traumüller's Creative Laboratory ©

Layritzstr. 42
95028 Hof (Saale)
Germany

Email: info@pt-creative-lab.de
Web: http://www.pt-creative-lab.de

Cover powerd by Canva.com

Sudoku 1000+ Easy to Hard
Edition 2021

www.ingramcontent.com/pod-product-compliance
Lightning Source LLC
Chambersburg PA
CBHW080453220526
45465CB00006B/2261
* 9 7 9 8 7 4 3 0 6 3 3 7 6 *